天目山动物志

（第二卷）

蛛形纲
蜘蛛目　瘿螨总科

总　主　编　吴　鸿　王义平　杨星科　杨淑贞
本卷主编　张　锋　薛晓峰
本卷副主编　张　超　金　池　李浩森

Zhejiang University Press
浙江大学出版社

图书在版编目(CIP)数据

天目山动物志. 第二卷/吴鸿等总主编;张锋,薛晓峰主编. —杭州:浙江大学出版社,2018.6
ISBN 978-7-308-18138-9

Ⅰ.①天… Ⅱ.①吴… ②张…③薛… Ⅲ.①天目山—动物志 Ⅳ.①Q958.525.53

中国版本图书馆 CIP 数据核字(2018)第 072015 号

天目山动物志(第二卷)

总 主 编 吴 鸿 王义平 杨星科 杨淑贞
本卷主编 张 锋 薛晓峰

责任编辑	冯其华(zupfqh@zju.edu.cn)
责任校对	季 峥 梁 容
封面设计	刘依群
出版发行	浙江大学出版社
	(杭州市天目山路 148 号 邮政编码 310007)
	(网址:http://www.zjupress.com)
排 版	浙江时代出版服务有限公司
印 刷	浙江省邮电印刷股份有限公司
开 本	787mm×1092mm 1/16
印 张	13.75
插 页	18
字 数	360 千
版 印 次	2018 年 6 月第 1 版 2018 年 6 月第 1 次印刷
书 号	ISBN 978-7-308-18138-9
定 价	120.00 元

FAUNA OF TIANMU MOUNTAIN

Volume II

Arachnida

Araneae   Eriophyoidea

Editor-in-Chief	Wu Hong	Wang Yiping	Yang Xingke	Yang Shuzhen
Volume Editor	Zhang Feng	Xue Xiaofeng		
Volume Vice-editor	Zhang Chao	Jin Chi	Li Haosen	

ZHEJIANG UNIVERSITY PRESS
浙江大学出版社

内容简介

　　野生动物是生物多样性的重要组成部分,要开发动物资源,首先必须认识动物,给每种动物以正确的名称,通过详细表述并记录动物种类、自然地理分布、生物学习性、经济价值与利用等信息,规范各类动物物种的种名和学名,对特有种、珍稀种、经济种等重大物种的保护管理、研究利用等事件进行客观记载,为后人进一步认识动物提供翔实的依据。

　　蜘蛛和螨类隶属于节肢动物门蛛形纲。蜘蛛与螨类的种类和数量在陆生动物中仅次于昆虫。蜘蛛不但在生物学学术研究方面具有重要的意义,而且在保持生态平衡和控制农林害虫等方面发挥着重要的作用。本卷经野外标本采集,鉴定浙江天目山蜘蛛共计 25 科 77 属 135 种,螨类共计 3 科 4 亚科 17 属 21 种。本志首次对该地区的蜘蛛和螨类做了较为详尽的报道,对属和种的形态特征、生物学和地理分布等进行了较详细的描述,并编有分属、分种检索表。全书共有分类特征插图 156 幅。

　　本动物志不仅有助于人们全面了解天目山丰富的动物资源,而且可供农、林、牧、畜、渔、环境保护和生物多样性保护等行业的工作者及有关院校师生参考使用。

Summary

　　This volume contains spiders and mites. Spiders and mites are second only to insects in species and quantities in terrestrial animals. They are not only important for academic researchin biology, but also play an important role in maintaining the ecological balance and controlling the forest pests. This fauna detailed reports on the arachnids in the Tianmu Mountain of Zhejiang Province for the first time, including spiders 135 species belonging to 77 genera, 25 families, and mites 21 species of 17 genera, 4 subfamilies, 3 families. The morphological characteristics and geographical distribution of each genus and species are described and recorded in detail, and the classification and classification of the species are described. Moreover, keys of different taxas are also be provided, 156 illustrations are provided with detailed taxonomic characteristics.

　　The fauna is available for researchers in the fields of forestry, agriculture, animal husbandry, fisheries, environmental protection, biodiversity protection and other related fields, as well as reference to teachers and students of colleges and universities.

参加编写单位

河北大学
南京农业大学
中山大学

Participated Units

Hebei University
Nanjing Agricultural University
Sun Yat-sen University

本卷编著者

幽灵蛛科、米图蛛科、管巢蛛科、优列蛛科	张　锋（河北大学）
肖蛸科、络新妇科、园蛛科	张　超（河北大学）
球蛛科、栉足蛛科、光盔蛛科	金　池（河北大学）
长纺蛛科、栅蛛科、拟扁蛛科	查珊洁（河北大学）
皿蛛科、刺足蛛科、跳蛛科	付丽娜（河北大学）
狼蛛科、盗蛛科、猫蛛科	董小雨（河北大学）
拟壁钱科、巨蟹蛛科、蟹蛛科	王　勐（河北大学）
漏斗蛛科、隐石蛛科、平腹蛛科	王丽艳（河北大学）
瘿螨科	薛晓峰（南京农业大学）
植羽瘿螨科、羽爪瘿螨科	李浩森（中山大学）

Authors

Pholcidae, Miturgidae, Clubionidae, Eutichuridae	Zhang Feng (Hebei University)
Tetragnathidae, Nephilidae, Araneidae	Zhang Chao (Hebei University)
Theridiidae, Ctenidae, Liocranidae	Jin Chi (Hebei University)
Hersiliidae, Hahniidae, Selenopidae	Zha Shanjie (Hebei University)
Linyphiidae, Phrurolithidae, Salticidae	Fu Lina (Hebei University)
Lycosidae, Pisauridae, Oxyopidae	Dong Xiaoyu (Hebei University)
Oecobiidae, Sparassidae, Thomisidae	Wang Meng (Hebei University)
Agelenidae, Titanoecidae, Gnaphosidae	Wang Liyan (Hebei University)
Eriophyidae	Xue Xiaofeng (Nanjing Agricultural University)
Phytoptidae, Diptilomiopidae	Li Haosen (Sun Yat-sen University)

序

    动物是生态系统中重要的组成部分,在地球生态系统的物质循环和能量流动中发挥着重要作用。野生动物是生物进化历史的产物和人类社会的宝贵财富。近年来,因气候等自然环境发生变化以及受人为干扰等因素的影响,野生动物与人类之间的和谐关系遭到了一定程度的破坏,人与野生动物之间的矛盾也越来越突出。对一个地区的动物区系进行研究,可以极大地丰富我国生物地理知识,对保护和利用动物资源具有重要的意义。一个地区动物区系的考察记录,是比较动物区系组成变化、环境变迁、气候变化的重要历史文献。

    天目山脉位于我国浙江省,属南岭山系,是我国著名山脉之一。山上奇峰怪石林立,深沟峡谷众多,地质地貌复杂多变,生物种类繁多,珍稀物种荟萃。天目山动物资源的研究历来受到国内外学者的重视,是我国著名的动物模式标本产地。新中国成立后,大批动物学分类工作者对天目山进行了广泛的资源调查,并积累了丰富的原始资料。自 2011 年起,浙江天目山国家级自然保护区管理局在此基础上,依据动物种群生物学习性与规律,按照不同时间,有序地组织国内动物学分类专家进驻天目山进行野外动物资源调查、标本采集和鉴定等工作。《天目山动物志》的出版正是专家们多年考察研究的智慧结晶。

    《天目山动物志》的编撰是一项具有重要历史意义和现实意义的艰巨工程,先后累计有 20 余所科研院校的 100 多位专家、学者参加编写,其中包括两位中国科学院院士。该动物志全系按照动物进化规律次序编排,内容涵盖无脊椎动物到脊椎动物的主要门类,执笔撰写者都是我国著名的动物学分类专家。《天目山动物志》不但有严谨的编写规格,而且具有很高的学术价值,其所载类群种类全面、描述规范、鉴定准确、语言精练,并附有大量物种鉴别特征插图,图文并茂,便于读者理解和参阅。

    《天目山动物志》反映了当地野生动物资源的现状和利用情况,具有非常重要的科学意义和实际应用价值,不仅有助于人们全面了解天目山及其丰富的动物资源,而且可供农、林、牧、畜、渔、生物学、环境保护和生物多样性保护等领域的工作者参考使用。该动物志的问世必将以它丰富的科学资料和广泛的应用价值为我国的动物学文献宝库增添新的宝藏。

中国科学院院士
中国科学院动物研究所研究员、所长

2013 年 12 月 12 日于北京

前　言

　　天目山位于浙江西北部临安境内，主峰海拔约1506m，是浙江西北部主要高峰之一。其东西两峰遥相对峙，两峰之巅各天成一池，形如天眼，故而得名。天目山属南岭山系，中亚热带北缘，"江南古陆"的一部分，是我国著名山脉之一。天目山气候具有中亚热带向北亚热带过渡的特征，并受海洋暖湿气流的影响较深，形成了季风强盛、四季分明、气候温和、雨水充沛、光照适宜的复杂多变的森林生态气候。

　　天目山峰峦叠翠，古木葱茏，素有"天目千重秀，灵山十里深"之说。天目山物种繁多，珍稀物种荟萃，以"大树华盖"和"物种基因宝库"享誉天下。天目山不仅天然植被面积大、保存完整、森林覆盖率高，而且拥有区系成分复杂、种群丰富的生物资源和独特的环境资源，构成了以地理景观和森林植被为主体的稳定的自然生态系统。保护区现面积为4284hm²，区内有高等植物249科1044属2347种，其中银杏、金钱松、天目铁木、独花兰等40种被列为国家重点保护植物；有浙江省珍稀濒危植物38种，其中野生银杏为世界上唯一幸存的中生代孑遗植物。天目山有脊椎动物包括兽类、鸟类、爬行类、两栖类、鱼类等近400种，其中国家重点保护的野生动物有云豹、金钱豹、梅花鹿、黑麂、白颈长尾雉和中华虎凤蝶等40余种。因生物丰富多样，1996年天目山国家级自然保护区加入了联合国教科文组织"人与生物圈保护区网络"，成为世界级保护区；1999年，天目山国家级自然保护区被中宣部、科技部、教育部和中国科协分别命名为"全国科普教育基地"和"全国青少年科技教育基地"。

　　天目山的动物考察活动已有100多年历史。外国人的采集活动主要集中在20世纪40年代之前，采集标本数量大，且影响较为深远。我国早期部分动物学家在留学回国后，也纷纷到天目山进行考察，并发表了一批论文。所有这些考察活动，为天目山闻名于世界奠定了一定的基础。50年代之后，天目山更是成为浙、沪、苏、皖等地多所高校的理想的教学实习场所。中国科学院动物研究所、中国科学院上海昆虫研究所（现中国科学院上海生命科学研究院植物生理生态研究所）、中国农业大学、南京农业大学、复旦大学、西北农学院（现西北农林科技大学）、杭州植物园以及北京、天津、上海和浙江等省、市的自然博物馆的许多专家都曾到天目山采集动物标本，并增加了不少新种和新记录。当时，浙江的多所高校，如浙江农业大学（现浙江大学）、浙江林学院（现浙江农林大学）、杭州大学（现浙江大学）、杭州师范学院（现杭州师范大学）等学校的师生更是常年在天目山进行教学实习和考察。特别是2001年，《天目山昆虫》的出版为本次考察研究奠定了坚实的基础。众多动物学家前往天目山进行考察，并发表了大量新属、新种，使天目山成为模式标本的重要产地，从而进一步确立了天目山在动物资源方面的国际地位。

　　野生动物是生物多样性的重要组成部分。开发野生动物资源，人们首先必须认识动物，给予每种动物正确的名称，通过详细表述并记录动物种类、自然地理分布、生物学习性、经济价值与利用等信息，规范各类动物物种的种名和学名，同时对特有种、珍稀种、经济种等重大物种的保护管理、研究利用等事件进行客观记载，为后人进一步认识动物提供翔实的依据。本动物志引证详尽、描述细致,既有国家特色,又有全球影响;既有理论创新,又密切联系地方生产实际。因此,该动物志是一项浩大的系统工程,既是一个反映国家乃至地方动物种类家底、动物资源,以及永续利用动物多样性的信息库;也是反映一个国家或地区生物科学基础水平的标志之一,是一项永载史册的系统科学工程;还是国际上多学科、多部门一直密切关注的课题之一。

为系统、全面地了解天目山动物种类的组成、发生情况、分布规律,为保护区规划设计、保护管理和资源合理利用提供基本资料,1999年7月和2011年7月,浙江天目山国家级自然保护区管理局、浙江农林大学(原浙江林学院)等单位共同承担了国家林业局课题"浙江天目山自然保护区昆虫资源研究"和全球环境基金项目"天目山自然保护区野生动物调查监测和数据库建设"。经过13年的工作,共采集动物标本45万余号,计有5000余种,其中有大量新种和中国新记录属种。

《天目山动物志》的出版不仅便于大家参阅,而且为读者全面、系统地了解天目山动物资源,了解这个以"大树王国"著称的绿色宝库提供了丰富的资料和理论研究基础。同时,本动物志的出版还有助于推进生物多样性保护、构建人与自然和谐共生的生态环境,为自然保护区的规划设计、管理建设和开发利用提供了重要的科学依据,从而真正发挥出自然保护区的作用和功能,对构建国家生态文明,以及建设"绿色浙江""山上浙江""生态浙江"和推进"五水共治"均具有重要意义。此外,本动物志的出版对解决人类共同面临的水源、人口、粮食、资源、环境和生态安全等全球性问题也具有十分重要的战略意义和深远影响。

《天目山动物志》系列卷书的编撰出版得到了中国科学院上海生命科学研究院植物生理生态研究所尹文英院士、河北大学印象初院士、中国科学院动物研究所陈德牛教授、中国科学院水生生物研究所杨潼教授、浙江大学何俊华教授和南京农业大学杨莲芳教授等国内动物学家的关怀和指导,得到了国家林业局、浙江省林业厅和浙江农林大学等单位的领导和同行的关心和鼓励,得到了浙江天目山国家级自然保护区广大工作人员的大力支持;同时,感谢中国科学院动物研究所所长康乐院士欣然为本系列卷书作序。在此,谨向所有关心、鼓励、支持和指导、帮助我们完成本系列卷书编写的单位和个人表示热诚的感谢。

由于我们水平有限,书中错误或不足之处在所难免,殷切希望读者朋友对本书提出批评和建议。

《天目山动物志》编辑委员会

2014年2月

目　　录

第一章　蜘蛛目 Araneae

蜘蛛目是节肢动物门蛛形纲中的一个大目,数量仅次于蜱螨目。据 World Spider Catalog (2017)统计,目前全世界已知蜘蛛种类为 46650 种,隶属于 113 科 4052 属。我国目前已记述 69 科 4000 余种。蜘蛛不仅种类多,而且种群数量大。蜘蛛全系为掠食性动物,捕食的极大部分对象是害虫;此外,蜘蛛具有适应性强、繁殖率高、捕食量大的特点,因此其在消灭农林害虫方面发挥着很大的作用,是维持自然生态平衡的重要因素。

蜘蛛在动物界堪称一奇特的类群,如其具有复杂的纺腺和纺器,可以产生蛛丝,蛛丝的强度和弹性以及其在生存和生殖中对丝的广泛应用是其他动物无法比拟的。由此可见,蜘蛛在经济和学术方面均具有重要的意义,促使人类更好地研究、保护并利用它们。

河北大学蛛形学研究室分别于 2011 年、2013 年及 2014 年对浙江天目山国家级自然保护区的蜘蛛区系进行了调查研究,经整理鉴定,现已确定西天目山蜘蛛共 135 种,隶属于 25 科 77 属,其中共有 1 中国新记录种,41 浙江新记录种。这是迄今为止有关天目山蜘蛛的一份较为完整的文献,但天目山地形和生境复杂,蜘蛛的物种资源相当丰富,故今后尚需进一步补充。

1　幽灵蛛科 Pholcidae C. L. Koch,1850

鉴别特征:小到中型蜘蛛(体长 2.00～10.00mm),无筛器。体色半透明、白色或灰色。背甲短而宽,几乎圆形。头区通常隆起,胸区有时具深的纵向中窝。8 眼 3 组,2 个前中眼一般小而呈黑色,为 1 组,两侧各 3 眼,色淡,各为 1 组;或 6 眼 2 组,前中眼退化。螯肢较弱,圆柱形,左右螯肢基半部愈合,端部具有半透明的齿状或叶状薄片。下唇较小。颚叶呈八字形。步足特别细长,一般为体长的 4～10 倍,跗节有时弯曲;3 爪。腹部形状不一,多为球形或圆柱状。前纺器呈圆柱状,左右分离;后纺器较小,圆锥状,相互紧靠。舌状体小,无筛器。肛突三角形。雌蛛无明显外雌器,但腹部腹面具一膨大的骨化区,外面有时具把手状突起,内部较为复杂。雄蛛整个触肢特化,触肢器复杂,膝节小,胫节膨大,多为卵圆形或球形;跗节分为内外两部分,外部一般球形或泡状,内部一般具 1 个长的突起;生殖球卵圆形或球形。

模式属:*Pholcus* Walckenaer, 1805

分布:全世界已知 79 属 1489 种,全球性分布。中国记录 13 属 138 种。本书记述天目山 1 属 3 种。

1.1　幽灵蛛属 *Pholcus* Walckenaer,1805

鉴别特征:幽灵蛛属种类与幽灵蛛科其他属的区别在于雄蛛生殖器的结构,特别是其触肢器生殖球上出现的 3 个突起:钩状突、附器和插入器。钩状突通常大而扁平,强烈硬化,表面具有许多齿状或鳞状突起;附器小(甚至在一些种中无此结构),通常硬化呈钩状,有时为单一的棒状结构或分为 2～3 个分支;插入器位于钩状突和附器之间,是一软而半透明的突起,有时易被忽略。其他的区别特征还有如保守的雄蛛螯肢(具有各式各样的突起)、跗前突的形状(通常具有腹面的突出和复杂的端部)。雌蛛外雌器通常呈三角形、矩形或卵圆形,外构具有把手形、领带形、鞭形或蠕虫状突起。

　　模式种：*Aranea phalangioides* Fuesslin，1775

　　分布：全世界已知 167 种，全球性分布。中国记录 74 种。本书记述天目山 3 种。

幽灵蛛属分种检索表

1. 背甲只在中部两侧有深色斑纹 ………………………………………………… **曼氏幽灵蛛** *Pholcus manueli*
   整个背甲布满大花斑 …………………………………………………………………………… 2
2. 雄蛛触肢器的钩状突呈刀状，跗前突端部窄小 …………………… **西奇幽灵蛛** *Pholcus zichyi*
   雄蛛触肢器的钩状突非刀状，跗前突端部宽大 …………………… **星斑幽灵蛛** *Pholcus spilis*

1.1.1　西奇幽灵蛛 *Pholcus zichyi* Kulczyński，1901（图 1-1 和图版 1-1）

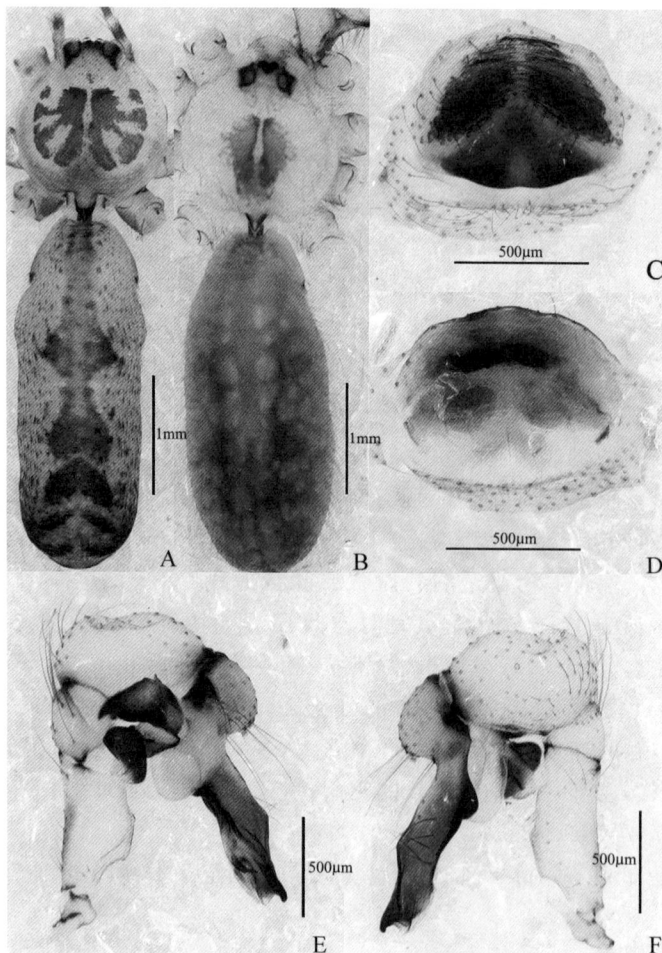

图 1-1　西奇幽灵蛛 *Pholcus zichyi* Kulczyński，1901
A. 雌蛛，背面观；B. 雄蛛，背面观；C. 雌蛛外雌器，腹面观；D. 雌蛛外雌器，背面观；
E. 雄蛛左触肢器，内侧面观；F. 雄蛛左触肢器，外侧面观

　　雄蛛体长约 4.00mm。背甲近似圆形，淡黄色，眼域后被有棕色大花斑。头区隆起，中央无斑。8 眼 3 组，呈三角形排列。额部前伸，具有棕色斑点。螯肢灰黑色，端部具有棕色突起，基部侧面具未硬化的拇指状突起，基部中央具未硬化的圆突。颚叶黄色。下唇灰黑色。胸板前宽后狭，灰褐色，并具有无数不规则的棕色斑点。步足细长，浅黄色，腿节、膝节、胫节和后跗

节锗色,并具无数灰黑色斑点及轮纹。腹部圆筒状,背面黄色且具有无数棕色斑点;腹面浅黄色,腹柄处有 4 个褐色斑,呈弧形排列,或者仅有 2 个褐色斑。触肢器(见图 1-1E、F)较为复杂,转节具一指状距,腿节具一外侧突,胫节膨大。生殖球具有大且弯曲的钩状突、三角形的蚶突和短的插入器。

雌蛛体长约 4.80mm。身体形态和颜色基本同雄蛛。螯肢基部背侧有一齿突,其内侧另有一小齿。外雌器区红褐色(见图 1-1C、D),中央为一三角形角质化骨片,其顶角处具一小的垂体状突起。阴门内部前面具有一虹彩状硬化,中央具 1 对大且圆的腺孔板。

检视标本:1♀1♂,浙江临安天目山千亩田,2013-7-1,付丽娜采。

分布:浙江、安徽、台湾、福建、四川、湖南、湖北、河北、北京、山东、吉林。

1.1.2　曼氏幽灵蛛 *Pholcus manueli* Gertsch,1937(图 1-2 和图版 1-2)

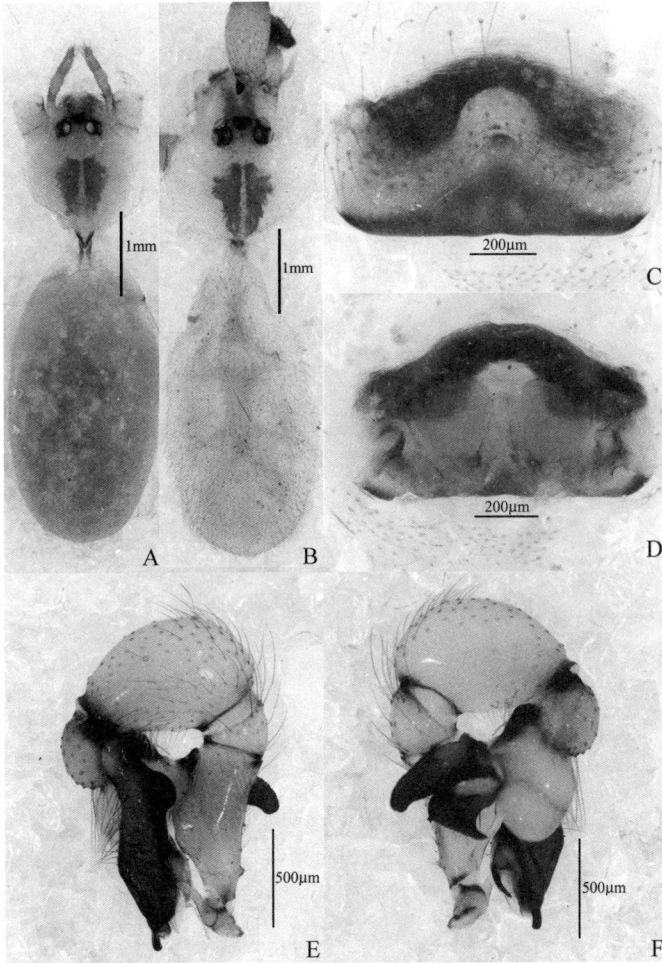

图 1-2　曼氏幽灵蛛 *Pholcus manueli* Gertsch,1937
A. 雌蛛,背面观;B. 雄蛛,背面观;C. 雌蛛外雌器,腹面观;D. 雌蛛外雌器,背面观;
E. 雄蛛左触肢器,外侧面观;F. 雄蛛左触肢器,内侧面观

雄蛛体长约 3.75mm。头胸部短宽,近圆形。背甲淡黄色,正中有 1 对蝴蝶形褐色斑。头区隆起,中央无斑。眼域深黄色,颈沟明显,无放射沟和中窝。前中眼为昼眼,其余 6 眼为夜眼。螯肢黄褐色,前侧端部具有棕色突起,突起的端部锯齿状;基部侧面具未硬化的拇指状突

起,基部中央具未硬化的小圆突。下唇、颚叶黄褐色。胸板浅褐色,具有不规则的黄色斑。步足细长,腿节、膝节和胫节锗色,具轮纹,后跗节和跗节棕色。腹部圆筒状,黑褐色,背面无棕色斑点;腹面灰色,无斑。触肢器(见图 1-2E、F)的生殖球具有长的钩状突,跗突端部分叉,跗前突端部具一深色钝突。

雌蛛总体与雄蛛相似,体长 4.50~4.80mm。外雌器(见图 1-2C、D)略呈三角形或火山形,中央具一球形把手状突起。阴门内部前面具有一土堆形硬化,中央具 1 对大且近乎圆形的腺孔板。

检视标本:3♀1♂,浙江临安天目山保护区,2013-6-27,付丽娜采。

分布:浙江、安徽、西藏、河北、江苏、四川、陕西、山西、内蒙古、辽宁、吉林。

1.1.3　星斑幽灵蛛 *Pholcus spilis* Zhu & Gong,1991(浙江新记录种)(图 1-3 和图版 1-3)

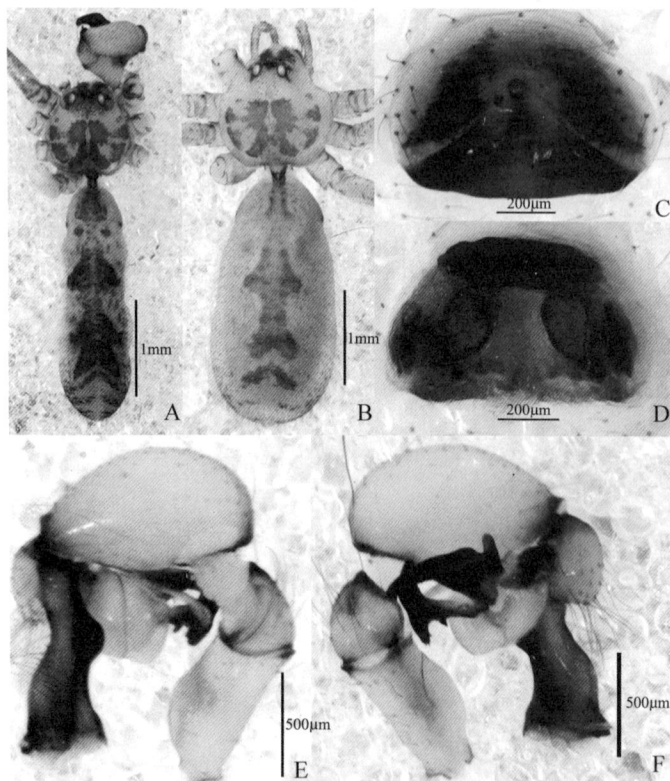

图 1-3　星斑幽灵蛛 *Pholcus spilis* Zhu & Gong,1991

A. 雄蛛,背面观;B. 雌蛛,背面观;C. 雌蛛外雌器,腹面观;D. 雌蛛外雌器,背面观;
E. 雄蛛左触肢器,外侧面观;F. 雄蛛左触肢器,内侧面观

雄蛛体长约 3.40mm。背甲近似圆形。头区隆起,中央有 1 块褐色斑;胸区眼域后被有典型的棕色大花斑。额长且向前倾斜,中央有 1 对褐色斑。前中眼最小,左右分开;其余 6 眼分为 2 组,每组 3 眼相邻接。螯肢灰黑色,端部具有深棕色突起,基部侧面具未硬化的拇指状突起,基部中央具未硬化的小圆突。胸板灰褐色,具 7 个规则的棕色大斑。腹部圆筒形,背面有对称的褐色斑点,腹面色浅并具有纵向棕色条斑。触肢器(见图 1-3E、F)生殖球具一长的钩状突,跗突具一三角形端部。

雌蛛体型和体色与雄蛛相似,体长约 4.50mm。外雌器(见图 1-3C、D)呈三角形,高度较大,顶部中央具一球形把手状突起。阴门内部前面具有一短的横棒状硬化,中央具 1 对大且近乎三角形的腺孔板。

检视标本:2♀1♂,浙江临安天目山保护区,2013-6-27,付丽娜采;1♀,浙江临安天目山千亩田,2013-7-1,查珊洁采。

分布:浙江、安徽、湖南。

2 拟壁钱科 Oecobiidae Blackwall,1862

鉴别特征:小到中型蜘蛛(体长 3.00~16.00mm)。本科分为有筛器蜘蛛(拟壁钱属 *Oecobius*)或无筛器蜘蛛(壁钱属 *Uroctea*)。背甲几乎圆形,宽大于长。无中窝。6眼或8眼,聚集成群,一般位于头区中央。后中眼形态多样。螯肢细弱,无螯牙沟或齿。螯牙小,弯曲而尖。螯肢无侧结节。下唇游离。颚叶发达,两端部向中央倾斜,无毛丛。胸板心形,宽大于长,端部尖且插入第Ⅳ步足基节间。雄蛛胸板边缘具有特殊的毛丛。步足少或无刺;跗节3爪。腹部多少有些扁平,卵圆形或圆形,前端覆盖部分背甲。肛突长,2节,边缘装饰有2列长毛。纺器3对,前纺器短;后纺器分2节,基节短,端节长。无舌状体。

生物学:有些种类生活于室外的石缝或室内的墙角缝中,巢如古代的铜钱。

模式属:*Oecobius* Lucas,1846

分布:全世界已知6属110种,全球性分布。中国记录2属7种。本书记述天目山1属1种。

2.1 壁钱属 *Uroctea* Dufour,1820

鉴别特征:8眼2列,异型眼,密集在头区中央。螯肢不发达,无齿。步足具刺,3爪;胸板后缘插入第Ⅳ步足基节间。后纺器长,2节。肛突长,2节,节间环生许多长毛。无舌状体、筛器和栉器。

模式种:*Clotho durandii* Latreille,1809

分布:全世界已知18种。中国记录2种。本书记述天目山1种。

2.1.1 华南壁钱蛛 *Uroctea compactilis* L. Koch,1878(图2-1和图版2-1)

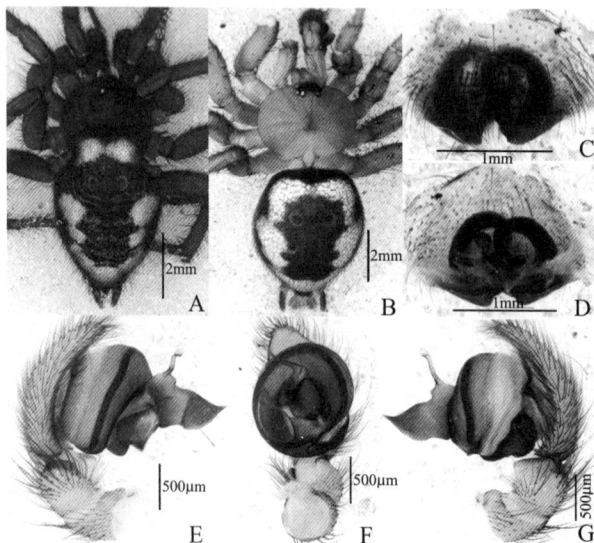

图 2-1 华南壁钱蛛 *Uroctea compactilis* L. Koch,1878
A. 雌蛛,背面观;B. 雄蛛,背面观;C. 雌蛛外雌器,腹面观;D. 雌蛛外雌器,背面观;
E. 雄蛛左触肢器,内侧面观;F. 雄蛛左触肢器,腹面观;G. 雄蛛左触肢器,外侧面观

雌蛛体长 7.00～9.70mm。背甲红褐色,近乎圆形。额部向前延伸呈半圆形,颈沟、放射沟不明显。8眼聚集,略呈2列,前后眼列均前曲;前中眼最大,其余各眼几乎等大;后中眼间距为前中眼直径的2倍,其余各眼几乎相接。中窝不明显,并在胸区中央有一些黑褐色刚毛分布。螯肢小。胸板心形,多毛,黄褐色。后端插入第Ⅳ步足基节间。步足较为粗短,多刺。腹部长卵圆形,边缘黑灰色,正中有一大斑,由4个梯形斑从大至小组成;2对肌痕明显。腹部腹面灰黄色。外雌器如图 2-1C、D 所示。

雄蛛体型似雌蛛,体色较雌蛛浅,腹部边缘黑灰色较窄。触肢器特征如图 2-1E～G 所示。

检视标本:1♀(幼),浙江临安天目山禅源寺,2011-7-27,金池采;2♀1♂,浙江临安天目山古道方向,2013-6-28,查珊洁采。

分布:浙江、福建、湖南、云南、四川。

3　长纺蛛科 Hersiliidae Thorell,1870

鉴别特征:中型蜘蛛(体长 5.00~10.00mm),无筛器。体色多变。体密被羽状毛。头胸部卵圆形且扁平,中窝纵向,放射沟窄而不明显。8眼2列,前后眼列均强烈后凹,较密集。螯肢小,无齿或前齿堤3大齿,后齿堤1列小齿。颚叶特别倾斜。步足细长且柔软,少刺;跗节具3爪。腹部扁平,前窄后宽,密被短刚毛。外雌器具宽的中隔。雄蛛触肢器无胫节突,引导器丝状。3对纺器;后纺器2节,末节特长。具舌状体。

生物学:在树干、墙壁或石头下游猎,行动迅速,可将昆虫用蛛丝缚于树上。

模式属:*Hersilia* Audouin,1826

分布:全世界已知15属179种,全球性分布。中国记录2属9种。本书记述天目山1属2种。

3.1　长纺蛛属 *Hersilia* Audouin,1826

鉴别特征:侧眼着生在眼丘上。步足长于体长的2倍;第Ⅰ、Ⅱ、Ⅳ步足后跗节具2节。后纺器长度超过腹部长度。纳精囊球形或圆柱形。

模式种:*Hersilia caudata* Audouin,1826

分布:全世界已知78种。中国记录8种。本书记述天目山2种。

长纺蛛属分种检索表

1. 外雌器具有2个小的插入孔;雄蛛盾板突小而简单 ………………… 白斑长纺蛛 *Hersilia albomaculata*
   外雌器具有1个大的中庭;雄蛛盾板突大而复杂 ………………… 亚洲长纺蛛 *Hersilia asiatica*

3.1.1　白斑长纺蛛 *Hersilia albomaculata* Wang & Yin,1985(图 3-1 和图版 3-1)

雌蛛体长约5.00mm。8眼异型,两眼列强烈后曲。体背腹稍扁平。头胸部除眼域、额中部、放射沟和胸部边缘黑褐色外,余皆黄褐色。颈沟明显,头部隆起至眼域后渐平。螯肢小,黑褐色,前齿堤3齿,后齿堤无齿;螯爪黄褐色。颚叶、下唇、胸板黄褐色。步足腿节背侧黑褐色,膝节褐色,胫节两端和中段各有一褐色环纹,后跗节Ⅰ、Ⅱ和跗节Ⅰ、Ⅱ褐色,其余黄褐色。腹部背面有褐色,侧缘黑褐色,两侧各有1条白色波状纵纹。腹部腹面黄白色。后纺器较腹部稍长。外雌器(见图 3-1C、D)简单,接近外雌沟有1对小的陷孔状插入孔。交配管盘曲,斜向外侧延伸后又折向前内侧。

雄蛛体长约4.10mm,基本特征同雌蛛。触肢器(见图 3-1E~G)跗节端部具有4根粗刺。插入器短而弯曲;盾板突小,端部具有腔窝状翼突。

检视标本:1♀1♂,浙江临安天目山古道方向,2013-6-18,查珊洁采。

分布:浙江、安徽、贵州。

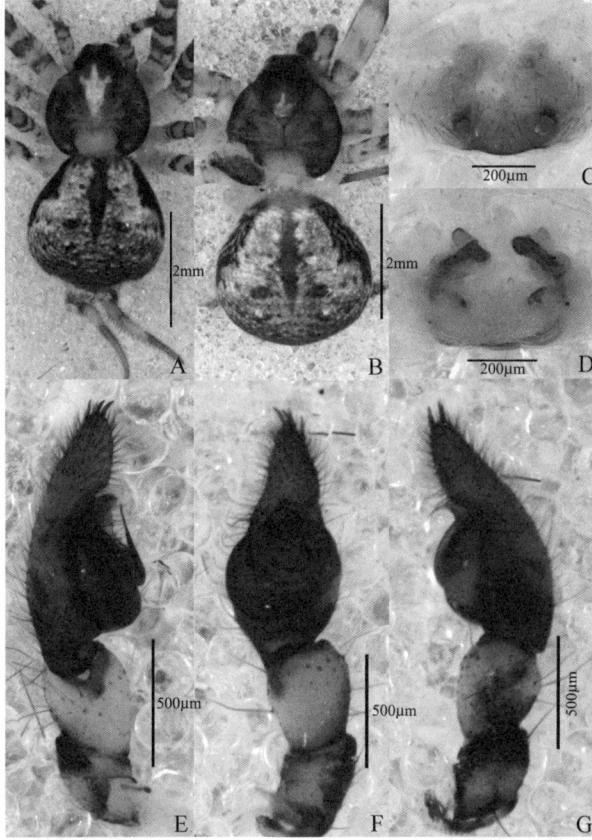

图 3-1　白斑长纺蛛 *Hersilia albomaculata* Wang & Yin, 1985

A. 雌蛛,背面观;B. 雄蛛,背面观;C. 雌蛛外雌器,腹面观;D. 雌蛛外雌器,背面观;

E. 雄蛛左触肢器,内侧面观;F. 雄蛛左触肢器,腹面观;G. 雄蛛左触肢器,外侧面观

3.1.2　亚洲长纺蛛 *Hersilia asiatica* Song & Zheng,1982(图 3-2 和图版 3-2)

雌蛛体长约 6.00mm。头胸部近多边形,头区窄,后端宽。背甲灰褐色,边缘黑褐色,后眼列和中窝之间有一人字形白斑。中窝黑色,纵向。颈沟黑褐色,放射沟不明显。头区隆起,前、后眼列均强烈后凹。螯肢褐色,前齿堤 3 大齿,后齿堤 8 齿。胸板黄色,边缘有 7 个伸向中央的长短不一的白斑。步足极细长,黄色,且有灰褐色斑纹。腹部灰黑色,背面前侧有大块对称的白斑,后部有白色碎斑;腹面淡黄色,有白色碎斑。前、中纺器柱形;后纺器位于两侧,长过腹部的 2/3,分为 2 节。外雌器(见图 3-2C、D)浅褐色,腹面观前缘骨化,呈唇形突出;插入孔位于膜状部的前部中央。交配管细长,起于前中部,向后侧方延伸,连接于基部的球状突起。纳精囊卵圆形,长长的连接管一直延伸到后部。受精管靠近外雌沟两侧,通过短的连接管斜向连接到阴门。

雄蛛基本特征同雌蛛。触肢器(见图 3-2E~G)膝节背面接近端部位置具有一簇直立的短刺。插入器长针形;盾板突的中央突起具有内侧齿状突起,侧突上具有一锋利的前缘和一纵向的长棒状突起。

检视标本:2♀,浙江临安天目山古道方向,2013-6-28,查珊洁采;1♂,浙江临安天目山一里亭,2013-6-30,付丽娜采。

分布:浙江、台湾、重庆、广东。

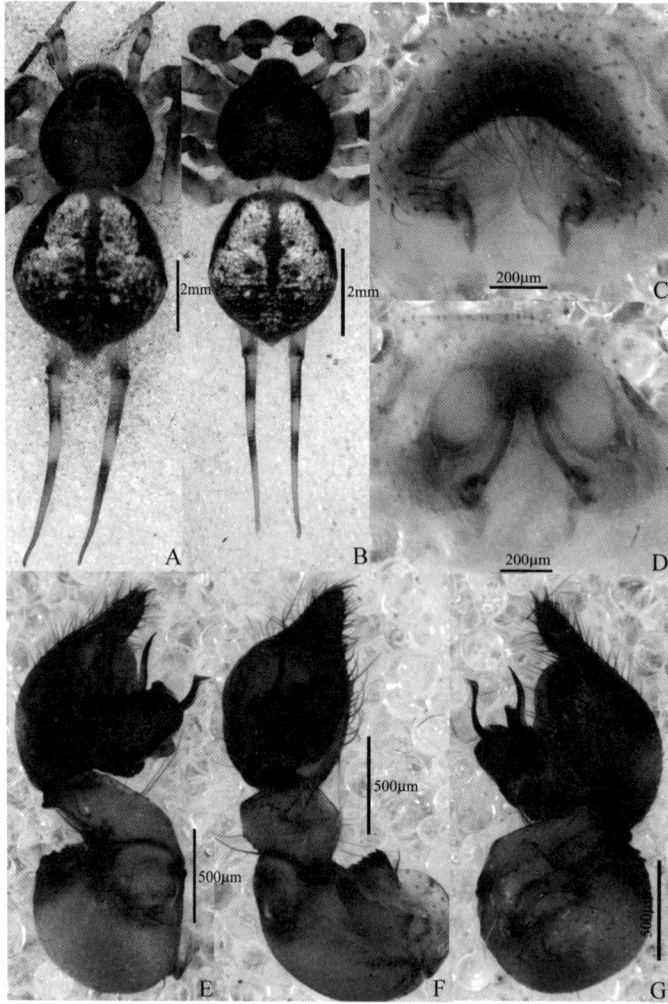

图 3-2　亚洲长纺蛛 *Hersilia asiatica* Song & Zheng，1982

A. 雌蛛，背面观；B. 雄蛛，背面观；C. 雌蛛外雌器，腹面观；D. 雌蛛外雌器，背面观；
E. 雄蛛左触肢器，内侧面观；F. 雄蛛左触肢器，腹面观；G. 雄蛛左触肢器，外侧面观

4　球蛛科 Theridiidae Sundevall,1833

鉴别特征：小到中型蜘蛛(体长 3.00~16.00mm)，无筛器。本科蜘蛛的腹部通常为球形，故名球蛛科。背甲光滑，形状多变。8眼2列，少数为6眼、4眼或无眼；通常具棕色眼环。螯肢无侧结节，具毛丛，后齿堤无齿，前齿堤具齿数量因种类不同而异。下唇前缘不增厚。额高通常较高。步足粗短，一般具环状斑纹，3爪；第Ⅳ步足跗节腹面具锯齿状毛，为本科重要的鉴别特征。腹部大多为球形，部分种类表面具光泽，少数被毛。纺器3对。具舌状体；或无，在相应位置上有数根刚毛。雄蛛触肢器复杂，一般不具副跗舟，可与园蛛科和皿蛛科加以区别。雌蛛外雌器常有明显的陷窝，内有1个合并的或2个分离的插入孔；有些种类无陷窝。通常纳精囊1对，少数种类2对。触肢器较为复杂。

生物学：本科蜘蛛生活环境多样，常结不规则的乱网，部分种类有假死现象。

模式属：*Theridion* Walckenaer, 1805

分布：全世界已知122属2462种，全球性分布。中国记录52属290种。本书记述天目山12属22种。

球蛛科分属检索表

1. 生活时结铃铛形巢用于居住 ······························· 铃铛蛛属 *Campanicola*
   特征不如上述 ··· 2
2. 无舌状体 ·· 3
   有舌状体或仅在该部位有2根刚毛 ······························· 7
3. 腹部后端突出于纺器上方，长大于高，侧面常有沟；雄蛛的触肢器有根部及分离的中突 ··· 丽蛛属 *Chrysso*
   腹部后端不突出于纺器上方；雄蛛的触肢器无根部，且中突与盾板或插入器广泛接触 ············· 4
4. 腹部卵圆形，侧面图案具有典型性；交配腔多呈椭圆形；插入器起始于生殖球前侧，逆时针旋转；引导器长匙状，插入器远端沿其腹沟延伸 ······························· 拟肥腹蛛属 *Parasteatoda*
   腹部球形或椭圆形，斑纹多样，不具典型性；交配腔明显或不明显；插入器起始于生殖球后侧或中间，顺时针旋转；引导器形状不如上述 ·································· 5
5. 交配腔后位，插入器长鞭状，环形延伸或纤细，隐蔽于引导器的背侧 ······················ 6
   交配腔中位或前位，插入器短粗，远端隐蔽于长匙状的引导器腹沟内 ··········· 菲娄蛛属 *Phylloneta*
6. 插入器长鞭状，环形延伸 ······························· 普拉蛛属 *Platnickina*
   插入器纤细，不呈环形延伸，位于引导器的背侧 ················· 高汤蛛属 *Takayus*
7. 舌状体较大，长度至少为其刚毛的1/2 ······························· 8
   舌状体较小，长度不及其刚毛的1/4；如无，则仅有2根刚毛 ····················· 9
8. 腹部特别长，侧面观背腹平行，纺器后端延长部分的长度为其前端部分的6~10倍 ··· 阿里蛛属 *Ariamnes*
   腹部不特别长，侧面观背侧隆起，纺器后端延长部分的长度与其前端部分约等长 ····· 银斑蛛属 *Argyrodes*
9. 腹部最宽处在中段部位的前方，或高大于宽，有银色板，背面无刺状突起 ······ 银板蛛属 *Thwaitesia*
   腹部在中段部位或后半部最宽，高绝不大于宽，无银色板，背面有刺状突起或无 ················· 10
10. 雌蛛有2对纳精囊；雄蛛背甲常有沟，触肢器的中突内有扭曲的导管 ············· 圆腹蛛属 *Dipoena*
    雌蛛仅有1对纳精囊；雄蛛背甲无沟，中突内导管扭曲，贯穿全长者罕见 ····················· 11
11. 后中眼间距不小于后中侧眼间距，后中侧眼间距通常不大于前中眼直径的1/3，眼域黑色；腹部无驼峰 ···
    ··· 斯坦蛛属 *Stemmops*

后眼列不如上述,如相同,则眼域不呈黑色;腹部通常有驼峰,近三角形,或宽大于长 …………………………
………………………………………………………………………………………………… 丘腹蛛属 *Episinus*

4.1　银斑蛛属 *Argyrodes* Simon,1864

鉴别特征:小到大型球蛛(体长 2.50～25.00mm)。头胸部略扁平,后方较低,头区抬起。前眼列后凹,后眼列稍后凹,通常前中眼最大。雌蛛的额部垂直或前伸,雄蛛一般在眼域和额部具有伸向前方的突起,两突起之间形成夹缝或横沟,或眼域、额部均无突起,或仅在一处具突起。螯肢前齿堤具 2～3 齿,后齿堤具 1～2 齿或具 1 排等大的小齿。第Ⅳ步足跗节无锯状毛,或者在跗节前端的侧面具锯状毛。腹部高大于长,橘红色、黄褐色或银白色,通常有银白色斑。腹部后方强烈突出于纺器的上方,呈驼峰状。具舌状体,并常着生 2 根刚毛。

模式种:*Linyphia argyrodes* Walckenaer,1841

分布:全世界已知 97 种。中国记录 11 种。本书记述天目山 2 种。

银斑蛛属分种检索表

1. 两个插入孔位于外雌器中央;雄蛛触肢器中突弯钩状 ………………… 圆筒银斑蛛 *Argyrodes cylindratus*
 两个插入孔位于外雌器两侧;雄蛛触肢器中突分两叉 ………………… 拟红银斑蛛 *Argyrodes miltosus*

4.1.1　圆筒银斑蛛 *Argyrodes cylindratus* Thorell,1898(中国新记录种)(图 4-1 和图版 4-1)

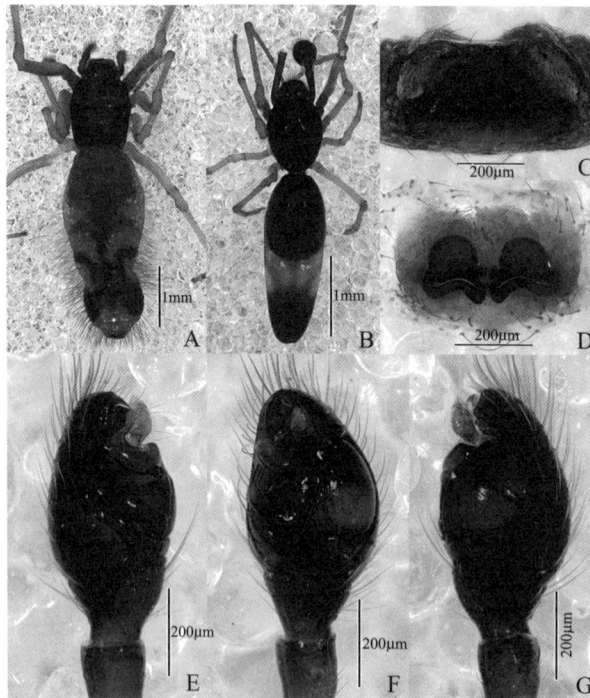

图 4-1　圆筒银斑蛛 *Argyrodes cylindratus* Thorell, 1898
A. 雌蛛,背面观;B. 雄蛛,背面观;C. 雌蛛外雌器,腹面观;D. 雌蛛外雌器,背面观;
E. 雄蛛左触肢器,内侧面观;F. 雄蛛左触肢器,腹面观;G. 雄蛛左触肢器,外侧面观

雌蛛体长约 3.00mm。背甲黄褐色,细长。中窝小,圆形。眼域后方具 2 对小的圆形凹陷。步足细长,淡黄色,无斑纹。腹部细长,圆筒状,后部两侧缢缩。背面具白色杂斑,前半部分深灰色,后半部分灰色,后端具三叉戟状斑纹。腹部背面自前 1/3 以后具茂密的长毛,后部

更明显。外雌器(见图 4-1C、D)中部隆起,具小凹槽状的交配孔;交配管短,细长;纳精囊球形。

雄蛛体长约 2.8mm。背甲深褐色,中眼域隆起突出。前足黄色,后足淡黄色。腹部细长,圆筒状,前半部背面具椭圆形背盾。触肢器(见图 4-1E~G)的插入器短,末端钩状,基部粗大;引导器膜质,中突弯钩状。

检视标本:1♀1♂,浙江省临安市天目山仙人顶,2013-6-29,付丽娜采。

分布:浙江、安徽。

4.1.2　拟红银斑蛛 *Argyrodes miltosus* Zhu & Song,1991(图 4-2 和图版 4-2)

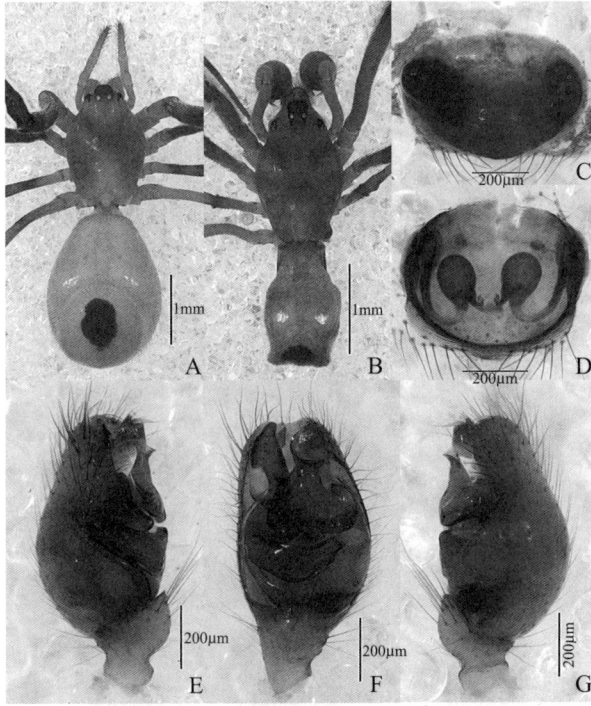

图 4-2　拟红银斑蛛 *Argyrodes miltosus* Zhu & Song,1991

A. 雌蛛,背面观;B. 雄蛛,背面观;C. 雌蛛外雌器,腹面观;D. 雌蛛外雌器,背面观;

E. 雄蛛左触肢器,内侧面观;F. 雄蛛左触肢器,腹面观;G. 雄蛛左触肢器,外侧面观

雌蛛体长约 6.20mm。背甲橘红色,眼域稍隆起,颈沟和放射沟呈暗褐色。两眼列均稍后凹。螯肢黄色,前齿堤有 3 齿,后齿堤有 1 齿。颚叶、胸板橘红褐色。下唇黄褐色。步足深棕色。腹部背面向上方突出,呈锥形,橘红色,驼峰顶部及纺器的后上方各有一黑色斑。腹部腹面橘黄色,有一椭圆形黑色斑。外雌器(见图 4-2C、D)稍隆起,呈黑褐色。在椭圆形隆起的中部两侧各有一耳状突,耳状突顶端各有一圆形插入孔。

雄蛛体长约 3.60mm。眼域突出,呈丘状。额部突出,两突起相距较远,呈一宽横沟,突起的末端有棕色长毛。其他特征同雌蛛。触肢器(见图 4-2E~G)中突的末端分为两叉,呈八字形;引导器膜质。

生物学:本种寄居在悦目金蛛 *Argiope amoena* 的网上。

检视标本:1♀1♂,浙江临安天目山,2011-7-25,金池采。

分布:浙江、安徽、湖南、湖北、贵州、重庆。

4.2　阿里蛛属 *Ariamnes* Thorell，1869

鉴别特征：中到大型球蛛，头胸部略扁平，长大于宽。前眼列后凹，通常前中眼最大。雌蛛的额部垂直，雄蛛一般在额部具有伸向前方的突起。螯肢前齿堤具2～3齿，后齿堤具1～2齿。足式：1423(雌)或1243(雄)。腹部后端向后方极度延长，后方突起的长度是腹部前端到纺器长度的10倍以上，形似蚯蚓；黄褐色或银白色，一般具银白色斑。雌蛛的外雌器纳精囊延长；雄蛛的触肢器变化很大，且因种而异。

模式种：*Ariadne flagellum* Doleschall，1857

分布：全世界已知34种。中国记录1种。本书记述天目山1种。

4.2.1　蚓腹阿里蛛 *Ariamnes cylindrogaster*（Simon，1889）（图4-3和图版4-3）

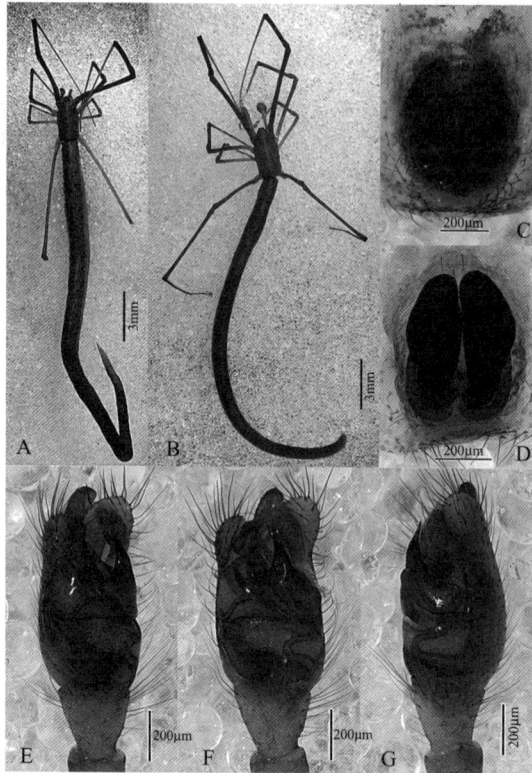

图4-3　蚓腹阿里蛛 *Ariamnes cylindrogaster*（Simon，1889）

A. 雌蛛，背面观；B. 雄蛛，背面观；C. 雌蛛外雌器，腹面观；D. 雌蛛外雌器，背面观；
E. 雄蛛左触肢器，内侧面观；F. 雄蛛左触肢器，腹面观；G. 雄蛛左触肢器，外侧面观

雌蛛体长25.30～26.80mm。背甲平坦，黄褐色，头部较窄长。前眼列后凹，后眼列稍前凹。螯肢黄色，前齿堤2齿，后齿堤1齿。颚叶、下唇呈黄色；胸板黄褐色，呈盾形。步足细长，黄色；腿节、膝节和胫节呈褐色；腿节、胫节的末端肥大；纵列的毛非常整齐，第Ⅳ步足的跗节前侧面有一列锯齿状毛，毛列长度约占跗节直径的2/3。腹部后端向后方极度延长，呈蚓状。背面及腹面黄褐色，侧面黄绿色或绿色。舌状体大，其上着生2根刚毛。外雌器(见图4-3C、D)后半部稍隆起，且后半部中央有一对小圆形插入孔。

雄蛛体长20.00～21.00mm。背甲颜色较雌蛛深，额部向前突出。其他特征同雌蛛。触肢器(见图4-3E～G)的根部呈拐状，且突出在跗舟中央的上方，引导器端部膨大。

检视标本:1♀,浙江临安清凉峰天池乐利山,2012-5-23,金池、高志忠采;1♀,浙江临安清凉峰顺溪坞直源,2012-5-16,金池、高志忠采;1♀,浙江临安天目山古道方向,2013-6-28,付丽娜采;1♀,浙江临安天目山仙人顶,2013-6-29,付丽娜采;1♂,浙江遂昌九龙山保护区杨茂源,2013-7-5,张付滨采。

分布:浙江、安徽、海南、台湾、福建、湖南、湖北、四川、重庆、云南、贵州、河南、甘肃。

4.3　铃铛蛛属 *Campanicola* Yoshida,2015

鉴别特征:小型球蛛(体长 1.50~3.00mm)。背甲卵圆形,灰褐色至深褐色。前眼列后凹,后眼列几乎平直。足式:1423(雌)或1243(雄)。腹部几乎球形,无后端延长;背面具有黑色斑点,雌蛛具环形或线形白色色素斑,但雄蛛不具白色色素斑。雌蛛的外雌器具有小陷窝,陷窝内具 2 个插入孔;交配管细而长,纳精囊球形或卵圆形。雄蛛跗舟一般小,副跗舟钩状;引导器端部尖,指向顶部;插入器通常长;盾板和亚盾板一般较小。

生物学:本属所有种类都织一个铃铛形巢,巢由小树枝、草叶、砂子或土粒组成,铃铛开口向下。

模式种:*Campanicola formosana* Yoshida,2015

分布:全世界已知 5 种。中国记录 5 种。本书记述天目山 1 种。

4.3.1　钟巢铃铛蛛 *Campanicola campanulata*(Chen,1993)(图 4-4 和图版 4-4)

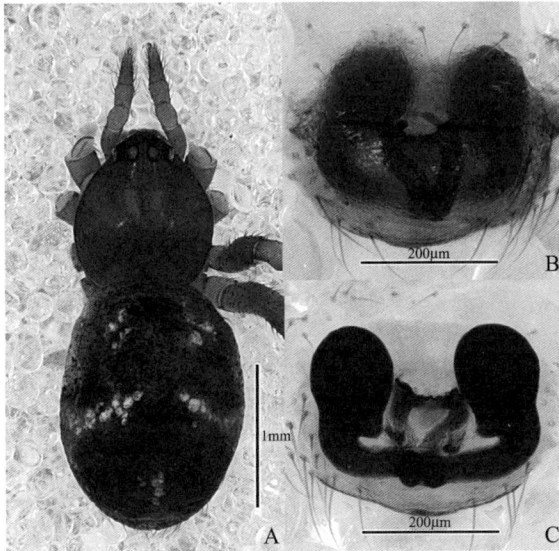

图 4-4　钟巢铃铛蛛 *Campanicola campanulata*(Chen, 1993)
A. 雌蛛,背面观;B. 雌蛛外雌器,腹面观;C. 雌蛛外雌器,背面观

雌蛛体长约 2.56mm。背甲卵圆形,黄褐色,边缘深褐色,具短刚毛。中窝圆形。8 眼 2 列,各眼基部均有黑褐色环纹。胸板暗褐色。螯肢黄色,颚叶、下唇黄褐色。步足黄色,有黑褐色环纹。腹部球形,密被褐色短刚毛,前半部有 2 个八字形白色斑,后端有 3 个白色斑。腹部腹面灰黑色,中央及两侧各有 1 个黄褐色斑。外雌器(见图 4-4B、C)褐色,陷窝位于中部,两侧各有 1 个圆形插入孔;纳精囊球形,交配管长,开口于生殖腔的前侧缘。

检视标本:1♀,浙江临安天目山古道方向,2013-6-28,付丽娜采。

分布:浙江、湖北、贵州、重庆。

4.4　丽蛛属 *Chrysso* O. P.-Cambridge,1882

鉴别特征:中小型蜘蛛(体长 1.00～5.00mm)。体色多艳丽,一般具银白色或黑色斑。背甲正常,无特殊突起。8 眼等大,前眼列稍后凹,后眼列平直。螯肢前齿堤具 2 枚大齿,后齿堤无齿。步足细长;步足I最长;第Ⅳ步足的跗节腹面具明显的锯齿状毛。腹部长大于宽;后端向后上方突出并位于纺器上方。无舌状体,无刚毛着生。雄蛛触肢器的副跗舟在跗舟腔窝内为一小泡或小陷窝;插入器弯曲,其顶端紧靠引导器。雌蛛外雌器轻微骨质化,插入孔不明显;交配管短。

模式种:*Chrysso albomaculata* O. P.-Cambridge, 1882

分布:全世界已知 67 种。中国记录 23 种。本书记述天目山 5 种。

丽蛛属分种检索表

1. 身体腹部无银色斑点 ·· 2
   身体腹部具银色斑点 ·· 3
2. 腹部通体黑褐色 ·· 黑丽蛛 *Chrysso nigra*
   腹部背面黄白色或绿色,有 4 对黑色斑点 ··········· 八斑丽蛛 *Chrysso octomaculata*
3. 腹部背面观长菱形 ······································· 星斑丽珠 *Chrysso scintillans*
   腹部背面观菱形 ·· 4
4. 背部两侧缘及后端正中各有一黑色小棘 ········· 三棘丽蛛 *Chrysso trispinula*
   腹部三角形,但无上述黑色小棘 ··················· 扁腹丽蛛 *Chrysso lativentris*

4.4.1　扁腹丽蛛 *Chrysso lativentris* Yoshida,1993(浙江新记录种)(图 4-5 和图版 4-5)

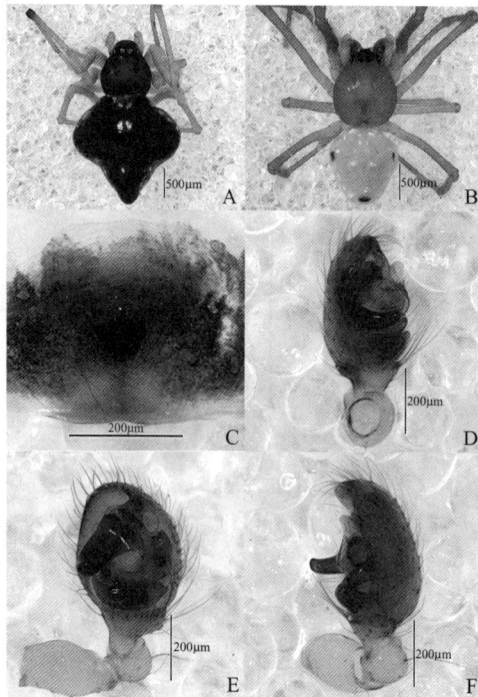

图 4-5　扁腹丽蛛 *Chrysso lativentris* Yoshida, 1993

A. 雌蛛,背面观;B. 雄蛛,背面观;C. 雌蛛外雌器,腹面观;D. 雄蛛左触肢器,内侧面观;
E. 雄蛛左触肢器,腹面观;F. 雄蛛左触肢器,外侧面观

　　雌蛛体长约 2.80mm。背甲灰黑色,颈沟及放射沟黑色。中窝不明显。两眼列均后凹。前中眼之下的额部凹入,额部下缘前伸。螯肢黄褐色,有黑色斑点,前齿堤 2 齿,后齿堤具数根细刺。颚叶、下唇及胸板均为黑色。步足各腿节黄色,其余各节均为橙黄色。腹部背面观呈菱形,后端显著向后上方突出,背中部的两侧各有一丘状隆起。背面前缘及后半部两侧为银白色,余处为黑色。腹部侧面密布银白色鳞状斑。腹面土黄色。外雌器(见图 4-5C)黑褐色,中部有一圆形插入孔,其上方有一黑色三角形阴影。

　　雄蛛体色非常浅,特征与雌蛛相似。腹部侧面下半部黄色。触肢器(见图 4-5D～F)的插入器及引导器从生殖球一侧伸出,呈刀状。

　　检视标本:1♀1♂,浙江临安天目山老殿至三亩坪,2011-7-28,金池采。

　　分布:浙江、安徽、台湾、甘肃、贵州。

4.4.2　黑丽蛛 *Chrysso nigra*(O. P. -Cambridge,1880)(图 4-6 和图版 4-6)

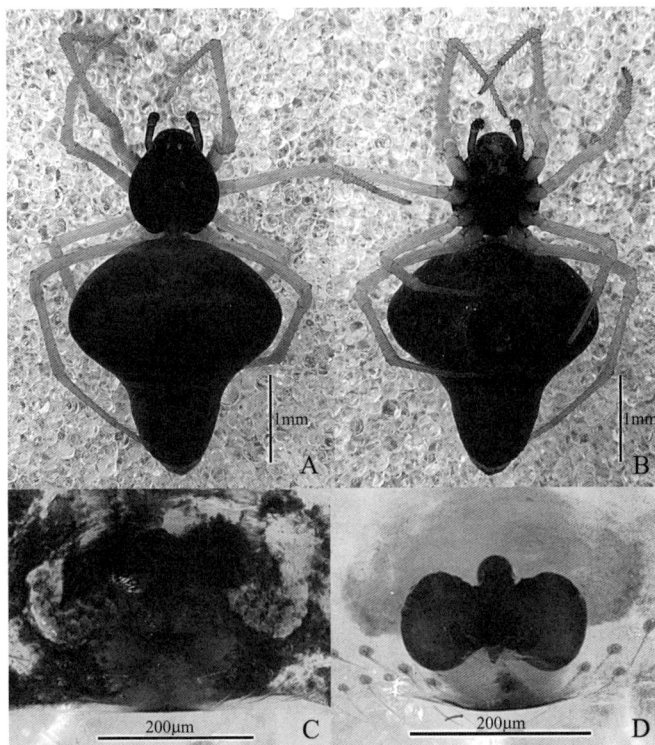

图 4-6　黑丽蛛 *Chrysso nigra*(O. P. -Cambridge,1880)

A. 雌蛛,背面观;B. 雌蛛,腹面观;C. 雌蛛外雌器,腹面观;D. 雌蛛外雌器,背面观

　　雌蛛体长 2.00～2.85mm。背甲灰黑褐色。颈沟、放射沟黑色。中窝纵向,浅,灰黑色。两眼列均后凹。各眼基均围有黑棕色环。螯肢黄褐色,前齿堤 2 齿。腹部黑色,长三角形,腹面正中央黑色,两侧灰褐色。纺器灰褐色。外雌器(见图 4-6C、D)灰褐色,近后缘的中央有一浅的偏圆形陷窝,陷窝前缘色深,为一弧形边。

　　检视标本:1♀,浙江临安天目山仙人顶,2013-6-29,付丽娜采;2♀,浙江临安天目山一里亭,2013-6-30,张付滨采;15♀,浙江临安天目山千亩田,2013-7-1,付丽娜采。

　　分布:浙江、安徽、海南、台湾、广西。

4.4.3　八斑丽蛛 *Chrysso octomaculata*（Bösenberg & Strand，1906）（图 4-7 和图版 4-7）

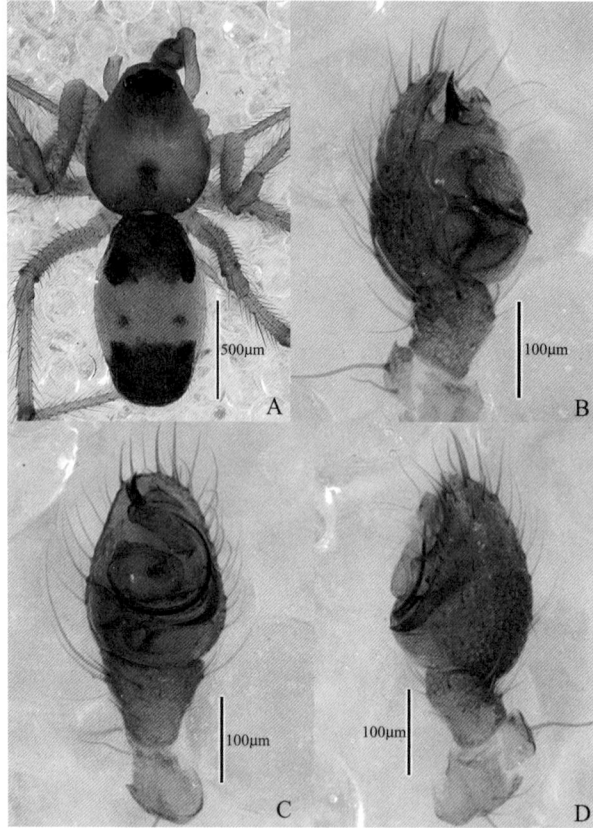

图 4-7　八斑丽蛛 *Chrysso octomaculatum*（Bösenberg & Strand，1906）

A.雄蛛，背面观；B. 雄蛛左触肢器，内侧面观；C. 雄蛛左触肢器，腹面观；D. 雄蛛左触肢器，外侧面观

雄蛛体长约 1.63mm。背甲浅黄褐色，从后列眼至背甲后缘正中有 1 条黄褐色纵带，颈沟、放射沟橙色。中窝圆形。前眼列后曲，后眼列前曲。螯肢黄色，螯肢基部背面有 1 枚齿突，后齿堤无齿。颚叶、下唇橙色。胸板淡黄色。步足黄色，多细毛。腹部卵圆形，背面黄白色或绿色，密生黄色细毛，有 4 对黑色斑点。腹部卵圆形，前端有明显角质环。插入器的基部横向，椭圆形，位于生殖球之中部，针管起始点在时钟 5 点钟位置（见图 4-7B～D）。

检视标本：1 ♂，浙江临安天目山一里亭，2013-6-30，张付滨采。

分布：浙江、江苏、安徽、广东、台湾、西藏、广西、福建、湖南、湖北、四川、陕西、山西、河南、河北、山东。

4.4.4　星斑丽珠 *Chrysso scintillans*（Thorell，1895）（图 4-8 和图版 4-8）

雌蛛体长 3.60～5.50mm。背甲黄色，长大于宽。颈沟明显，中窝椭圆形，横向。8 眼近乎等大。两眼列均后凹。螯肢黄色，前齿堤 3 齿，后齿堤无齿。颚叶、下唇橙黄色。胸板黑褐色。步足橙黄色，具黑褐色环纹。腹部金黄色有银色鳞状斑，长菱形，中段最宽，侧面观略呈三角形。腹面灰黄色。外雌器（见图 4-8C、D）黄褐色，近后缘有一弧形大陷窝。

雄蛛体长 3.00～3.50mm。各步足的黑褐色环纹比雌蛛更明显。腹部后端突出部细长而显著。其他特征同雌蛛。触肢器(见图 4-8E～G)的跗舟顶端有 2 齿;插入器呈"C"形,中部细,两端宽;引导器膜状。

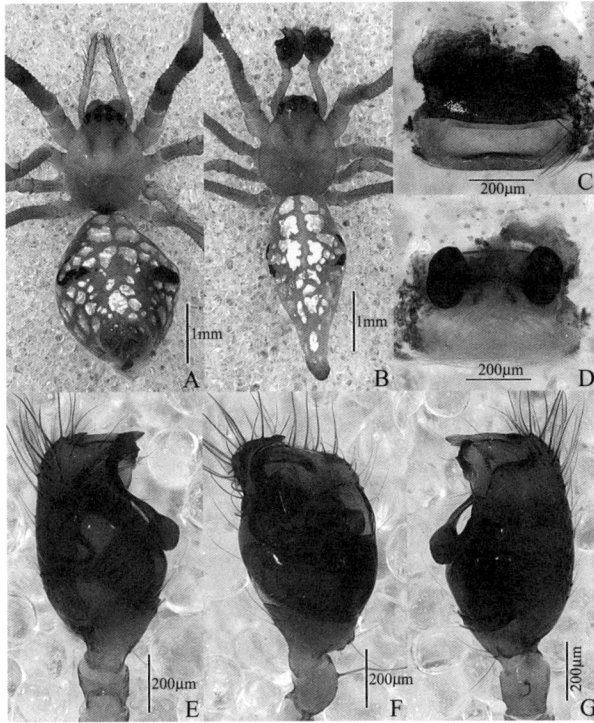

图 4-8　星斑丽珠 *Chrysso scintillans* (Thorell,1895)

A. 雌蛛,背面观;B. 雄蛛,背面观;C. 雌蛛外雌器,腹面观;D. 雌蛛外雌器,背面观;

E. 雄蛛左触肢器,内侧面观;F. 雄蛛左触肢器,腹面观;G. 雄蛛左触肢器,外侧面观

检视标本:3♂,浙江临安清凉峰顺溪坞直源,2012-5-16,金池、高志忠采;1♀,浙江临安天目山千亩田,2013-7-1,付丽娜采;1♀,浙江遂昌九龙山保护区杨茂源,2013-7-5,张付滨采。

分布:浙江、安徽、海南、台湾、福建、湖南、湖北、云南、四川、贵州。

4.4.5　三棘丽蛛 *Chrysso trispinula* Zhu,1998(图 4-9 和图版 4-9)

雌蛛体长约 2.50。背甲灰褐色,颈沟及放射沟黑色,眼域黑色。中窝浅,横向,椭圆形。螯肢黑色,前齿堤 3 齿,后齿堤无齿,螯牙橘黄色。颚叶、下唇及胸板均为黑色。步足各基节的背面黑色,剩余各节黄色,各步足均生有黄褐色长毛。腹部菱形,背中部的两侧缘及后端正中各有一黑色小棘。背面黄色,有银白色鳞状斑。腹部腹面黄色,在前半部为黑色。外雌器(见图 4-9C、D)黑棕色,前半部中央有一"M"形陷窝。

检视标本:4♀,浙江临安天目山一里亭,2013-6-30,张付滨采。

分布:浙江、海南。

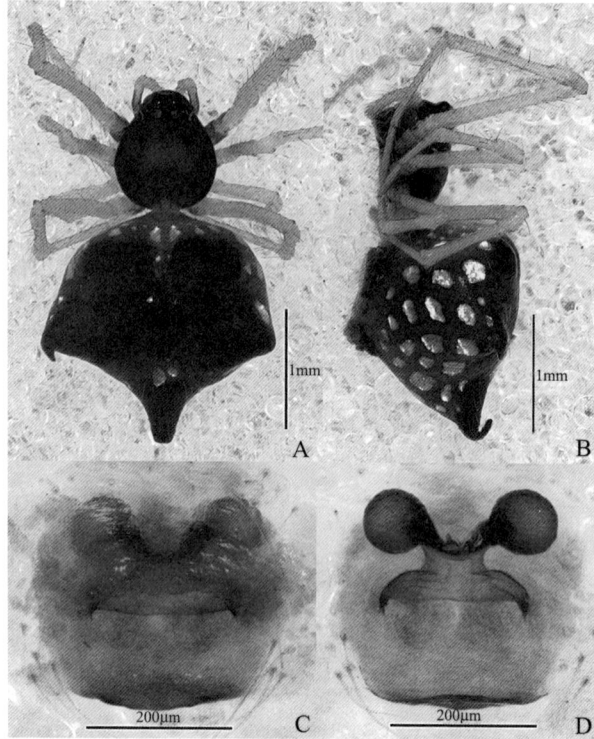

图 4-9　三棘丽蛛 *Chrysso trispinula* Zhu, 1998
A. 雌蛛,背面观;B. 雌蛛,侧面观;C. 雌蛛外雌器,腹面观;D. 雌蛛外雌器,背面观

4.5　圆腹蛛属 *Dipoena* Thorell, 1869

鉴别特征:小型球蛛。雌蛛背甲一般正常,雄蛛非常高且具背沟或凹陷。两眼列均后凹,前后侧眼相连。额部凹入,眼域突出于额的上方。螯肢极弱小;前、后齿堤均无齿。步足较短。腹部卵圆形或圆形;前端通常向前突出;少数种类具驼峰。无舌状体,在舌状体位置具 2 根刚毛。雄蛛触肢器的中突为一分离的骨片;盾板和中突内具盘曲的输精管。雌蛛外雌器陷窝不明显;插入孔小;纳精囊 4 个,1 对大,1 对小;交配管 4 条。

模式种:*Atea melanogaster* C. L. Koch, 1837

分布:全世界已知 155 种。中国记录 17 种。本书记述天目山 1 种。

4.5.1　中华圆腹蛛 *Dipoena sinica* Zhu, 1992(图 4-10 和图版 4-10)

雌蛛体长 2.95～2.97mm。头胸部为眼域最高,额区下缘呈三角形。背甲黄色,呈三角形。眼域深褐色,颈沟及放射沟隐约可见。中窝纵向,棕色,短棒状。螯肢黄色,螯牙长。颚叶、下唇黄色。胸板米黄色,具棕色边。步足黄色,多细毛,各腿节、胫节及跗节近端均有浅黑褐色环纹。腹部长卵形,后端稍尖,密被黄褐色刚毛。背面土黄色,中央的两侧各有一列黑色斑点,各斑点之间相连或不相连,在前半部的左右两列斑点之外亦呈黑色。腹部腹面浅黄色,生殖沟之后有一"X"形浅黑色斑,纺器前方有一块黑斑。外雌器(见图 4-10C、D)浅棕色,在近后缘处有一半月形唇脊,外雌器的两个插入孔位于第一对纳精囊之间的中部。

雄蛛体长 2.91～3.10mm。头胸部呈圆盘形,背面凹陷。螯肢弱小。其他特征同雌蛛。触肢器(见图 4-10E～G)的引导器三角形,呈片瓦状。

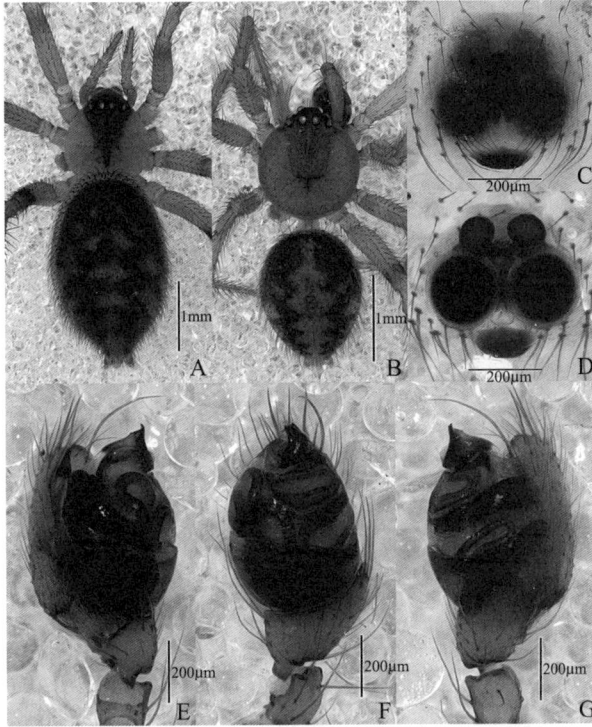

图 4-10　中华圆腹蛛 *Dipoena sinica* Zhu，1992

A. 雌蛛，背面观；B. 雄蛛，背面观；C. 雌蛛外雌器，腹面观；D. 雌蛛外雌器，背面观；

E. 雄蛛左触肢器，内侧面观；F. 雄蛛左触肢器，腹面观；G. 雄蛛左触肢器，外侧面观

检视标本：1♀，浙江临安天目山老殿，2011-7-26，金池、杨洁采；1♀，浙江临安清凉峰顺溪坞直源，2013-5-16，金池采；1♀1♂，浙江临安天目山千亩田，2013-7-2，张付滨采；1♀，浙江遂昌九龙山保护区，2013-7-4，付丽娜采；1♀，浙江遂昌九龙山保护区杨茂源，2013-7-5，张付滨采。

分布：浙江、安徽、湖南、湖北、四川、重庆、贵州、海南、陕西、甘肃。

4.6　丘腹蛛属 *Episinus* Walckenaer，in Latreille，1809

鉴别特征：中小型蜘蛛。背甲平坦，或胸部稍高。前、后中眼间常具丘；眼域明显抬高或前突；8 眼排列为近似的环状。额前伸；眼域与额部之间凹入。螯肢小。步足粗壮，具暗色斑纹；膝节外侧常向外突出；跗节Ⅳ腹面具锯状毛。舌状体极小，或具 2 根刚毛。雄蛛触肢器的跗舟不具侧突；引导器宽大。雌蛛陷窝明显；有时可见纳精囊。

模式种：*Episinus truncatus* Latreille，1809

分布：全世界已知 61 种，分布于古北区、拉丁美洲以及北非等，少数分布于西非。中国记录 9 种。本书记述天目山 2 种。

丘腹蛛属分种检索表

1. 雌蛛腹部中部最宽，该处两侧各有一丘状突；插入器基部呈圆形　·············　**云斑丘腹蛛** *Episinus nubilus*
雌蛛腹部中后部最宽，该处的左右近两缘各有一小的三角形刺壮突，插入器基部呈长卵形　·············
·· **秀山丘腹蛛** *Episinus xiushanicus*

4.6.1　云斑丘腹蛛 *Episinus nubilus* Yaginuma，1960（图 4-11 和图版 4-11）

图 4-11　云斑丘腹蛛 *Episinus nubilus* Yaginuma，1960
A. 雌蛛，背面观；B. 雄蛛，背面观；C. 雌蛛外雌器，腹面观；D. 雌蛛外雌器，背面观；
E. 雄蛛左触肢器，内侧面观；F. 雄蛛左触肢器，腹面观；G. 雄蛛左触肢器，外侧面观

雌蛛体长 4.30～4.80mm。头胸部前段狭窄，中、后部宽。背甲黄褐色，两侧缘灰黑色，颈沟及放射沟褐色，头部中央有一"Y"形灰褐色斑。中窝纵向，凹坑状。眼域隆起，前眼列之下的额部凹入，两眼列均后凹。螯肢黄褐色，前、后齿堤均无齿。颚叶、下唇黄褐色，颚叶、下唇的端半部呈苍白色。胸板灰褐色。腹部背面有不规则的黑褐色斑，腹面灰褐色。外雌器（见图4-11C、D）后半部有一桃形陷窝，陷窝前缘的中央两侧各有一环形阴影。

雄蛛体长 3.20～3.40mm。步足较短粗，多毛。其他特征同雌性。触肢器（见图 4-11E～G）的插入器呈鞭状，基部宽，近圆形；引导器位于跗舟顶部。

检视标本：1♀，浙江临安天目大峡谷，2011-8-2，金池、杨洁采；1♂，浙江临安天目山，2011-7-25，金池、杨洁采；1♀，浙江临安天目山古道方向，2013-6-28，付丽娜采；1♂，浙江临安天目山一里亭，2013-6-30，张付滨采；2♀1♂，浙江临安天目山千亩田，2013-7-2，付丽娜采。

分布：浙江、安徽、台湾、福建、湖南、湖北、陕西、贵州、重庆。

4.6.2　秀山丘腹蛛 *Episinus xiushanicus* Zhu，1998（图 4-12 和图版 4-12）

雌蛛体长约 4.00mm。眼隆起呈一丘，额部前伸，但较窄。背甲黄褐色，两侧缘黑褐色，额部中央有一黑褐色三角形斑，背甲中央有一蝶形褐色斑。螯肢灰褐色，前、后齿堤均无齿。颚叶、下唇灰黄色。胸板灰褐色。步足黄色，各节均有宽的黑褐色环纹。腹部在后半部的中间最宽，该处的左右近两缘各有一小的三角形刺状突，指向后侧方。外雌器（见图 4-12C、D）后半部有一桃形陷窝，陷窝前缘有一向后突出呈半圆形的唇。

雄蛛体长约 3.40mm。体色较雌蛛淡。其他特征同雌性。触肢器（见图 4-12E～G）的插

入器基部呈卵圆形,端部呈鞭状;引导器宽大。

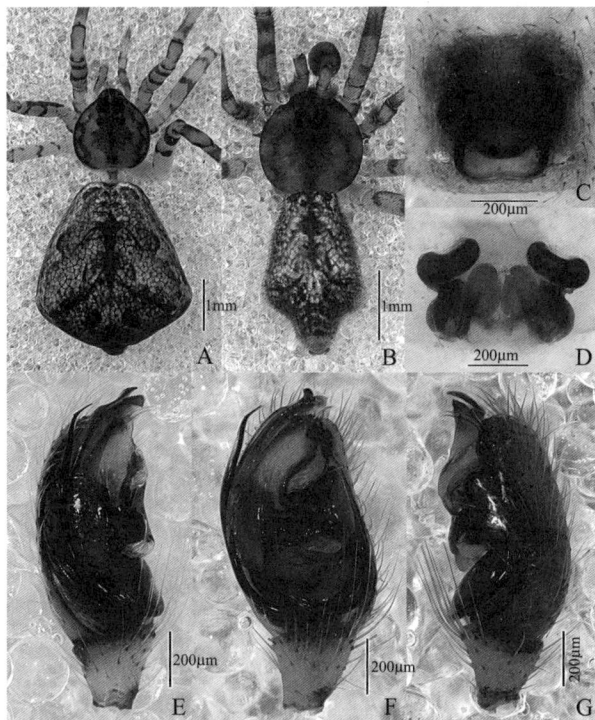

图 4-12　秀山丘腹蛛 *Episinus xiushanicus* Zhu,1998

A. 雌蛛,背面观;B. 雄蛛,背面观;C. 雌蛛外雌器,腹面观;D. 雌蛛外雌器,背面观;

E. 雄蛛左触肢器,内侧面观;F. 雄蛛左触肢器,腹面观;G. 雄蛛左触肢器,外侧面观

检视标本:1♂,浙江临安清凉峰顺溪坞直源,2012-5-16,高志忠采;1♀,浙江临安天目山仙人顶,2013-6-29,付丽娜采。

分布:浙江、福建、湖北、甘肃、贵州。

4.7　拟肥腹蛛属 *Parasteatoda* Archer,1946

鉴别特征:小到中型球蛛(1.00～10.00mm)。背甲梨形,中窝纵向。8眼2列,前眼列后凹,后眼列平直。通常螯肢前齿堤具1～2齿,后齿堤无齿。步足长。腹部接近球形,高大于宽,通常具一较小的后部突出,常具宽而纵向分布的心脏斑及一些横向的肌痕。雌蛛的外雌器具一明显的陷窝;交配管长或短;纳精囊接近球形。雄蛛触肢器副跗舟呈兜帽状;引导器短,与插入器伴行;插入器通常较长;中突为独立的骨片,紧贴插入器。

模式种:*Theridion tepidariorum* C. L. Koch,1841

分布:全世界已知46种,全球性分布。中国记录26种。本书记述天目山5种。

拟肥腹蛛属分种检索表

1.外雌器陷窝长约为宽的5倍;侧面观引导器短鸭头状 ··· **2**

　外雌器陷窝横向,呈卵圆形,长为宽的2～3倍;侧面观引导器非鸭头状··················

　·· 宋氏拟肥腹蛛 *Parasteatoda songi*

2.外雌器陷窝后缘弧形后凹 ··· **3**

4.7.1 亚洲拟肥腹蛛 *Parasteatoda asiatica* (Bösenberg & Strand, 1906)(浙江新记录种)(图 4-13 和图版 4-13)

雌蛛体长约 2.70mm。背甲黄褐色,颈沟及放射沟不明显。中窝椭圆形,中央有一弧形刻痕。8 眼近乎等大,各眼基部均有黑褐色环。螯肢黄色,有黑色素斑点。下唇和胸板黄色。步足黄色,略具黑色环纹。腹部几乎球形;背面白色,有不规则的黑色斑;腹面黄褐色。纺器黄褐色,基部的周围黑褐色。外雌器(见图 4-13C、D)橙色,后缘中央有一个横向卵圆形的陷窝,两侧各有一圆形插入孔。纳精囊球形,交配管呈"S"形。

雄蛛体长 1.62～2.01mm。背甲棕褐色。步足橙黄色。腹部深黄褐色,背面前半部无斑或有一对黑色斑,后半部 2 对黑色斑。触肢器(见图 4-13E～G)的插入器逆时针伸展,引导器远端较细,呈刀状。

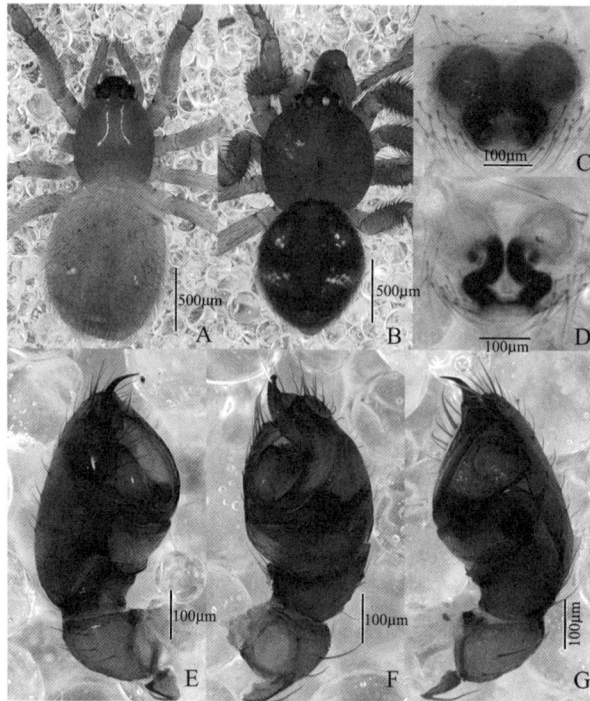

图 4-13 亚洲拟肥腹蛛 *Parasteatoda asiatica*(Bösenberg & Strand, 1906)
A. 雌蛛,背面观;B. 雄蛛,背面观;C. 雌蛛外雌器,腹面观;D. 雌蛛外雌器,背面观;
E. 雄蛛左触肢器,内侧面观;F. 雄蛛左触肢器,腹面观;G. 雄蛛左触肢器,外侧面观

检视标本:1 ♂,浙江临安清凉峰顺溪坞直源,2012-5-16,金池采;1♀1 ♂,浙江临安天目山禅源寺,2011-7-27,金池、杨洁采。

分布:浙江、安徽、海南、湖北、辽宁、吉林、贵州、重庆。

4.7.2　日本拟肥腹蛛 *Parasteatoda japonica*（**Bösenberg ＆ Strand,1906**）（图 4-14 和图版 4-14）

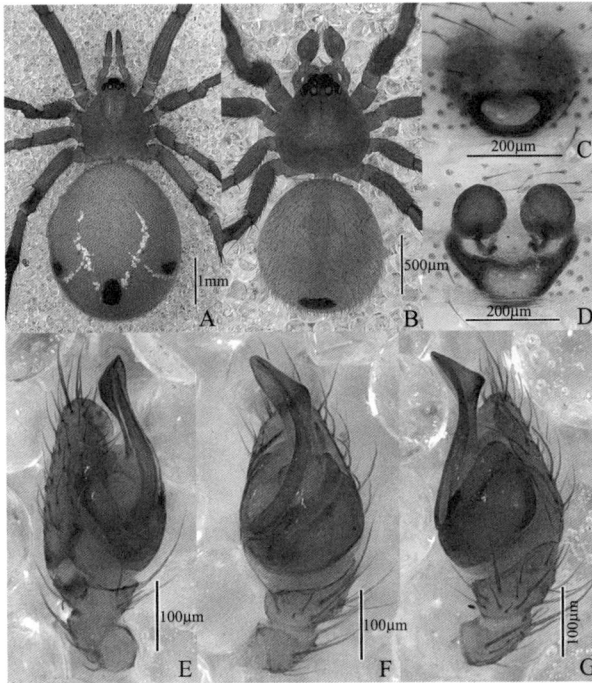

图 4-14　日本拟肥腹蛛 *Parasteatoda japonica*（Bösenberg ＆ Strand，1906）

A. 雌蛛,背面观;B. 雄蛛,背面观;C. 雌蛛外雌器,腹面观;D. 雌蛛外雌器,背面观;

E. 雄蛛左触肢器,内侧面观；F. 雄蛛左触肢器,腹面观；G. 雄蛛左触肢器,外侧面观

雌蛛体长 3.30~4.20mm。背甲橙黄色,颈沟、放射沟黄褐色。中窝呈一菱形刻痕。8 眼 2 列,前侧眼最大,其余 6 眼等大。螯肢黄色。颚叶、下唇、胸板皆橙黄色。步足深黄色。腹部卵圆形;背面黄褐色,中央稍侧的左右各有一白色呈波状纹的纵条斑,后部具 3 个黑色圆形斑;腹面黄褐色,正中有一卵圆形黑褐色斑。纺器黄褐色。外雌器(图 4-14C、D)后端有椭圆形的生殖腔,交配管短,开口于生殖腔前侧缘;纳精囊球形。

雄蛛体长约 2.12mm。背甲棕褐色。步足橙黄色。腹部深黄褐色,背面前半部无斑,后半部具一个黑色斑。触肢器(见图 4-14E~G)的插入器较长,逆时针伸展;引导器远端较细,呈刀状。

检视标本:2♀,浙江临安天目山老殿,2011-7-26,金池、杨洁采;4♀,浙江临安天目山禅源寺,2011-7-27,金池、杨洁采;1 ♂,浙江临安天目大峡谷,2011-8-2,金池、杨洁采。

分布:浙江、安徽、海南、台湾、广西、湖南、四川、贵州、重庆。

4.7.3　佐贺拟肥腹蛛 *Parasteatoda kompirensis* **Bösenberg ＆ Strand，1906**（图 4-15 和图版 4-15）

雌蛛体长约 4.20mm。背甲黄褐色,间有黑色素,颈沟、放射沟黄褐色。中窝圆形。8 眼等大。螯肢红色。颚叶、下唇黄色。胸板黄色,两侧红褐色,具细毛。步足各腿节红褐色,其余各节黄褐色。腹部圆形,色彩及斑纹有变异,一般为灰褐色,具 3~4 个人字形斑纹,后部具有 3 个大的黑色斑点。腹部腹面灰褐色,正中有 1 对圆形黑色斑,左右排列。外雌器(见图 4-15C、D)黑褐色,陷窝横向呈椭圆形,后缘中央向前突出;交配管短而粗,开口于生殖腔两侧;纳精囊球形。

雄蛛体长约 2.78mm。背甲浅黄褐色,中窝几乎横向椭圆形。步足橙黄色。腹部背面后部的三个点斑相互连接。插入器端部依托在引导器内,引导器较为宽大,侧面观呈鸟喙状(见

图 4-15E～G)。

　　检视标本:1♀1♂,浙江临安天目山禅源寺,2011-7-31,金池、杨洁采。

　　分布:浙江、安徽、台湾、湖南、湖北、四川、重庆、山东。

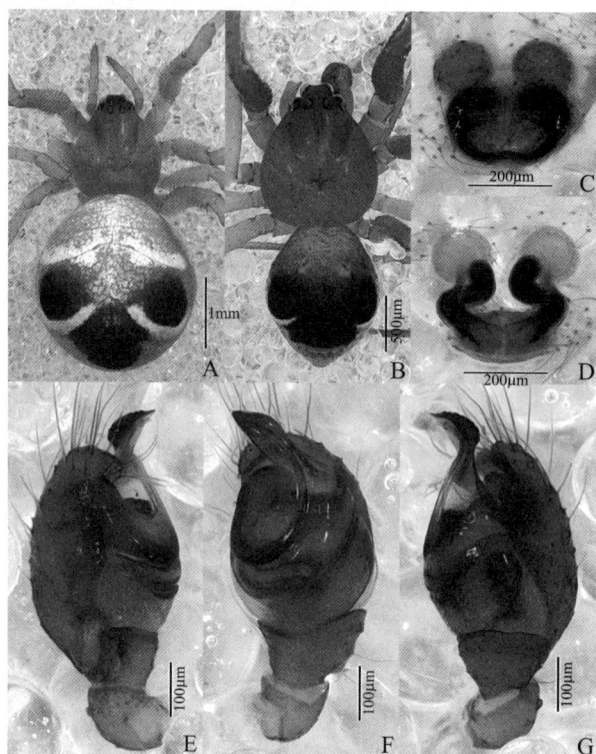

图 4-15　佐贺拟肥腹蛛 *Parasteatoda kompirensis* Bösenberg & Strand，1906

A. 雌蛛,背面观;B. 雄蛛,背面观;C. 雌蛛外雌器,腹面观;D. 雌蛛外雌器,背面观;

E. 雄蛛左触肢器,内侧面观;F. 雄蛛左触肢器,腹面观;G. 雄蛛左触肢器,外侧面观

4.7.4　宋氏拟肥腹蛛 *Parasteatoda songi* (Zhu，1998)(图 4-16 和图版 4-16)

　　雌蛛体长 3.80～4.01mm。背甲深褐色;颈沟较深,黑褐色;放射沟浅,黑褐色;背甲两侧有不明显的浅黑褐色网状纹。中窝半圆形。8眼2列,各眼均有黑棕色环。螯肢黄色。颚叶、下唇及胸板均为黄色,胸板后端褐色。步足黄色,有黑褐色环纹。腹部背面观呈卵圆形,侧面观呈倒梨形,黄褐色,两侧有白色和紫褐色相见的斜条纹。腹部腹面白色,正中央有一紫黑色弧形斑,横向。外雌器(见图 4-16C、D)褐色;陷窝横向,长约为宽的 5 倍;后缘隆起,呈唇状;交配管粗而短;纳精囊小球形。

　　雄蛛体长 2.60～2.80mm。背甲黑褐色,梨形;中窝圆形,中央为一十字形刻痕。腹部浅灰色,中央具一列纵向的褐色斑带,两侧夹杂着一些小的棕色点斑。触肢器(见图 4-16E～G)宽大于长,引导器短,侧面观呈鸭头状。

　　检视标本:1♀,浙江临安天目山禅源寺,2011-7-31,金池采;1♀,浙江临安天目大峡谷,2011-8-2,杨洁采;1♀,浙江临安天目山管理局,2013-6-27,查珊洁采;2♀,浙江临安天目山古道方向,2013-6-28,付丽娜采;1♀,浙江临安天目山一里亭,2013-6-30,张付滨采;1♀2♂,浙江临安天目山千亩田,2013-7-1,付丽娜采;1♂,浙江临安天目山千亩田,2013-7-2,张付滨采。

　　分布:浙江(天目山)、安徽、湖南、湖北、重庆。

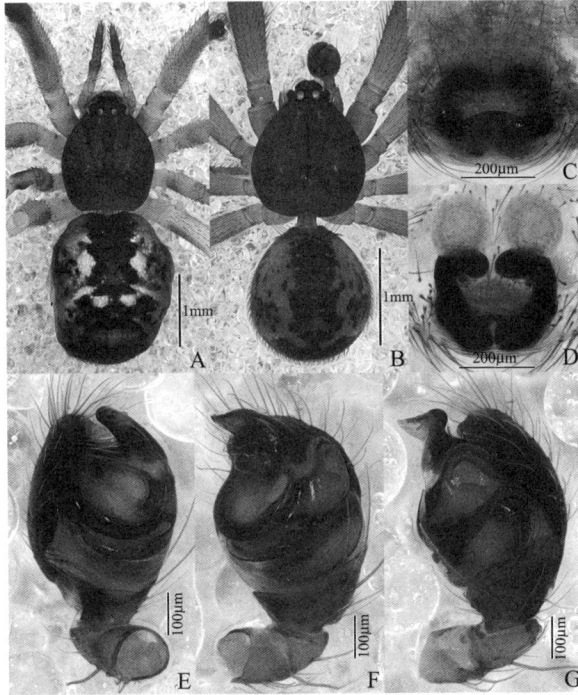

图 4-16 宋氏拟肥腹蛛 *Parasteatoda songi*（Zhu，1998）

A. 雌蛛，背面观；B. 雄蛛，背面观；C. 雌蛛外雌器，腹面观；D. 雌蛛外雌器，背面观；

E. 雄蛛左触肢器，内侧面观；F. 雄蛛左触肢器，腹面观；G. 雄蛛左触肢器，外侧面观

4.7.5 温室拟肥腹蛛 *Parasteatoda tepidariorum*（C. L. Koch，1841）（图 4-17 和图版 4-17）

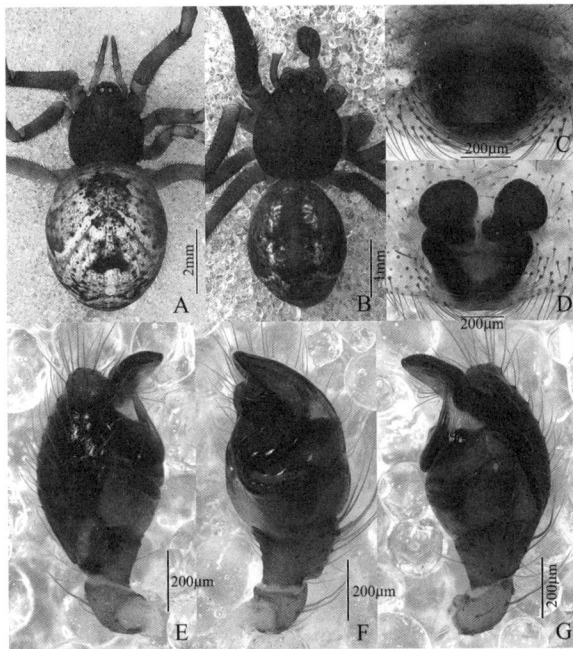

图 4-17 温室拟肥腹蛛 *Parasteatoda tepidariorum*（C. L. Koch，1841）

A. 雌蛛，背面观；B. 雄蛛，背面观；C. 雌蛛外雌器，腹面观；D. 雌蛛外雌器，背面观；

E. 雄蛛左触肢器，内侧面观；F. 雄蛛左触肢器，腹面观；G. 雄蛛左触肢器，外侧面观

雌蛛体长 5.10～8.00mm。背甲黄橙色,颈沟及放射沟黄褐色。中窝呈圆形。螯肢黄橙色,前齿堤有 2 齿,后齿堤无齿。颚叶黄色,下唇及胸板灰褐色。步足黄橙色,有棕色斑纹,多毛。腹部椭圆形,背面高度隆起,但不形成丘突,被有棕色毛;背面白色,由褐色细线纹编织成网状,中部之前的正中央有黑褐色斑,稍后的正中央有一呈三角形的黑褐色斑;腹部腹面白色,正中有一黑褐色弧形斑。外雌器(见图 4-17C、D)黑棕色,中央有一大陷窝,宽大于长,两侧近边缘各有一黑色管状阴影。

雄蛛体长 2.20～4.10mm。体色较雌蛛略深。其他特征同雌蛛。触肢器(见图 4-17E～G)的胫节有 8 根听毛。插入器基部椭圆形,针管部逆时针方向向前延伸,引导器长匙状。

检视标本:1♀,浙江临安天目山老殿,2011-7-26,金池、杨洁采;1♀,浙江临安天目山禅源寺,2011-7-27,金池、杨洁采;19♀1♂,浙江临安天目山龙王山,2011-7-29,金池、杨洁采;1♀,浙江临安天目山禅源寺,2011-7-31,金池、杨洁采;3♀1♂,浙江临安天目大峡谷,2011-8-2,金池、杨洁采;1♀1♂,浙江临安清凉峰顺溪村小溪旁,2012-5-15,金池、高志忠采;8♀4♂,浙江临安清凉峰顺溪坞直源,2012-5-16,金池、高志忠采;3♀3♂,浙江临安清凉峰顺溪村顺溪坞桥,2012-5-17,金池、高志忠采;4♀2♂,浙江临安清凉峰镇鸠甫村龙塘寺,2012-5-18,金池、高志忠采;11♀2♂,浙江临安清凉峰植物园,2012-5-19,金池、高志忠采;2♀,浙江清凉峰百步岭,2012-5-20,金池、高志忠采;1♀3♂,浙江临安清凉峰保护区恶狼谷,2012-5-21,金池、高志忠采;1♂,浙江临安清凉峰天池,2012-5-22,金池、高志忠采;10♀6♂,浙江清凉峰天池乐利山,2012-5-23,金池、高志忠采;5♀4♂,浙江临安天目山管理局,2013-6-27,查珊洁采;7♀5♂,浙江临安天目山古道方向,2013-6-28,付丽娜采;5♀4♂,浙江临安天目山一里亭,2013-6-30,张付滨采;6♀3♂,浙江临安天目山千亩田,2013-7-1,付丽娜采;6♀2♂,浙江遂昌九龙山保护区,2013-7-4,付丽娜采;3♀,浙江遂昌九龙山保护区杨茂源,2013-7-5,张付滨采;12♀1♂,浙江遂昌九龙山保护区,2013-7-6,张付滨采。

分布:浙江、上海、江苏、安徽、台湾、广东、广西、福建、云南、江西、湖南、湖北、四川、重庆、贵州、西藏、青海、新疆、甘肃、河南、宁夏、陕西、山西、河北、北京、天津、山东、辽宁、吉林。

4.8 菲娄蛛属 *Phylloneta* Archer,1950

鉴别特征:小型球蛛(体长 2.40～4.30mm)。背甲梨形或卵圆形。眼域微隆起,8 眼大而远离。两眼列均后凹,或后眼列平直。螯肢通常前齿堤 1 齿,后齿堤无齿。步足通常短粗。腹部多呈长卵圆形,浅褐色。雌蛛外雌器轻微骨化,具有明显的陷窝,插入孔明显或不明显。纳精囊球形。触肢器的插入器多隐藏在宽大而卷曲的引导器内。

模式种:*Theridion pictipes* Keyserling,1884

分布:全世界已知 5 种。中国记录 2 种。本书记述天目山 1 种。

4.8.1 狡菲娄蛛 *Phylloneta sisyphia*(Clerck,1757)(图 4-18 和图版 4-18)

雄蛛体长 2.80～4.20mm。背甲黄色,中央具一列黄褐色纵带。颈沟、放射沟均不甚明显。前眼列后凹,后眼列稍前凹。中窝菱形。螯肢显著大,呈瓶状,黄色;前齿堤 1 齿,后齿堤无齿。颚叶、下唇黄色。胸板黄色,但有明显的黑色边。步足黄褐色,各节的末端具黄褐色环纹。腹部卵圆形,背面黄白色,中央的两侧各有 4 个黑色大斑点;腹部腹面黄色。触肢器(见图 4-18B～D)的插入器短小,位于引导器腹面。

检视标本:4 ♂,浙江临安天目山一里亭,2013-6-30,张付滨采;1 ♂,浙江临安天目山千亩田,2013-7-2,张付滨采。

分布:浙江、西藏、青海、新疆。

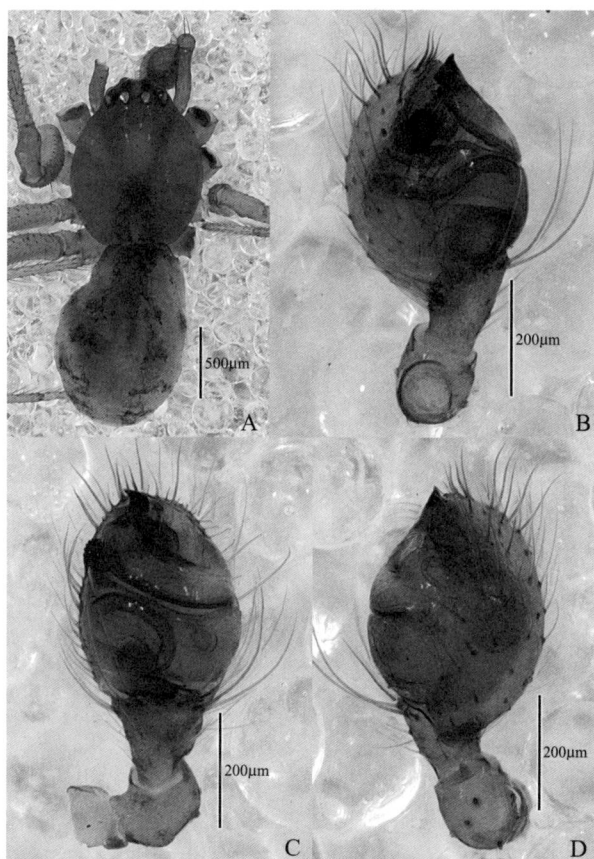

图 4-18　狡菲娄蛛 *Phylloneta sisyphia*（Clerck，1757）

A. 雄蛛,背面观;B. 雄蛛左触肢器,内侧面观;

C. 雄蛛左触肢器,腹面观;D. 雄蛛左触肢器,外侧面观

4.9　普拉蛛属 *Platnickina* Kocak & Kemal，2008

鉴别特征:小型球蛛(体长 2.00～3.00mm)。背甲卵圆形。腹部球形,褐色具黑色斑点。雌雄足式均为:1234。外雌器具 1 个带中隔的卵圆形陷窝,交配管卷曲或不卷曲,开口于腔内。雄性触肢器具跗舟、副跗舟、亚盾板、盾板和盾板突、中突;引导器膜状;插入器长,顺时针旋转。

模式种:*Keijia maculata* Yoshida，2001

分布:全世界已知 11 种,主要分布于全北区。中国记录 3 种。本书记述天目山 1 种。

4.9.1　莫尼普拉蛛 *Platnickina mneon*（Bösenberg & Strand，1906）(图 4-19 和图版 4-19)

雌蛛体长约 2.15mm。背甲红褐色;颈沟、放射沟明显,黄褐色;眼颈沟内缘及眼域有褐色长刚毛。中窝纵向,三角形,其前有 1 个长圆形小黑褐色斑。8 眼 2 列,前中眼最大。螯肢褐色,前齿堤 1 齿,后齿堤无齿。颚叶、下唇浅褐色。步足黄色,有黑色环纹或斑点。腹部卵圆形,灰黑色,有灰白色鳞斑,有稀疏的淡褐色刚毛;腹面黄白色。外雌器(见图 4-19B、C)陷窝呈扁椭圆形,中央背侧有一脊,其前、后端呈三角形,中段细,将生殖腔分割为两个半圆形。纳精囊球形,交配管粗,有略呈马蹄状的折曲。

　　检视标本:1♀,浙江临安天目山管理局,2013-6-27,查珊洁采。

　　分布:浙江、江苏、湖南、广东、四川、云南。

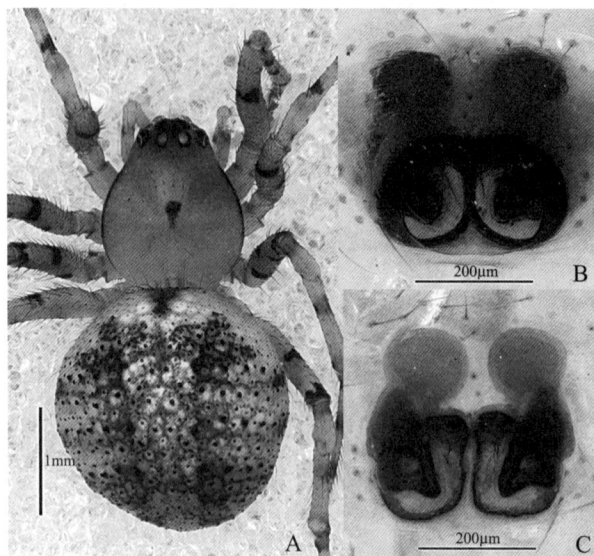

图 4-19　莫尼普拉蛛 *Platnickina mneon* (Bösenberg & Strand,1906)

A. 雌蛛,背面观;B. 雌蛛外雌器,腹面观;C. 雌蛛外雌器,背面观

4.10　斯坦蛛属 *Stemmops* O. P. -Cambridge,1894

　　鉴别特征:小型球蛛(体长 1.20～2.00mm)。体呈暗色。背甲近乎圆形,无特殊变化。眼域黑色,稍微隆起,8眼大而靠近。两眼列均后凹,或后眼列平直。通常中眼间距大于中侧眼间距。螯肢小,通常前后齿堤均无齿。胸板长宽相等。步足通常短粗。腹部多呈长卵圆形,黑色,纺器后方的腹部末端具有一白色斑块。无舌状体,其位置着生2根刚毛。雌蛛外雌器轻微骨化,陷窝和插入孔均不明显。

　　模式种:*Stemmops bicolor* O. P. -Cambridge,1894

　　分布:全世界已知22种。中国记录3种。本书记述天目山1种。

　　4.10.1　日斯坦蛛 *Stemmops nipponicus* Yaginuma,1969(图 4-20 和图版 4-20)

　　雌蛛体长约 2.85mm。背甲黄褐色,两侧缘灰黑色。眼域黑色,后中眼中间呈黄色,后列眼至中窝之间有一灰黑色三叉形斑。眼域隆起,8眼密集在一起。两眼列均后凹,前眼列稍长于后眼列。额高约为前中眼直径的 1.6 倍。螯肢黄色,前、后齿堤均无齿。颚叶、下唇及胸板呈灰白色。步足黄色或橙黄色,多毛,刺很细。第Ⅰ步足胫节黑褐色,余各腿节、胫节有黑褐色环纹,但膝节的不明显。足式:4123。腹部卵圆形,黑色或黑褐色,密生黄褐色细毛;背面中央的两侧各有 1～2 列白色斑点,有些个体无此白色斑点;腹部腹面土黄色或灰黑色,但两侧总是各有一浅色纵条斑。外雌器(见图 4-20C、D)呈浅棕色,前部有一弧形前缘;中央有 2 条骨质化的棕色纵脊,两纵脊之间为一陷沟,陷沟后端黑色。

　　雄蛛体长 2.10～2.24mm。背甲黄褐色,两侧缘灰褐色。腹部卵圆形,黑褐色,密生黄褐色细毛;背面中央两侧的白色斑点不明显。触肢器(见图 4-20E～G)胫节非常短,插入器起始于生殖球前半部的后侧缘,然后分两叉后向中央上部延伸,端部指向引导器。

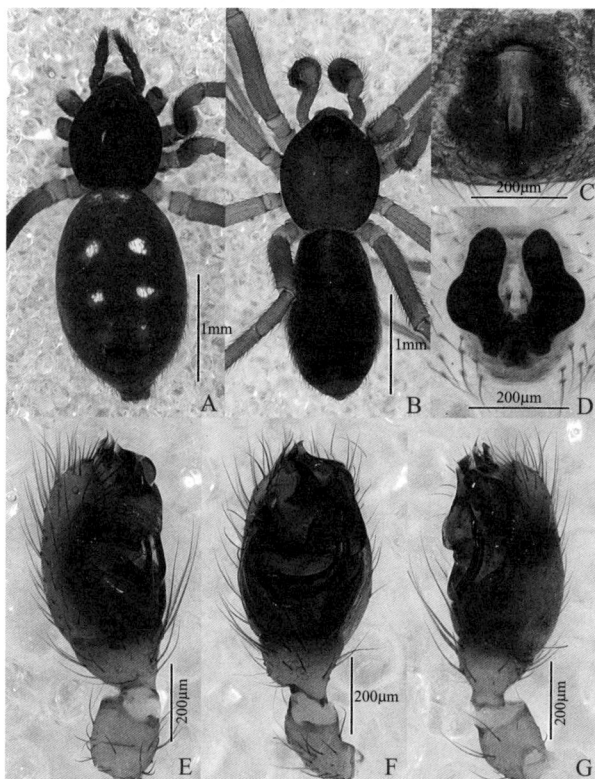

图 4-20　日斯坦蛛 *Stemmops nipponicus* Yaginuma，1969

A. 雌蛛，背面观；B. 雄蛛，背面观；C. 雌蛛外雌器，腹面观；D. 雌蛛外雌器，背面观；

E. 雄蛛左触肢器，内侧面观；F. 雄蛛左触肢器，腹面观；G. 雄蛛左触肢器，外侧面观

检视标本：1♀，浙江临安天目大峡谷，2011-8-2，金池、杨洁采；4 ♂，浙江临安天目山一里亭，2013-6-30，张付滨采；7 ♂，浙江遂昌九龙山保护区，2013-7-4，付丽娜采。

分布：浙江、河北、重庆。

4.11　高汤蛛属 *Takayus* Yoshida，2001

鉴别特征：背甲卵圆形。腹部一般带有明亮黄色或暗褐色的羽状斑。足式：1423（雌）或 1243（雄）。无舌状体。雌蛛外雌器具有一小垂体，插入孔位于其前方，陷窝小或缺失。雄蛛触肢器具盾板、亚盾板、盾板突、中突、引导器、插入器、跗舟和副跗舟；插入器粗，不卷曲；引导器和盾板共同形成一个骨片；盾板突圆形；副跗舟兜状。

模式种：*Theridion takayense* Saito，1939

分布：全世界已知 17 种。中国记录 16 种。本书记述天目山 1 种。

4.11.1　四斑高汤蛛 *Takayus quadrimaculatus*（Song & Kim，1991）（图 4-21 和图版 4-21）

雌蛛体长 2.80～3.60mm。背甲黄色，中央具有深色纵带。颈沟黑褐色，放射沟不明显。螯肢黄色，前齿堤 2 齿，后齿堤无齿。颚叶、下唇浅橘黄色，颚叶前缘具棕色边。胸板黄色。步足黄色。腹部球形，灰褐色或褐色；背面中央有一黄色叶状纵带，贯通腹被前后；纵带两侧黑色，具有白色碎斑；腹部腹面黄色，气孔前有一圆形黑色斑点。外雌器（见图 4-21C、D）后缘具一小垂体，两个小的插入孔位于垂体上。纳精囊近乎球形，交配管长。

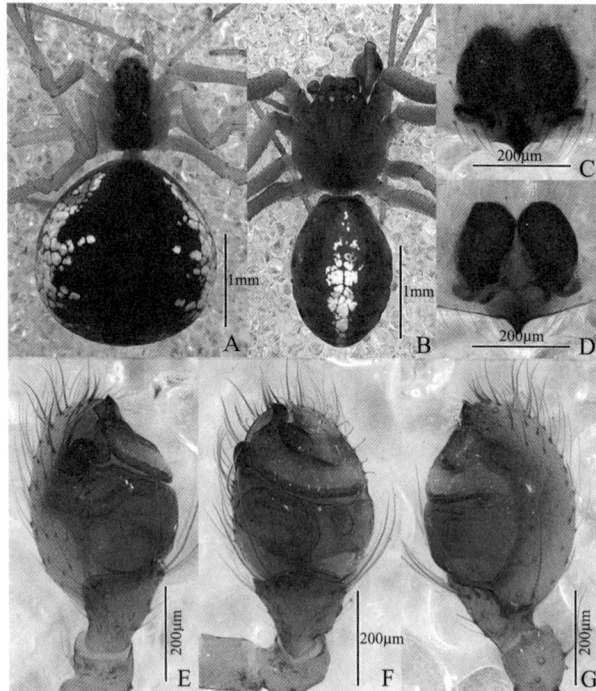

图 4-21　四斑高汤蛛 *Takayus quadrimaculatus* (Song & Kim, 1991)

A. 雌蛛,背面观;B. 雄蛛,背面观;C. 雌蛛外雌器,腹面观;D. 雌蛛外雌器,背面观;

E. 雄蛛左触肢器,内侧面观;F. 雄蛛左触肢器,腹面观;G. 雄蛛左触肢器,外侧面观

雄蛛体长 2.70～3.30mm。体色较雌蛛深,其他特征同雌蛛。触肢器(见图 4-21E～G)的插入器呈鞭状,隐匿于引导器后面。引导器横置于上半部,宽大而呈鸭头形。

检视标本:1♀,浙江临安天目山龙王山,2011-7-29,金池、杨洁采;1♀,浙江临安天目山禅源寺,2011-7-31,金池、杨洁采;1♀,浙江临安天目大峡谷,2011-8-2,金池、杨洁采;1♀1♂,浙江清凉峰顺溪坞桥,2012-5-17,金池、高志忠采;1♂,浙江清凉峰植物园,2012-5-19,金池采;1♂,浙江清凉峰天池,2012-5-22,金池采;1♂,浙江清凉峰天池乐利山,2012-5-23,金池采。

分布:浙江、安徽、湖南、湖北、重庆、陕西、辽宁。

4.12　银板蛛属 *Thwaitesia* O. P. -Cambridge,1881

鉴别特征:小到中型球蛛(体长 3.00～4.50mm)。背甲近圆形;两眼列均后凹,前后侧眼相连,前中眼间距大于前中侧眼间距,后中眼间距大于后中侧眼间距。螯肢弱小,前后齿堤均无齿。胸板长大于宽,后端钝圆;步足细长,足式通常为:1423。腹部通常向后上方或上方突起;一般腹部长＞腹部高＞腹部宽,具银白色骨化小片,或连接成片或散布。无舌状体。外雌器具明显的陷窝,交配管短;雄蛛触肢器具所有的骨化结构,输精管于中突内盘曲。

模式种:*Thwaitesia margaritifera* O. P. -Cambridge,1881

分布:全世界已知 23 种。中国记录 3 种。本书记述天目山 1 种。

4.12.1 圆尾银板蛛 *Thwaitesia glabicauda* Zhu，1998（图 4-22 和图版 4-22）

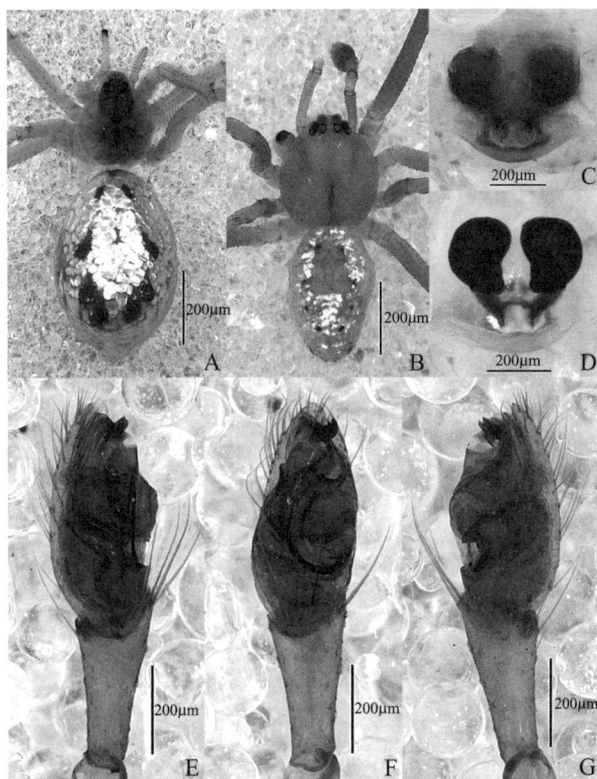

图 4-22 圆尾银板蛛 *Thwaitesia glabicauda* Zhu，1998
A. 雌蛛，背面观；B. 雄蛛，背面观；C. 雌蛛外雌器，腹面观；D. 雌蛛外雌器，背面观；
E. 雄蛛左触肢器，内侧面观；F. 雄蛛左触肢器，腹面观；G. 雄蛛左触肢器，外侧面观

雌蛛体长 4.30～4.50mm。头胸部呈桃形，眼域隆起，8 眼均生在隆起上。背甲黄色，正中有一黄褐色纵条斑。中窝为一深的纵沟，颈沟及放射沟深，色稍暗。8 眼近乎等大，各眼基部均有黑褐色环。颚叶、下唇及胸板均为黄色，胸板长大于宽，近乎三角形，但后端钝圆。步足黄色。腹部后端向后上方突出，呈圆形；背面和侧面密布银白色骨化斑，在背面中央的两侧各有 4 个黑褐色斑；腹部腹面黄色，无斑。外雌器（见图 4-22C、D）黄褐色，在后半部的中央有一椭圆形陷窝，两个小的插入孔位于其中。

雄蛛体长 3.16～3.83mm。腹部后端不向后上方突出。触肢器（见图 4-22E～G）胫节长，跗舟窄；插入器起源于外侧中部，顺时针方向向中部延伸。

检视标本：1♀，浙江临安天目山禅源寺，2011-7-31，金池、杨洁采；1♀，浙江临安天目山千亩坪，2011-8-1，金池、杨洁采；2♀，浙江临安天目大峡谷，2011-8-2，金池、杨洁采；1♂，浙江临安天目山千亩田，2013-7-1，付丽娜采；4♀，浙江遂昌九龙山保护区，2013-7-4，付丽娜采；1♀，浙江遂昌九龙山保护区杨茂源，2013-7-5，张付滨采；1♂，浙江遂昌九龙山保护区，2013-7-6，张付滨采。

分布：浙江（天目山）、安徽、海南、四川、重庆、贵州。

5 皿蛛科 Linyphiidae Blackwall，1859

鉴别特征：体型小。复杂生殖器类，无筛器类蜘蛛。额高，超过中眼域之长。8 眼 2 列，异型，前中眼稍暗。螯肢粗壮，无侧结节，侧面具发音器。下唇前缘加厚。两颚叶平行或呈八字形。步足常细长，胫节和后跗节多具刚毛，3 爪。腹部长大于宽；皿蛛亚科的腹部具斑纹，微蛛亚科腹部无斑纹。舌状体小。前后纺器短，圆锥状，中纺器隐藏于前纺器和后纺器之间。有些种类的雄蛛具背盾。皿蛛亚科的雄蛛触肢无胫节突，副跗舟发达；微蛛亚科有胫节突，副跗舟通常小。雌蛛外雌器形状多变化，微蛛亚科扁平的表面具沟或洼窝；皿蛛亚科有垂体。

生物学：皿蛛在树枝间、灌木中、草间及地面结精细的片网，呈皿状，蜘蛛倒悬于网下。

模式属：*Linyphia* Latreille，1804

分布：全世界已知 601 属 4533 种，世界第二大科。中国记录 136 属 312 种。本书记述天目山 8 属 13 种。

皿蛛科分属检索表

1. 雄蛛触肢有胫节突起，副跗舟通常小；雌蛛外雌器有沟或洼窝 ········· **2**
   雄蛛触肢无胫节突起，副跗舟发达；雌蛛外雌器有垂片 ········· **5**
2. 第Ⅳ步足后跗节有听毛 ········· **3**
   第Ⅳ步足后跗节无听毛 ········· 疣舟蛛属 *Nematogmus*
3. 雄蛛头部不隆起 ········· 吻额蛛属 *Aprifrontalia*
   雄蛛头部隆起 ········· **4**
4. 侧面观头突顶部与头部无明显裂沟 ········· 巨突蛛属 *Diplocephaloides*
   侧面观头突顶部与头部有明显裂沟 ········· 额角蛛属 *Gnathonarium*
5. 雌蛛外雌器垂体或生殖窝位于背板 ········· **6**
   雌蛛外雌器垂体或生殖窝位于腹板 ········· 斑皿蛛属 *Lepthyphantes*
6. 头胸部长，前部宽且凸起，眼小且距离远；腹部末端有一隆起 ········· 华皿蛛属 *Sinolinyphia*
   非上述结构 ········· **7**
7. 外雌器阴门中部具一鸟窝形的陷窝突起 ········· 盾蛛属 *Frontinella*
   外雌器阴门中部无上述结构 ········· 盖蛛属 *Neriene*

5.1 吻额蛛属 *Aprifrontalia* Oi，1960

鉴别特征：小型皿蛛。因雄蛛的头部强烈前突呈猪吻状而得名，眼着生其上。8 眼几乎等大，前眼列平直，后眼列前凹，且眼间距相等。螯肢粗壮，螯肢前齿堤 5 齿。胸板长大于宽，末端尖插入第Ⅳ步足基节之间。腹部后半部黑色，有数条白色的人字形斑纹。雄蛛触肢器胫节短，前端明显宽，光滑，背侧具一角须状突起；副跗舟长，基部有几根长毛，尖端呈钩状向内弯曲。插入器强壮，盘绕约 1 圈。雌蛛外雌器有一显著的三角形突起。

模式种：*Erigone mascula* Karsch，1879

分布：全世界已知 2 种，中国都有分布。本书记述天目山 1 种。

5.1.1 膨大吻额蛛 *Aprifrontalia afflata* Ma & Zhu，1991（图 5-1 和图版 5-1）

雌蛛体长 4.10～4.50mm。背甲棕褐色，前缘较窄。头区稍隆起，正中有一列短毛。前额不呈吻形。颈沟、放射沟不明显。中窝短，纵向，红褐色。前眼列后凹，后眼列前凹。胸板心形。螯肢黄褐色,前齿堤 6 齿,后齿堤 4 齿。步足黄褐色。腹部卵圆形,短粗。腹部背面中央有 1 条浅灰色纵条纹,其余部分均为黑褐色;腹面灰色,具 2 个大的黑斑。外雌器(见图 5-1C、D)为一大的角质板,中央向后方突出。

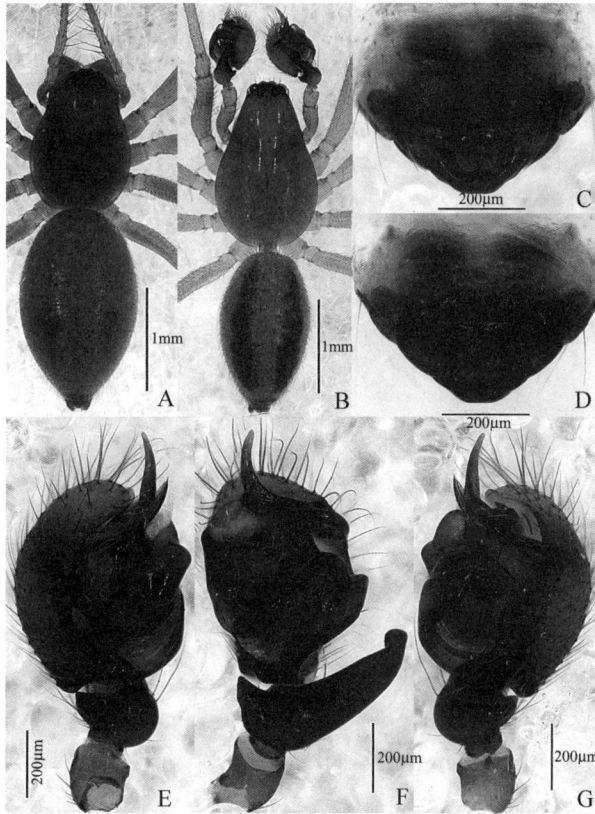

图 5-1　膨大吻额蛛 *Aprifrontalia afflata* Ma & Zhu, 1991

A. 雌蛛,背面观;B. 雄蛛,背面观;C. 雌蛛外雌器,腹面观;D. 雌蛛外雌器,背面观;
E. 雄蛛左触肢器,内侧面观;F. 雄蛛左触肢器,腹面观;G. 雄蛛左触肢器,外侧面观

雄蛛体长 4.00～4.35mm。头胸部无隆突,但头部向前方延伸。头胸部长于腹部,黄褐色。中窝纵长,颜色略深,放射沟不明显。腹部背面颜色较浅,纺器周围黑色,腹部腹面中央两侧各有 1 个黑色长斑。触肢(见图 5-1E～G)胫节短,但胫节突大,舟形。副跗舟较大,基部表面有几根长毛。

检视标本:4♀,浙江临安天目山龙王山,2011-7-29,金池、杨洁采;8♀5♂,浙江临安清凉峰天池,2012-5-22,金池、高志忠采;1♀3♂,浙江临安清凉峰天池乐利山,2012-5-23,金池、高志忠采。

分布:浙江、吉林、陕西、湖北、贵州。

5.2　巨突蛛属 *Diplocephaloides* Oi，1960

鉴别特征:小型蜘蛛。背甲淡红色。雄蛛头区高高隆起且具有眼后沟,雌蛛不隆起且不具眼后沟。各眼相对较大且相互靠近;前中眼最小,相互靠近,与前侧眼有 1 个眼径的距离;前眼列前凹;后眼列在一条直线上,各眼相距约为眼半径的距离。胸板心形,宽微大于长,后端宽度为第Ⅳ基节的宽度。步足细长;Tm Ⅰ 0.8。腹部长卵圆形,末端较尖。雄蛛触肢胫节较短,端部加宽,具有一短且宽的外侧胫节突;插入器长且卷曲并伴随一薄膜,其顶端伸出跗舟端部。外雌器具一三角形的开口和中沟,沟的两侧为黑色的纳精囊。

模式种:*Diplocephalus saganus* Bösenberg & Strand,1906

分布:全世界已知2种。中国记录1种。本书记述天目山1种。

5.2.1 钩状巨突蛛 *Diplocephaloides uncatus* Song & Li,2010(图5-2和图版5-2)

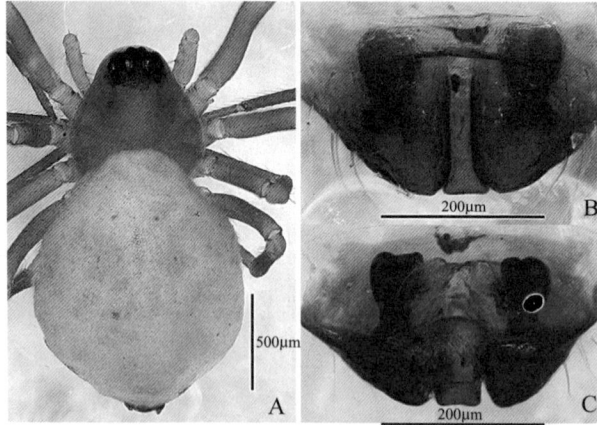

图5-2 钩状巨突蛛 *Diplocephaloides uncatus* Song & Li,2010
A. 雌蛛,背面观;B. 雌蛛外雌器,腹面观;C. 雌蛛外雌器,背面观

雌蛛体长约2.36mm。头胸部无雄蛛常有的特殊修饰。背甲红橙黄色,眼域黑色。中窝不明显。螯肢前齿堤3齿,后齿堤5齿。步足深褐色。足式:4123。腹部背面观鸡蛋形,背面淡灰褐色,腹面色浅。外雌器(见图5-2B、C)明显突起,腹面观前端具1个深棕色的"w"形小突起,后部中央具一纵向裂缝。腹面观背片几乎梯形,两侧腹片部分覆盖背片,插入孔位于背片的前缘。阴门中交配管环绕成复杂的胶囊状;纳精囊2对,1对扁而呈大"S"形,另1对小椭圆形且部分与"S"形纳精囊在中部愈合;受精管起源于中部,指向前方。

检视标本:1♀,浙江临安天目山千亩田,2013-7-1,付丽娜采。

分布:浙江。

5.3 盾蛛属 *Frontinella* F. O. P.-Cambridge,1902

鉴别特征:中型皿蛛。头部无明显隆起。前中眼最小,前后侧眼最大且相连。螯肢前齿堤5~6齿,后齿堤4~5齿。雄蛛触肢胫节和膝节均短,胫节端部通常具一齿状突。盾板肿胀,超盾板端突圆顿,结构简单。插入器区狭长,插入器尖细,一般较短。根片发达,基部具1个细长突起,突起基本与触肢纵轴平行。雌蛛插入孔位于外雌器前部,圆形,孔径较大。纳精囊1对,球形;交配管螺旋形。受精管从纳精囊的后端起源,朝后方延伸。

模式种:*Linyphia laeta* O. Pickard-Cambridge,1898

分布:全世界已知10种。中国记录2种。本书记述天目山1种。

5.3.1 朱氏盾蛛 *Frontinella zhui* Li & Song,1993(图5-3和图版5-3)

雌蛛体长6.24~6.46mm。背甲黄棕色或棕色。中窝明显可见。8眼2列,前中眼最小,前后侧眼最大且相连;前中眼间距小于后中眼间距。螯肢黄棕色,前齿堤5齿,后齿堤5齿。胸板棕色,心形。步足黄色,足式:1243,Tm Ⅰ 0.11。胸板心形,棕色。腹部卵圆形或卵球形;背面具有3对对称的白斑,第1对较大,其余2对较小。外雌器(见图5-3B、C)由背片和腹片组成,背片几乎方形,后缘略突出;纳精囊肾形,位于受精管的上方两侧,彼此远远分开;受精管横向延伸,开口于陷腔后部的两侧;阴门前部有一鸟巢形的陷窝。

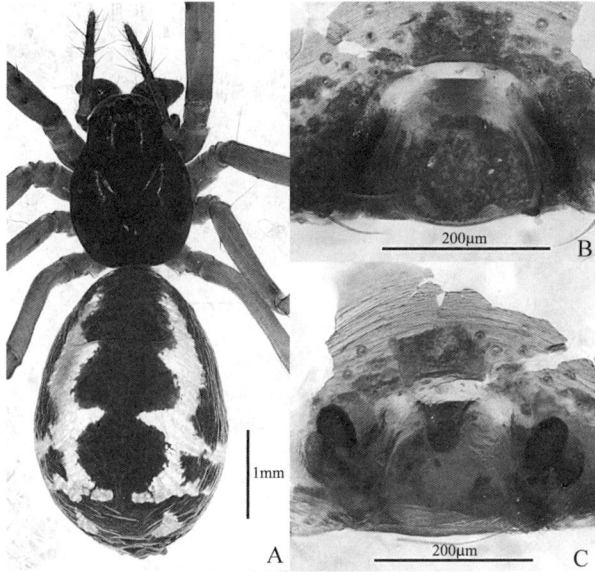

图 5-3　朱氏盾蛛 *Frontinella zhui* Li & Song 1993
A. 雌蛛,背面观;B. 雌蛛外雌器,腹面观;C. 雌蛛外雌器,背面观

检视标本:10♀,浙江清凉峰百步岭,2012-5-20,金池、高志忠采;1♀,浙江临安清凉峰保护区恶狼谷,2012-5-21,金池采;1♀,浙江临安天目山千亩田,2013-7-1,付丽娜采。

分布:浙江、吉林、辽宁、河北、山西、湖北。

5.4　额角蛛属 *Gnathonarium* Karsch,1881

鉴别特征:小型皿蛛。眼大而密集。雄蛛头部在眼域后有突起,不形成头突。步足胫节背刺刺序为 2-2-1-1。第Ⅳ后跗节具听毛,Tm Ⅰ约为 0.60。雄蛛螯肢前端具一齿突。触肢膝节具一突起,胫节末端有一弯曲的突起,突起内缘具 1 齿;触肢器的盾片大;具长而弯曲的插入器;副跗舟呈"3"字形。外雌器坛状,纳精囊位于两侧。

模式种:*Theridion dentatum* Wider,1834

分布:全世界已知 7 种。中国记录 4 种。本书记述天目山 1 种。

5.4.1　驼背额角蛛 *Gnathonarium gibberum* Oi,1960(图 5-4 和图版 5-4)

雌蛛体长约 2.94mm。头胸部前端稍隆起。背甲褐色,放射沟色略深,中窝色深。自后中眼之间至中窝有 7~11 根长刚毛,排成一列;后中侧眼之间偏后有一长一短 2 根刚毛。8 眼,前中眼最小,略黑;前侧眼后凹,后眼列平直。螯肢前面有 20 余个颗粒状突起。前齿堤 5 齿,后齿堤 4 齿。胸板深褐色,心形。步足黄褐色。腹部背面黑色或浅黑色,中央有 1 条浅色纵带;背面及侧面有均匀但不规则的浅色斑点,或者由于腹部颜色较深,不规则的斑点隐约可见。外雌器(见图 5-4B、C)坛状,具一纵向完整的中隔;中隔的基部向两侧加宽,形成基部三角形。外雌器基部稍前凹或无凹。受精囊位于外雌器两侧。

检视标本:1♀,浙江临安天目山古道方向,2013-6-28,付丽娜采;1♀,安徽绩溪伏岭镇永来村,2013-7-24,李志月采。

分布:浙江、江苏、安徽、江西、湖北、湖南、四川、陕西;日本、韩国。

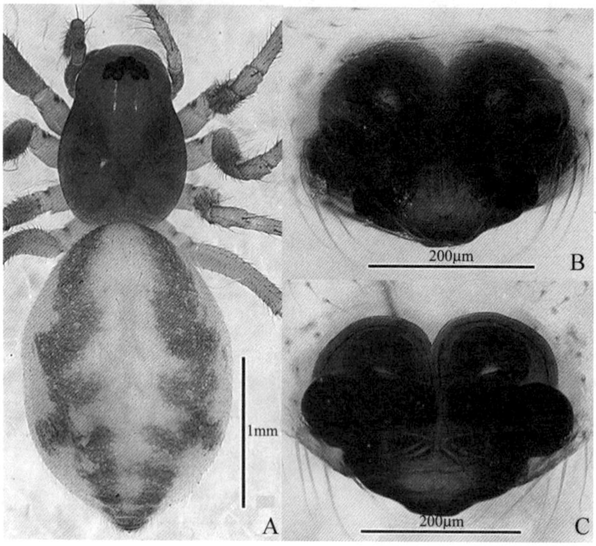

图 5-4　驼背额角蛛 *Gnathonarium gibberum* Oi,1960

A. 雌蛛,背面观;B. 雌蛛外雌器,腹面观;C. 雌蛛外雌器,背面观

5.5　疣舟蛛属 *Nematogmus* Simon,1884

鉴别特征:雄蛛头部隆起形成头突,头突上着生后中眼,后侧眼后方具眼后沟。前眼列稍后曲,后眼列略前曲。后跗节稍长于跗节,第 I ～ IV 胫节各具一背刺,Tm I 0.30～0.42。触肢器跗舟长角状,背缘有整齐排列的疣突,每个疣突上有一刚毛;插入器鞭状,弯曲环绕。

模式种:*Theridion sanguinolentum* Walckenaer,1841

分布:全世界已知 6 种。中国记录 4 种。本书记述天目山 1 种。

5.5.1　橙色疣舟蛛 *Nematogmus sanguinolentus*(Walckenaer,1841)(图 5-5 和图版 5-5)

雌蛛体长约 1.96mm。背甲橘红色。中窝、颈沟、放射沟稍暗。头区稍隆起。8 眼 2 列,前中眼最小,略显黑色,其余 6 眼等大,各眼基部均有黑褐色环。胸板心形,比背甲色深,后端平切。螯肢橙黄色,前、后齿堤皆 4 齿。颚叶与螯肢同色。下唇与胸板同色,长大于宽。触肢和步足均为淡橙黄色。腹部卵圆形,背面颜色较背甲浅,无斑纹,具短毛。外雌器(见图 5-5C、D)有一似垂体的片状突起,其后缘凹入。纳精囊位于两侧,交配管盘曲。

雄蛛体长约 1.73mm。头区隆起,侧面观在靠近后中眼后方为最高。跗舟形态简单,无突起,侧边缘密被刚毛。副跗舟结构简单,呈"L"形,较薄。盾片前端膜质状。顶突复杂。插入器细长,呈螺旋状(见图 5-5E～G)。

检视标本:2♀1♂,浙江临安天目山一里亭,2013-6-30,张付滨采。

分布:浙江、安徽、湖北、四川、重庆、河北、新疆、辽宁、吉林、北京、黑龙江。

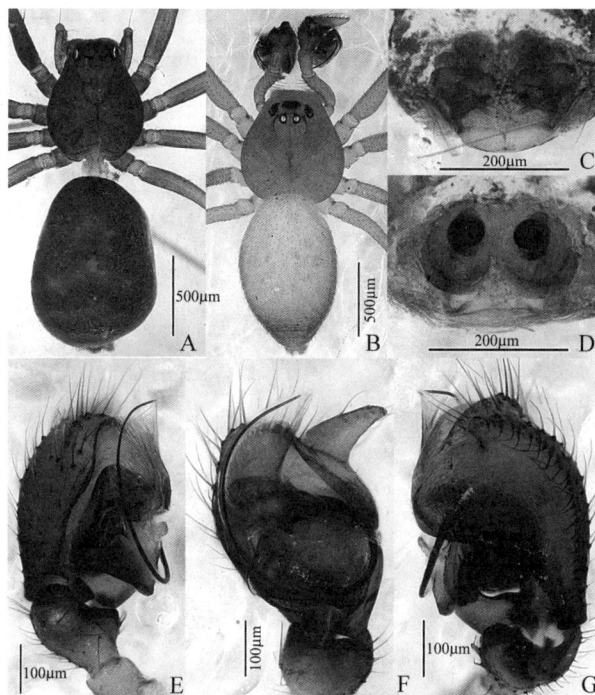

图 5-5　橙色疣舟蛛 *Nematogmus sanguinolentus*（Walckenaer，1841）

A. 雌蛛，背面观；B. 雄蛛，背面观；C. 雌蛛外雌器，腹面观；D. 雌蛛外雌器，背面观；
E. 雄蛛左触肢器，内侧面观；F. 雄蛛左触肢器，腹面观；G. 雄蛛左触肢器，外侧面观

5.6　盖蛛属 *Neriene* Blackwall，1833

鉴别特征：小到中型皿蛛（体长 1.60～6.80mm）。螯肢后部具浅的凹陷，前、后齿堤齿数因种类不同而异。胸板心形，尖端插入第Ⅳ步足的基部。步足细长，部分种类较短；腿节Ⅰ通常长于头胸部；后跗节Ⅳ无听毛。腹部背面具明显的斑纹；雌蛛通常有后背丘；雄蛛腹部多呈圆柱形。雄蛛触肢胫节具刺；副跗舟小，多呈月牙形；中突"L"形，末端钩状；插入器基部宽。雌蛛外雌器具垂体；插入孔较大，形状各异；纳精囊多卷曲。

模式种：*Linyphia clathrata* Sundevall，1830

分布：全世界已知 56 种。中国记录 29 种。本书记述天目山 6 种。

盖蛛属分种检索表

1. 外雌器腹面观，垂体远端呈鸟喙状 ··· **2**
   　外雌器腹面观，垂体远端不呈鸟喙状 ··· **3**
2. 交配管螺旋状扭曲圈数较多，达 6 圈左右 ····················· 卡氏盖蛛 *Neriene cavaleriei*
   　交配管螺旋状扭曲圈数较少，一般不超过 4 圈 ··············· 大井盖蛛 *Neriene odedicata*
3. 外雌器背片后缘明显向后方延伸，并形成舌状或乳头状突起 ····························· **4**
   　外雌器背片后缘向后方延伸不明显 ··· **5**
4. 外雌器背面观，交配管扭曲螺旋状；似两个相叠的轮胎 ··········· 日本盖蛛 *Neriene japonica*
   　特征不如上述 ··· 长肢盖蛛 *Neriene longipedella*

5. 外雌器腹面观,陷腔呈卵圆形且中央具一不甚明显的中隔 ························ **六盘盖蛛** *Neriene liupanensis*
外雌器腹面观,陷腔几呈三角形且中央不具中隔 ························· **华丽盖蛛** *Neriene nitens*

5.6.1　卡氏盖蛛 *Neriene cavaleriei*（Schenkel，1963）（图 5-6 和图版 5-6）

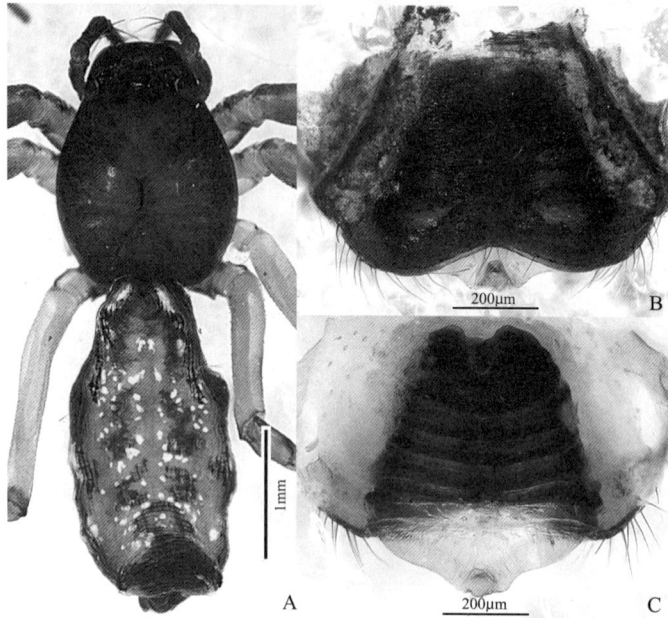

图 5-6　卡氏盖蛛 *Neriene cavaleriei* (Schenkel，1963)
A. 雌蛛,背面观;B. 雌蛛外雌器,腹面观;C. 雌蛛外雌器,背面观

雌蛛体长约 4.40mm。胸部背甲褐色,边缘颜色深。头区隆起,颈沟与放射沟明显,中窝纵向。各眼周围黑色,后中眼最大,前中眼最小。螯肢褐色,前齿堤 5 齿,后齿堤 5～6 齿。胸板黑褐色,末端尖窄。步足黄褐色,具刺毛,无斑纹。足式:1243。腹部长椭圆形,末端明显变窄;腹背前部有 1 对白色肩斑,其后依次是 1 块"V"形褐色斑,1 对短棒状褐色斑,2 块褐色箭形斑前后相接,末端黑色;腹部腹面深褐色。外雌器(见图 5-6B、C)腹面观古钟形,交配腔开口宽,垂体末端向腹部上方突出呈指状;交配管旋转约 3 圈达到纳精囊。

检视标本:2♀,浙江临安天目山老殿至三里亭,2011-7-28,金池、杨洁采。

分布:浙江、四川、甘肃、贵州。

5.6.2　日本盖蛛 *Neriene japonica*（Oi，1960）（图 5-7 和图版 5-7）

雌蛛体长 2.79～3.50mm。背甲浅褐色。头部略隆起,橙黄色。颈沟明显,放射沟不明显。胸部平坦,中窝处略凹。8 眼 2 列,前、后侧眼相接。胸板黑褐色,前尖后宽,被有细长的浅色毛。螯肢淡褐色,前齿堤 3 齿,后齿堤 2 齿。颚叶和下唇远端淡褐色,下唇近端黑褐色。步足淡褐色;腹部背面黄褐色,有黑色叶斑和白色鳞斑,两侧密被白色鳞斑;腹面黑褐色,中央有几块黄色斑。外雌器(见图 5-7B、C)呈垂体三角形,纳精囊螺旋扭曲约 2.5 圈。

检视标本:1♀,浙江临安天目大峡谷,2011-8-2,金池、杨洁采。

分布:浙江、江苏、江西、安徽、湖南、湖北、四川、河南、河北、山西、辽宁、吉林、黑龙江、陕西。

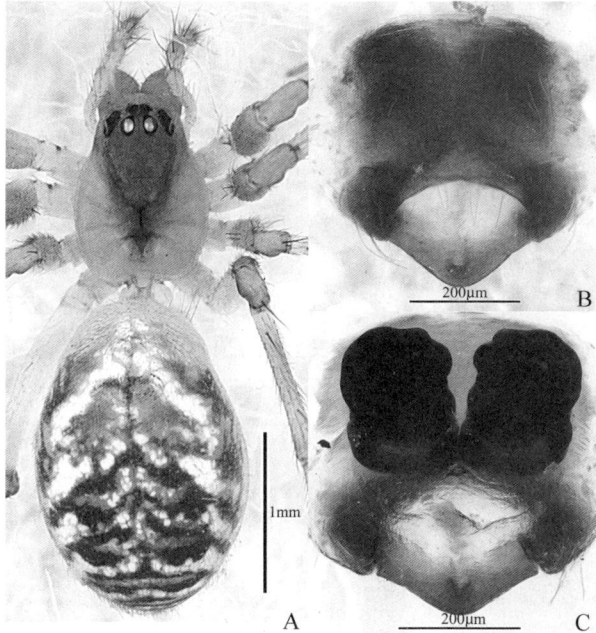

图 5-7　日本盖蛛 *Neriene japonica*（Oi，1960）

A. 雌蛛，背面观；B. 雌蛛外雌器，腹面观；C. 雌蛛外雌器，背面观

5.6.3　六盘盖蛛 *Neriene liupanensis* Tang & Song，1992（图 5-8 和图版 5-8）

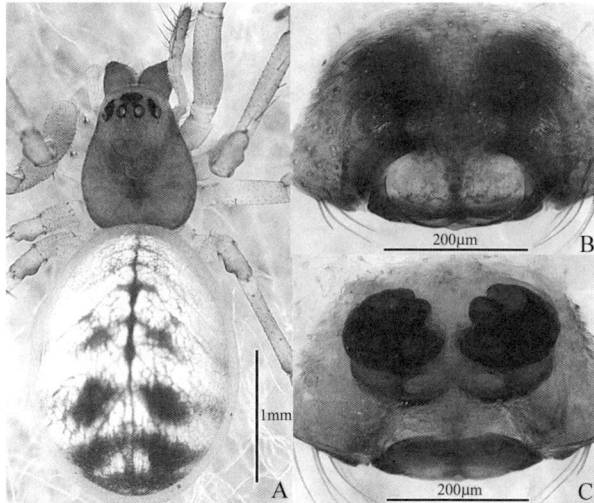

图 5-8　六盘盖蛛 *Neriene liupanensis* Tang & Song，1992

A. 雌蛛，背面观；B. 雌蛛外雌器，腹面观；C. 雌蛛外雌器，背面观

雌蛛体长约 3.02mm。背甲黄色，沿两侧缘有浅黑色纵带，背甲中部在中窝及其前后亦有浅黑色纹，并向前分叉各通到侧眼的后方。前眼列后凹，后眼列近横直。8 眼 2 列，前后侧眼相连，在同一丘上，且被一共同的黑色梭状环包围。螯肢黄褐色，前齿堤 3 齿，后齿堤 2 齿。胸板心形，黑褐色。步足细长，黄色。腹部背面有一大的灰褐色叶状斑，两侧为白色纵带；腹面基本均呈灰褐色，仅在生殖沟的两侧各有一白色弧形斑，排列组成括弧状。外雌器（见图 5-8B、C）部位无明显隆起，无半透明区。背板后缘略呈横截状，无垂体或指状突。腹板后缘内凹，交

配腔被一中隔分开。螺旋管旋转约 4 圈。

    检视标本：1♀，浙江临安天目山千亩田，2013-7-2，付丽娜采。

    分布：浙江、宁夏。

5.6.4　长肢盖蛛 *Neriene longipedella*（Bösenberg & Strand，1906）（图 5-9 和图版 5-9）

雌蛛体长 3.73～4.21mm。背甲黄色至深黄褐色，边缘黑色。头部隆起，胸部平坦。头胸部黄褐色，两侧有 2 条黄色带，皮下无白斑。颈沟、放射沟明显。胸板紫褐色。螯肢螯基前侧基部偏外有一疣突，前齿堤 3 齿，后齿堤 6 齿。步足黄色到黄褐色，细长。腹部长筒形，背面灰褐色，两侧缘白色。外雌器（见图 5-9C、D）锥形，腹板延伸为垂体，前后缘正中有一指状突，螺旋沟旋转 2.5 圈，受精管约 2 圈。纳精囊位于生殖腔的顶部背侧，指状，且向前、腹中弯曲。

雄蛛体长约 3.90mm。体色、斑纹与雌蛛相同。触肢器（见图 5-9E～G）副跗舟细长，"U"形弯曲；中突宽而薄，远端分叉；顶板前突弧形，侧突短小，较尖。顶突细长，膜质，卷曲。

图 5-9　长肢盖蛛 *Neriene longipedella*（Bösenberg & Strand，1906）
A. 雌蛛，背面观；B. 雄蛛，背面观；C. 雌蛛外雌器，腹面观；D. 雌蛛外雌器，背面观；
E. 雄蛛左触肢器，内侧面观；F. 雄蛛左触肢器，腹面观；G. 雄蛛左触肢器，外侧面观

    检视标本：1♀2♂，浙江临安天目山老殿，2011-7-26，金池、杨洁采；1♂，浙江临安天目山禅源寺，2011-7-27，金池、杨洁采；12♀7♂，浙江临安天目山老殿至三亩坪，2011-7-28，金池、杨洁采；2♀，浙江临安天目山龙王山，2011-7-29，金池、杨洁采；1♀，浙江临安清凉峰顺溪坞直源，2012-5-16，金池采；1♀，浙江临安清凉峰镇鸠甫村龙塘寺，2012-5-18，金池采。

    分布：浙江、安徽、黑龙江、吉林、甘肃、山西、陕西、湖北、四川。

5.6.5　华丽盖蛛 *Neriene nitens* Zhu & Chen，1991（图 5-10 和图版 5-10）

雌蛛体长 4.76～6.87mm。头胸板黄褐色，颈沟、放射沟、中窝以及背甲的两侧和后端颜色较深。头部略隆起；中窝纵向，其后有较大的倒三角形凹坑。8 眼 2 列，前中眼最小，其余 6 眼近乎等大。胸板棕色或黄棕色，后端黑色，无斑纹。螯肢淡黄色，前齿堤 4 齿，后齿堤 5 齿。步足黄色。腹部长筒形。腹部背面前端稍向上隆起，底色白色。心脏斑灰褐色，且其两侧各有一向外侧凸出的断续的灰褐色弧形纵斑，后端有冠状黑斑。腹部腹面中央有 1 条很宽的浅黑色或灰褐色纵带，纵带内散布有许多白色斑块。外雌器（见图 5-10C、D）较小，腹面隆起，腹板短而宽，呈三叶草形。前方两侧各有一凹坑，上有 2 对八字形的长卵形半透明区，后缘呈圆弧形，后凹；垂体有指状突。

雄蛛体长 4.66～5.97mm。头胸板颜色、斑纹同雌蛛。螯肢螯基前面基部中央有一小疣突，前齿堤 2 齿，后齿堤 5 齿，第 1 齿较大。触肢器（见图 5-10E～G）副跗舟呈"U"形，远端似柳叶形；中突宽而短，远端分叉；腹支宽大呈三角形，背支较细长，且向腹面钩曲；顶板前端向外侧弯曲似舟状，前端背缘有 1 个齿状突；顶板侧突细长而稍弯曲，远端渐尖。顶尖较短且简单，螺旋。插入器远侧位于第 1 圈螺旋前方。

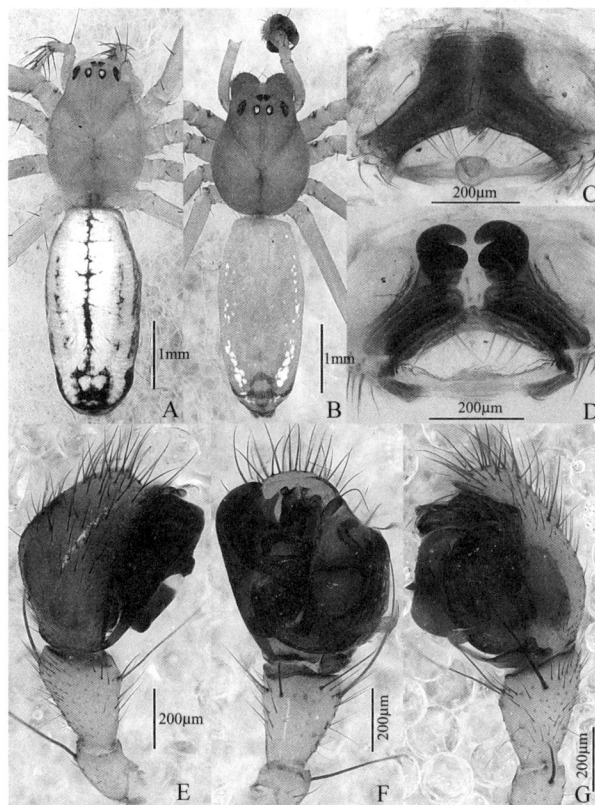

图 5-10　华丽盖蛛 *Neriene nitens* Zhu & Chen，1991

A. 雌蛛，背面观；B. 雄蛛，背面观；C. 雌蛛外雌器，腹面观；D. 雌蛛外雌器，背面观；
E. 雄蛛左触肢器，内侧面观；F. 雄蛛左触肢器，腹面观；G. 雄蛛左触肢器，外侧面观

检视标本：6 ♂，浙江临安天目山老殿，2011-7-26，金池、杨洁采；1 ♀ 1 ♂，浙江临安天目山禅源寺，2011-7-27，金池、杨洁采；8 ♀ 2 ♂，浙江临安天目山龙王山，2011-7-29，金池、杨洁采。

分布：浙江、福建、安徽、湖南、湖北、四川。

5.6.6 大井盖蛛 *Neriene odedicata* van Helsdingen，1969（图 5-11 和图版 5-11）

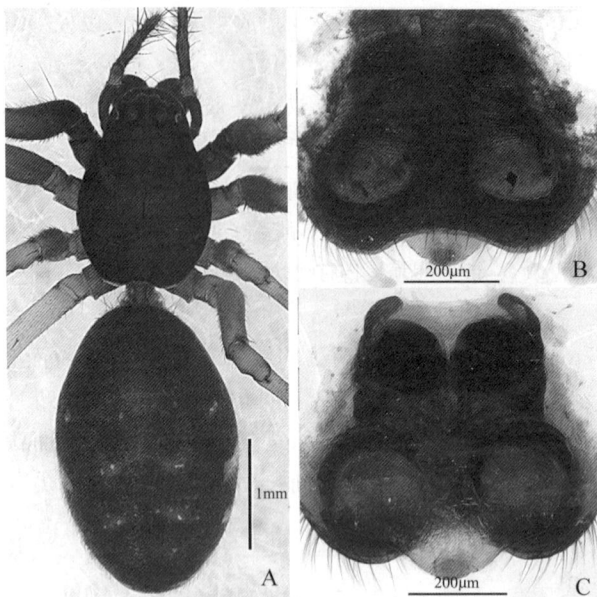

图 5-11　大井盖蛛 *Neriene odedicata* van Helsdingen，1969
A. 雌蛛,背面观；B. 雌蛛外雌器,腹面观；C. 雌蛛外雌器,背面观

雌蛛体长约 5.44mm。背甲褐色,颈沟、放射沟色深。头部稍隆起,中窝纵向,浅凹状。后中眼最大,其余 6 眼近等大；前眼列略后凹,后眼列略前凹；后中眼间距大于后中侧眼间距。颚叶和下唇远端淡黄色。胸板心形,末端尖且插入第Ⅳ步足基节间；褐色,无斑纹。螯肢褐色,前齿堤 4 齿,后齿堤 5 小齿。步足黄褐色到褐色。足式:1423。腹部卵圆形,浅褐色,前端有 1 对黑色斑,后端有 2 个人字形斑,肌痕 2 对；有些标本难以辨出斑纹的形状。外雌器(见图 5-11B、C)腹板后缘波浪状,背板(垂体)端部有一尖突状突起；纳精囊螺旋扭曲约 3 圈。

检视标本:1♀,浙江临安天目山管理局,2013-6-27,付丽娜采。

分布:浙江、安徽、山西。

5.7　华皿蛛属 *Sinolinyphia* Wunderlich & Li，1995

鉴别特征:本属蜘蛛前体长,强烈突起,眼小,距离较远,雌雄蛛腹部末端都有一个大的隆起,腿节无刺。雄蛛触肢器跗舟、插入器小,副跗舟结构简单,具游离的骨片；顶板呈镰刀状,位于插入器右侧逆时针方向；前盾片突长,中突大,顶板、引导器纤细。雌蛛外雌器前部具一个骨化的板片和成对的凹槽,无垂体。

模式种:*Sinolinyphia cyclosoides* Wunderlich & Li，1995

分布:全世界已知 1 种,中国有分布。本书记述天目山 1 种。

5.7.1　河南华皿蛛 *Sinolinyphia henanensis*（**Hu**,**Wang & Wang**，**1991**）（**图 5-12 和图版 5-12**）

雌蛛体长 4.32～6.48mm。背甲黑褐色,头区呈半球形。前眼列强烈后凹,后眼列稍后凹；前侧眼稍大于前中眼,后列眼近乎等大；侧眼相接。螯肢前齿堤 6 齿,后齿堤 5 齿。胸板黑色。步足浅黄褐色,光滑,有黑色环纹。胫节有刺,腿节和跗节无刺。腹部后端向后上方翘起,呈丘状。腹部背面浅黑褐色,沿背中线两侧有 5 对白色斑点。部分个体腹部背面黄白色,具暗色的网状纹,而无成对的白斑。外雌器(见图 5-12C、D)具 1 对开口,近中部中央具一小丘；纳精囊盘绕呈 2 个半圆形,其中背侧的 1 个颜色非常浅而不易观察;交配管连接纳精管中部,末端与受精管相连。

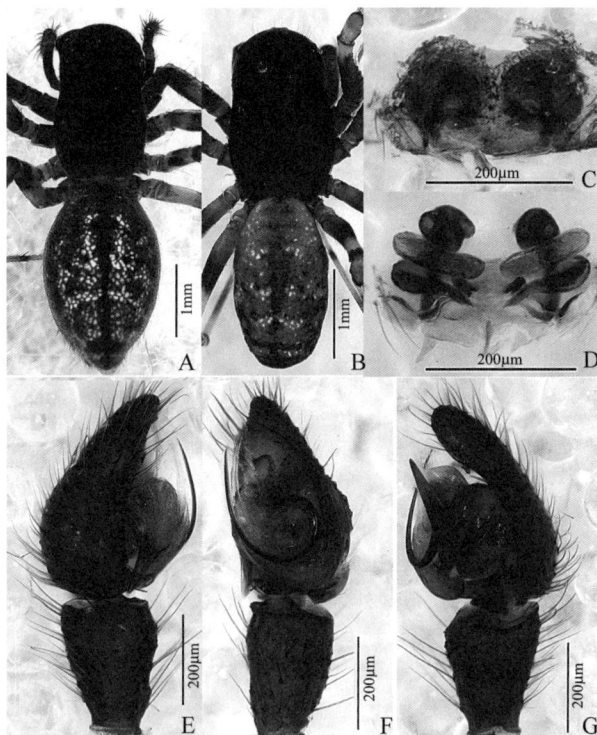

图 5-12　河南华皿蛛 Sinolinyphia henanensis (Hu, Wang & Wang, 1991)

A. 雌蛛,背面观;B. 雄蛛,背面观;C. 雌蛛外雌器,腹面观;D. 雌蛛外雌器,背面观;

E. 雄蛛左触肢器,内侧面观;F. 雄蛛左触肢器,腹面观;G. 雄蛛左触肢器,外侧面观

雄蛛体长 3.51~4.23mm。触肢的胫节、膝节和腿节以及各步足的腿节浅红褐色。腹部后端仅稍向后方翘起。其他特征近似于雌蛛。触肢器(见图 5-12E~G)的插入器长,呈鞭状弯向前方。

检视标本:2♀,浙江临安清凉峰镇鸠甫村龙塘寺,2012-5-18,金池采;4 ♂,浙江临安清凉峰保护区恶狼谷,2012-5-21,金池、高志忠采;1 ♂,浙江临安清凉峰天池,2012-5-22,金池、高志忠采;2 ♂,浙江清凉峰天池乐利山,2012-5-23,金池、高志忠采。

分布:浙江、安徽、辽宁、陕西、湖北。

5.8　斑皿蛛属 *Lepthyphantes* Menge,1866

鉴别特征:后眼列眼较大,后中眼大于其余 6 眼。步足各胫节有 2 根背刺,第Ⅰ、Ⅱ后跗节有 1 根背刺,第Ⅳ后跗节无听毛。雄蛛触肢器的副跗舟有 1 列小齿。

模式种:*Microneta gracilis* Menge,1869

分布:全世界已知 8 种。中国记录 2 种。本书记述天目山 1 种。

5.8.1　红色斑皿蛛 *Syedra oii* Saito,1983(图 5-13 和图版 5-13)

雌蛛体长约 2.20mm。背甲橙色。中窝和放射沟色深,不明显。8 眼 2 列,排列紧密,几乎等宽。胸板、下唇、颚叶、螯肢、步足均为橙色。螯肢前齿堤 3 齿,后齿堤 2 齿。腹部背面淡橙色,两侧隐约可见淡灰色斑纹,腹面颜色略深。外雌器(见图 5-13B、C)具一小的凹陷,纳精囊长条状,交配管短,无弯曲。

检视标本:1♀,浙江临安天目山管理局,2013-6-27,张付滨采。

分布:浙江、湖南。

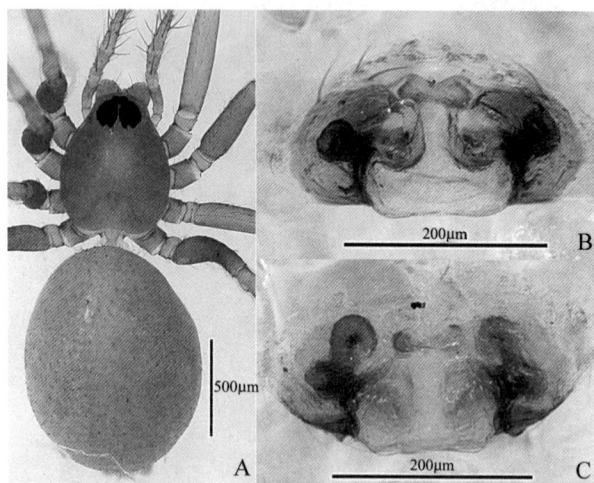

图 5-13 红色斑皿蛛 *Syedra oii* Saito, 1983

A. 雌蛛,背面观;B. 雌蛛外雌器,腹面观;C. 雌蛛外雌器,背面观

6　肖蛸科 Tetragnathidae Menge，1866

鉴别特征：小到大型蜘蛛（体长 2.00～20.00mm）。背甲长大于宽。体色黄褐色到暗褐色，轻微骨化或骨化较强烈。肖蛸属种类具灰色带银色斑纹，粗鳌蛛属种类具灰色和银色的叶状斑。8 眼 2 列，皆后凹，前、后侧眼分离或相邻接。鳌肢长，有排成行的大齿和粗壮的距状突出，也有个别种类鳌肢粗短。下唇前缘加厚。胸板后端尖。步足细长，所有足的胫节上有 1 列直立的听毛。腹部形状各异，长而呈圆柱状，或圆形至卵圆形；某些种类腹部后端延伸到纺器之后。生殖沟平直。前、后纺器大小相近，2 节；中纺器较小，1 节。雄蛛触肢副跗舟多数为分离且可动的骨片；有盘曲的插入器，常被引导器所包裹；无中突；有插入器与盾片间的膜。肖蛸属、粗鳌蛛属以及锯鳌蛛属蜘蛛无外雌器，亦无生殖沟；有些种类外雌器轻微骨化或强烈骨化。

模式属：*Tetragnatha* Latreille，1804

分布：全世界已知 46 属 981 种。中国记录 19 属 120 种。本书记述天目山 2 属 5 种。

肖蛸科分属检索表

1.鳌肢增大；雌蛛无外雌器，雄蛛触肢器副跗舟窄 ·· **肖蛸属 *Tetragnatha***

鳌肢不增大；雌蛛有外雌器，雄蛛触肢器副跗舟宽窄 ·· **银鳞蛛属 *Leucauge***

6.1　银鳞蛛属 *Leucauge* White，1841

鉴别特征：中到大型蛛类。生活时体色通常鲜艳。背甲在前方相对较宽。8 眼 2 列，近乎等大。鳌肢短粗、强壮，前齿堤通常 3 齿，后齿堤 3～4 齿。步足长度一般，步足 I 最长，步足 IV 腿节前面具 2 列长且弯曲的听毛，胫节背面具听毛。腹部具鳞状斑组成的银白色纵条纹；有些种类的腹部后端向后方伸展，形成短尾。雄蛛体型小于雌蛛。雄蛛触肢器简单，插入器具一卵圆形的基部和一由引导器支撑的鞭状顶部；引导器顶部具几个分离的导片。雌蛛外雌器骨质化弱，腹部侧面具 2 个插入孔，纳精囊具 3 室。

模式种：*Epeira venusta* Walckenaer，1841

分布：全世界已知 173 种，全球性分布。中国记录 20 种。本书记述天目山 2 种。

银鳞蛛属分种检索表

1.腹部侧面布有网状黑色条纹，末端黑色 ·· **方格银鳞蛛 *Leucauge tessellate***

腹部侧面有 2 条黑褐色纵条纹，并散布黄白色鳞斑·· **西里银鳞蛛 *Leucauge celebesiana***

6.1.1　西里银鳞蛛 *Leucauge celebesiana*（**Walckenaer，1841**）（**图 6-1 和图版 6-1**）

雌蛛体长 7.56～13.14mm。背甲浅黄褐色，两侧缘颜色较深，沿着边缘着生有很多短且细的黄褐色刚毛。颈沟较明显，黄褐色。放射沟不十分明显。中窝深，左右各有一小的深坑。两眼列均后凹，但接近等宽。鳌肢（见图 6-1C、D）浅黄褐色，前齿堤 3 齿，后齿堤 4 齿。下唇、颚叶和胸板浅黑褐色。步足黄褐色，各节顶端呈黑褐色。各步足上的刺粗，颜色深，非常显眼。腹部长卵形，银白色；前端钝圆，后端稍窄，并向后上方伸展而略微超越纺器；背面中央部位有 3 条在后端合并的黑褐色纵条纹，中间一条在其中段具 3 对分支；腹部侧面有 2 条黑褐色纵条纹，上方一条窄，下方一条较宽，并散布黄白色鳞斑；腹面中央有一较宽的褐色纵带。纺器浅黑褐色。外雌器黑褐色，前部有一弧形兜，其下方中央为一盾形中隔，中隔两侧缘顶端各具一小的圆形插入孔。

图 6-1　西里银鳞蛛 *Leucauge celebesiana*（Walckenaer，1841）

A. 雄蛛，背面观；B. 雌蛛，背面观；C. 雌蛛左螯肢，背面观；D. 雌蛛左螯肢，腹面观；

E. 雄蛛触肢器，腹面观；F. 雄蛛触肢器，外侧面观；G. 雄蛛左螯肢，背面观；H. 雄蛛左螯肢，腹面观

雄蛛体长 4.41～6.66mm。背甲、螯肢(见图 6-1G、H)、下唇、颚叶、胸板和步足的颜色及眼的排列与雌蛛相近。腹部呈长卵形,其上的纵条纹均为黄褐色,仅背面中央部位的左、右纵条纹的末端为黑褐色。触肢器(见图 6-1E、F)的胫节较跗舟短;生殖球窄,引导器卷成筒状,其顶部中央有 2 个角状导片,跗舟背面基部的距状突起很短。

检视标本:1♀,浙江临安天目山,2011-7-25,金池、杨洁采;1♂,浙江临安天目山老殿,2011-7-26,金池、杨洁采;1♂,浙江临安天目山禅源寺,2011-7-27,金池、杨洁采;1♂,浙江临安天目山龙王山,2011-7-29,金池、杨洁采;1♀,浙江临安天目山禅源寺,2011-7-31,金池、杨洁采;4♀,浙江临安天目山千亩坪,2011-8-1,金池、杨洁采;1♂,浙江临安天目大峡谷,2011-8-2,金池、杨洁采;4♀2♂,浙江临安天目山禅源寺,2014-6-9,伍盘龙采;1♀,浙江临安天目山禅源寺,2014-6-10,查珊洁采;1♂,浙江临安天目山老殿,2014-6-11,查珊洁采。

分布:浙江、安徽、福建、江西、山东、湖北、湖南、广西、海南、四川、重庆、贵州、云南、陕西、吉林、台湾、西藏。

6.1.2　方格银鳞蛛 *Leucauge tessellata*（Thorell，1887）（浙江新记录种）（图 6-2 和图版 6-2）

雌蛛体长约 7.43mm。背甲黄褐色,头部和胸部两侧浅黑褐色。颈沟明显,放射沟一般。中窝三角形,左右各有一横向的小坑。8 眼 2 列,前眼列强烈后凹,后眼列稍微后凹。螯肢(见图 6-2B、C)浅褐色,前齿堤 3 齿,后齿堤 4 齿。下唇、颚叶浅褐色。胸板浅褐色,三角形。步足黄褐色,具较宽的前黑褐色环纹。腹部长卵形,银白色;腹部背面和左右两侧面布有网状黑

条纹,末端黑色;腹部腹面中央有一较宽的黑褐色纵带,纵带内无浅色鳞斑。外雌器前黑褐色,具明显的兜,中隔窄长;纳精囊第 3 室较大,连接管"V"形。

图 6-2　方格银鳞蛛 *Leucauge tessellata*（Thorell，1887）

A. 雌蛛,背面观;B. 雌蛛左螯肢,背面观;C. 雌蛛左螯肢,腹面观

检视标本:1♀,浙江临安天目山禅源寺,2011-7-31,金池、杨洁采。

分布:浙江、福建、湖北、海南、贵州、云南、台湾。

6.2　肖蛸属 *Tetragnatha* Latreille，1804

鉴别特征:背甲稍延长并轻微骨化,缺少刚毛,中央常具 1 条不明显的纵行灰色带。眼多为黑色,间接眼无反光色素层。螯肢增大,齿堤上齿的排列是鉴定种的重要依据。步足细长,步足Ⅲ最短。腹部圆筒形。雄蛛个体稍小于雌蛛,但螯肢大于雌蛛且突出,常在前面具一婚距;步足腿节均具听毛。雄蛛触肢跗舟小,呈片状;副跗舟为 1 个分离的骨片,通常在向跗舟的一侧具一小的突起,其形状是鉴别依据之一;插入器鞭状,顶端被包裹在复杂的引导器内。雌蛛无外雌器,生殖孔位于生殖区腹面中央裂片的后缘;纳精囊形状及位置因种而异,也是重要的鉴别特征。

模式种:*Aranea extensa* Linnaeus，1758

分布:全世界已知 348 种,全球性分布。中国记录 47 种。本书记述天目山 3 种。

肖蛸属分种检索表

1. 雄蛛螯肢无前、后护齿,婚距不分叉 ·· 江崎肖蛸 *Tetragnatha esakii*

　雄蛛螯肢具前、后护齿,婚距分叉 ·· **2**

2. 雄蛛触肢器的引导器有侧褶 ·· 前齿肖蛸 *Tetragnatha praedonia*

　雄蛛触肢器的引导器无侧褶 ·· 锥腹肖蛸 *Tetragnatha maxillosa*

6.2.1　江崎肖蛸 *Tetragnatha esakii* **Okuma，1988**（浙江新记录种）（**图 6-3 和图版 6-3**）

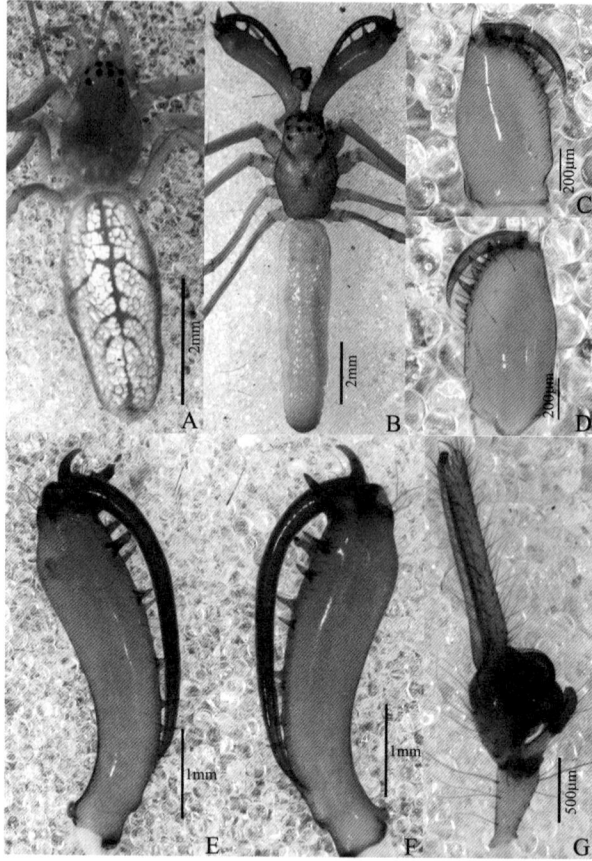

图 6-3　江崎肖蛸 *Tetragnatha esakii* Okuma，1988

A. 雌蛛，背面观；B. 雄蛛，背面观；C. 雌蛛左螯肢，背面观；D. 雌蛛左螯肢，腹面观；

E. 雄蛛左螯肢，背面观；F. 雄蛛左螯肢，腹面观；G. 雄蛛触肢器，腹面观

雌蛛体长约 7.56mm。背甲浅黄褐色，头部边缘浅褐色。颈沟深，浅褐色。放射沟明显，浅褐色。中窝较浅，中央具一"（）"形框边。8 眼 2 列，前眼列后凹，后眼列强烈后凹。各眼均具明显黑褐色眼斑。螯肢（见图 6-3C、D）浅褐色，前齿堤 8 齿，后齿堤 6 齿。下唇、颚叶浅褐色，具褐色细边。胸板浅褐色，三角形。步足黄褐色，细长。腹部长卵圆形，浅黄褐色，密布银白色鳞斑，末端在纺器的上方具 1 对黑色小斑点。生殖盖的宽稍长于长；纳精囊 1 对，长卵圆形。

雄蛛体长约 6.12mm。背甲、腹部的背面和腹面浅杏黄色。螯肢（见图 6-3E、F）无前、后护齿，婚距不分叉，有副齿，螯牙背面近基部具一较大的齿突。触肢器（见图 6-3G）的引导器无侧褶，引导器近顶部外侧具一半圆形突起，副跗舟背侧具一三角形突起。

检视标本：1 ♂，浙江临安天目山老殿，2011-7-26，金池、杨洁采；1♀，浙江临安天目山老殿至三亩坪，2011-7-28，金池、杨洁采；2 ♂，浙江临安天目山禅源寺，2014-6-9，伍盘龙采；1 ♂，浙江临安天目山禅源寺，2014-6-10，查珊洁采。

分布：浙江、广西、重庆、台湾。

6.2.2　锥腹肖蛸 *Tetragnatha maxillosa* Thorell，1895（图 6-4 和图版 6-4）

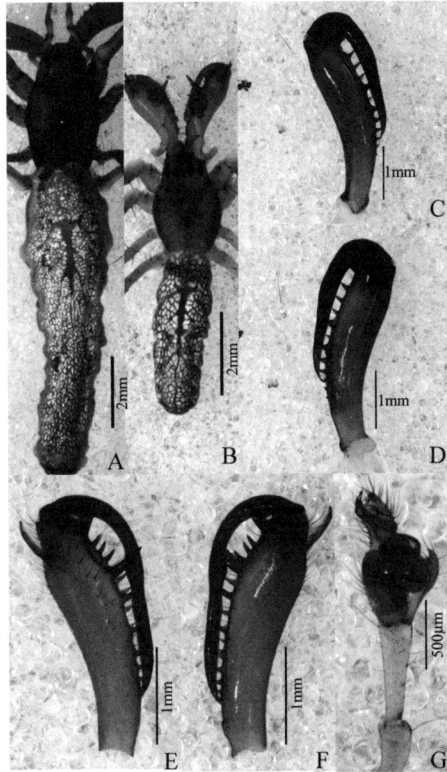

图 6-4　锥腹肖蛸 *Tetragnatha maxillosa* Thorell，1895

A. 雌蛛，背面观；B. 雄蛛，背面观；C. 雌蛛左螯肢，背面观；D. 雌蛛左螯肢，腹面观；
E. 雄蛛左螯肢，背面观；F. 雄蛛左螯肢，腹面观；G. 雄蛛触肢器，腹面观

雌蛛体长约 6.80mm。背甲相对较窄长，以颈沟为界，前半部分为黄褐色，后半部分为浅褐色。颈沟褐色。中窝椭圆形，两侧各具一褐色框边。8 眼 2 列，前眼列明显后凹，后眼列稍后凹。螯肢（见图 6-4C、D）黄褐色，前齿堤 8 齿，后齿堤 11 齿。下唇黑褐色，颚叶和胸板浅褐色。步足浅褐色，各节顶端均呈黑色。腹部由中间位置向前逐渐加宽，向后则逐渐变细；腹部背面和侧面的上部被银白色鳞斑，通常背中线具一分支的黑色纵条纹。生殖盖明显长大于宽，长约为宽的 2 倍；纳精囊 1 对，卵圆形；中纳精囊球形，下连一相当长的细管；3 个纳精囊呈"品"字形排列。

雄蛛体长约 3.80mm。螯肢（图 6-4E、F）比背甲长，前面近端部具有一顶不分叉的婚距，在婚距与螯牙的基部之间还有一小丘，前、后护齿均较小。前齿堤 8 齿，后齿堤 10 齿。腹部长筒形，背面通常无纵条纹。触肢器（见图 6-4G）的引导器无侧褶，顶端呈半圆形；副跗舟中部最宽，顶端无明显"V"形刻痕。

检视标本：1 ♂，浙江临安天目山禅源寺，2011-7-31，金池、杨洁采；1 ♀，浙江临安天目山龙王山，2011-7-29，金池、杨洁采。

分布：浙江、安徽、福建、江西、河北、山西、辽宁、江苏、山东、湖北、湖南、广东、广西、海南、四川、重庆、贵州、云南、西藏、陕西、新疆、台湾。

6.2.3　前齿肖蛸 *Tetragnatha praedonia* L. Koch，1878（浙江新记录种）（图 6-5 和图版 6-5）

图 6-5　前齿肖蛸 *Tetragnatha praedonia* L. Koch，1878

A. 雌蛛，背面观；B. 雄蛛，背面观；C. 雌蛛左螯肢，背面观；D. 雌蛛左螯肢，腹面观；

E. 雄蛛左螯肢，背面观；F. 雄蛛左螯肢，腹面观；G. 雄蛛触肢器，腹面观

雌蛛体长约 8.50mm。头胸部褐色，中部和两侧缘灰黑色。8 眼 2 列，前眼列后凹，后眼列平直，前后两侧眼眼丘基部相连。螯肢（见图 6-5C、D）棕色，短于头胸部。螯爪基部外缘有一明显且尖锐的突起，螯爪黑色。前齿堤有 9 齿：第 1、2 齿在螯爪基部，且隔一段很长的距离；具有第 3 齿，第 3 齿为一呈乳突状的瘤齿，后继有 7～8 齿。胸板黑褐色，边缘色深。步足黄色，各节的离体端色深，有刺。腹部前端略钝圆，后端稍尖，腹部背面布满银白色鳞斑；腹部近背面中央部分有一黑褐色纵行条斑，条斑两侧分叉，呈数对人字形斜纹；在腹部末端背侧有 2 对半月形条状黑斑；腹部腹面正中央有一条宽的黑带，且两侧各有一条黑线直达体末端合并。生殖盖短而宽，其长度约为宽的 4/5；纳精囊 2 对，其间尚有一棒状的中纳精囊。

雄蛛体长约 5.20mm。背甲、步足的颜色和眼的排列均近似于雌蛛。螯肢的婚距分叉，前面具一副齿，且具前、后护齿。前齿堤有 9～10 齿：第 1 齿呈乳突状，距螯牙一段距离，几乎位于第 2 齿到螯牙之间距离的中央；第 2 齿显著大于其余各齿。后齿堤有 6 齿。螯肢（见图 6-5E、F）近端部在前齿堤与后齿堤之间尚有 4 齿，呈一排。腹部色泽较雌蛛浅，背面不具暗色纵带和黑色条斑，仅在中央具一分支的黄褐色纵条纹。触肢器（见图 6-5G）的引导器具侧褶，顶端鹅头形；副跗舟较窄，顶端具一深的"V"形刻痕。

检视标本：1♀1♂，浙江临安天目大峡谷，2011-8-2，金池、杨洁采。

分布：浙江、安徽、福建、江西、河北、山西、江苏、湖北、湖南、广东、广西、四川、重庆、贵州、云南、西藏、台湾。

7 络新妇科 Nephilidae Simon，1894

鉴别特征：中到大型蜘蛛。生活时体色鲜艳，具彩色花纹。8 眼 2 列，前、后眼列均后凹。步足长。雌蛛书肺盖上有横沟，外雌器骨化强，简单。雄蛛触肢器的插入器和引导器与盾板纵轴呈 90°；副跗舟近方形，基部骨化程度较弱，背侧紧贴跗舟。

模式属：*Nephila* Leach，1815

分布：全世界已知 5 属 61 种。中国记录 3 属 5 种。本书记述天目山 1 属 1 种。

7.1 络新妇属 *Nephila* Leach，1815

鉴别特征：大型蜘蛛。雌蛛体长 17.00～50.00mm，雄蛛体长 2.80～9.09mm。雌蛛背甲暗褐色，密被白色细毛。两眼列均后凹，后眼列稍宽于前眼列，前、后侧眼稍分离。螯肢粗壮，前齿堤 3 齿，后齿堤 4 齿。下唇长大于宽，颚叶在近末端最宽。胸板暗黑色。步足黑褐色，多具短粗的刺。腹部圆筒状或瓶状，背面和侧面具艳丽的横带或纵条纹；腹面具 1 对浅色纵条斑。外雌器骨化程度强，简单；纳精囊骨化，连接管短粗。触肢器的盾板球形或亚球形，插入器被引导器包裹，引导器顶部直伸或至多具 45°的弯曲；副跗舟小，位于盾板近端部外侧。

雌蛛结具很多经丝的大圆网，中心位于网中央的上方，并且临时螺旋丝不拆除。

模式种：*Aranea pilipes* Fabricius，1793

分布：全世界已知 38 种。中国记录 4 种。本书记述天目山 1 种。

7.1.1 棒络新妇 *Nephila clavata* L. Koch，1878（图 7-1 和图版 7-1）

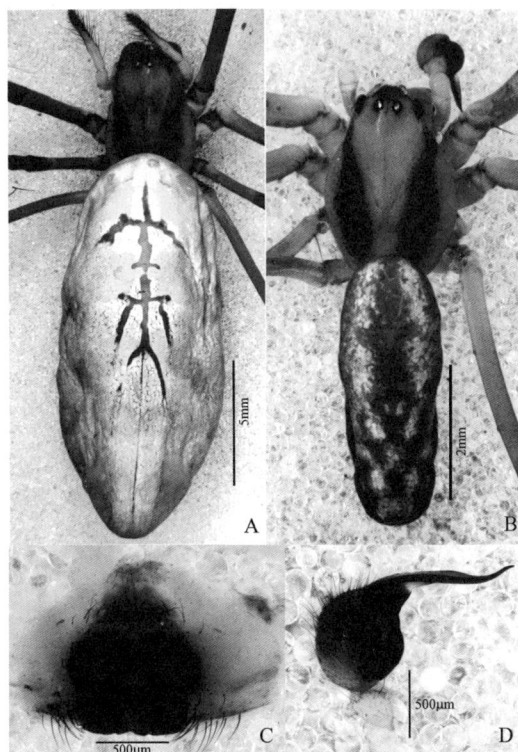

图 7-1 棒络新妇 *Nephila clavata* L. Koch，1878

A. 雌蛛，背面观；B. 雄蛛，背面观；C. 雌蛛外雌器，腹面观；D. 雄蛛左触肢器，内侧面观

雌蛛体长 17.00～25.00mm。背甲前缘和后缘之间具一很宽的黑褐色纵带,并密被白色细毛。中窝前方具一对黄褐色肾形斑,胸部两侧缘具较宽的黄褐色边。颈沟、放射沟明显,黑色。中窝较深,为一半圆形坑。有些个体的头部近侧缘颜色较浅,亦呈褐色或黄褐色。8眼2列,均后凹,后眼列稍宽于前眼列。螯肢短粗,黑褐色,前齿堤3齿,后齿堤4齿;螯牙短,仅为螯肢长的1/3。下唇和颚叶黑褐色,下唇远端半部的中央和颚叶近顶端的内侧缘呈黄色。胸板三角形,黑褐色;前半部中央具一梯形黄色斑,近前缘的两侧各有一黄色小圆斑;后半部的中央具一短棒状黄色斑。步足黑褐色,具很多细刺和细毛。腹部背面观长卵圆形,前、后端较窄,中部最宽;背面黄色,具5条蓝绿色横带。生活时体色非常艳丽。腹部侧面黄色,前半部具一些不规则的浅黑褐色斜条斑,后半部近顶部具2条较宽的红色斜条斑,并在纺器之前相连通而形成一红色横带。腹部腹面黑褐色,中央具一些黄色条斑,两侧各有一黄色纵条斑。外雌器(见图7-1C)黑褐色,中央具一短宽的长方形中隔,其侧缘的远端稍向内斜,无横褶和横沟;纳精囊球形,连接管短粗,扭成"8"字形。

雄蛛体长约6.00mm。体色较暗淡。背甲浅黄褐色,中央两侧各有一暗褐色纵带,从头部侧缘直伸至背甲的近后缘处。腹部长卵形,前端覆盖在背甲的后端上方;腹部背面青褐色,前半部中央的两侧各有一黄白色纵条斑,后半部具几个黄白色斑点。腹部侧面后半部以及腹部腹面后端无红色斑。步足以及步足上的刺相对雌蛛的较长。触肢的胫节有9根听毛。触肢器(见图7-1D)的盾板外侧面观呈球形,引导器长不足盾板长的2倍。

检视标本:6♀1♂,浙江临安天目山禅源寺,2011-7-27,金池、杨洁采。

分布:浙江、安徽、北京、河北、山西、辽宁、山东、河南、湖北、湖南、广西、海南、四川、重庆、贵州、云南、陕西、台湾。

8　园蛛科 Araneidae Clerck，1757

鉴别特征：小到大型蜘蛛，无筛器。头胸部多数梨形，背甲坚硬，光滑或具刻点。8 眼 2 列，侧眼离中眼域远且位于头部边缘，向外突出；中眼域梯形或方形，两侧眼着生在眼丘上，较接近。额窄，额高不超过前中眼直径的 2 倍。螯肢粗短，具侧结节。步足有壮刺，3 爪。各足除跗节外均有听毛。腹部大，三角形或椭圆形；背面有明显的模式斑纹或隆起。两书肺，气管气孔接近纺器。纺器大小相近，聚成一簇。具舌状体。外雌器具特化的垂体，生殖沟明显。雄蛛触肢复杂，副跗舟大，中突变化较大，生殖球可在跗舟内旋转。

模式属：*Araneus* Clerck，1757

分布：全世界已知 168 属 3115 种，全球性分布。中国记录 44 属 347 种。本书记述浙江清凉峰 2 属 2 种。

园蛛科分属检索表

1. 后中眼间距等于或大于后中眼半径；背甲稍宽且不呈漆黑色 ……………………………… **园蛛属 *Araneus***
   后中眼间距不及后中眼半径；背甲梨形，漆黑色 ……………………………… **艾蛛属 *Cyclosa***

8.1　园蛛属 *Araneus* Clerck，1757

鉴别特征：背甲梨形，中窝横向。两前眼列均后凹，两侧眼彼此邻近。额高一般等于前中眼直径。腹部形态变化较多，通常为卵圆形、长卵形或三角形。雄蛛触肢器顶部具大的顶突和顶血囊，且具亚顶突；中突大，具刺或钩；引导器位于盾板边缘之后。雌蛛外雌器由基部及垂体组成；垂体长短不一，形态不一；多数雌蛛交配后垂体脱落。

模式种：*Araneus angulatus* Clerck，1757

分布：全世界已知 655 种，全球性分布。中国记录 107 种。本书记述天目山 1 种。

8.1.1　大腹园蛛 *Araneus ventricosus*（L. Koch，1878）（图 8-1 和图版 8-1）

雌蛛体长 16.93～29.00mm。体色一般呈褐色。背甲较为扁平，颈沟、放射沟均明显，头区前端较宽且平直。胸板呈黑褐色，仅螯基上偶见黄褐色条纹，胸板上有"T"形黄斑。螯肢前、后齿堤各具 3 齿。步足粗壮，基节至膝节及跗节末端黑褐色，其余为黄褐色且有褐色环纹。腹部略近三角形，肩角隆起，幼体更明显。心脏斑黄褐色，部分个体有白色斑。叶斑大，边缘黑色。腹部两侧及腹面褐色。书肺板、纺器及其周围黑褐色。外雌器（见图 8-1F～H）垂体长，近端有环纹，中段较宽，匙状部大，框缘厚。

雄蛛体长 10.00～16.00mm。体色、斑纹与雌蛛相同。雄蛛胫节 II 远端有一粗壮距，后跗节 II 近端作弧状弯曲。顶突三角形，粗短，插入器长筒形，尖端细，中突相对小。

检视标本：2♀1♂，浙江临安天目山一里亭，2013-6-30，张付滨采；1♂，浙江临安天目山千亩田，2013-7-1，张付滨采；4♂，浙江临安天目山千亩田，2013-7-2，付丽娜采。

分布：浙江、安徽、北京、黑龙江、吉林、内蒙古、青海、新疆、河北、陕西、山西、山东、河南、江苏、湖北、江西、湖南、福建、台湾、广东、广西、海南、云南、四川、重庆、贵州。

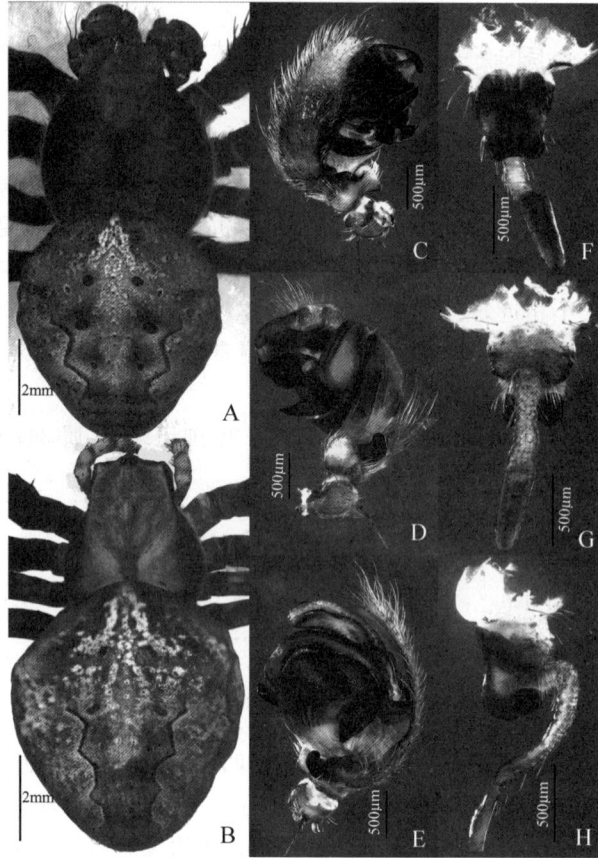

图 8-1 大腹园蛛 *Araneus ventricosus* (L. Koch, 1878)

A. 雄蛛,背面观;B. 雌蛛,背面观;C. 雄蛛左触肢器,内侧面观;D. 雄蛛左触肢器,腹面观;
E. 雄蛛左触肢器,外侧面观;F. 雌蛛外雌器,背面观;G. 雌蛛外雌器,腹面观;H. 雌蛛外雌器,侧面观

8.2 艾蛛属 *Cyclosa* Menge,1866

鉴别特征:头胸部梨形,颈沟明显以区别头区和胸区。两眼列均后凹,后中眼相互靠近,中眼域梯形。腹部末端超出纺器并向后突出。雄蛛触肢膝节仅具 1 根长刚毛。雌蛛外雌器垂体多数脱落;外雌器基部两侧呈弧形隆起,隆起有一浅凹槽;垂体着生部分多呈半球形。

模式种:*Aranea conica* Pallas,1772

分布:全世界已知 178 种,全球性分布。中国记录 38 种。本书记述天目山 1 种。

8.2.1 银背艾蛛 *Cyclosa argenteoalba* Bösenberg & Strand,1906(图 8-2 和图版 8-2)

雌蛛体长 5.00~5.50mm。背甲黑色,头部与胸部明显凸出,中窝明显,脐状。放射沟不明显。螯肢黑褐色,螯爪棕红色。触肢黄色,胫、跗节黑褐色,具褐色毛。颚叶、下唇深褐色。胸板灰黑色,密被白色细毛,前端横直,后端尖锐,且有放射状黄斑。步足黄褐色,具黑褐色轮纹及黑色长毛。腹部呈长卵形,两侧稍凸出并微微翘起。整个腹背被有大形银色鳞斑,仅在前端显有半圆形黑斑,其后侧方和腹部末端有黑色块斑相对应排列。此外,在腹背中央前侧具 3 对黑色筋点,其后侧各有 2 条黄色纵纹。腹部腹面中央具方形银斑,其中显有 2 块黑色纵斑。纺器黑色。外雌器(见图 8-2C~F)腹面观仅见垂体,垂体前狭后宽,呈梯形,后部突然狭窄如钉子状。垂体前、中部有环纹,环纹不甚明显,侧面观基部短柱形,垂体起始于基部远端腹面前方。

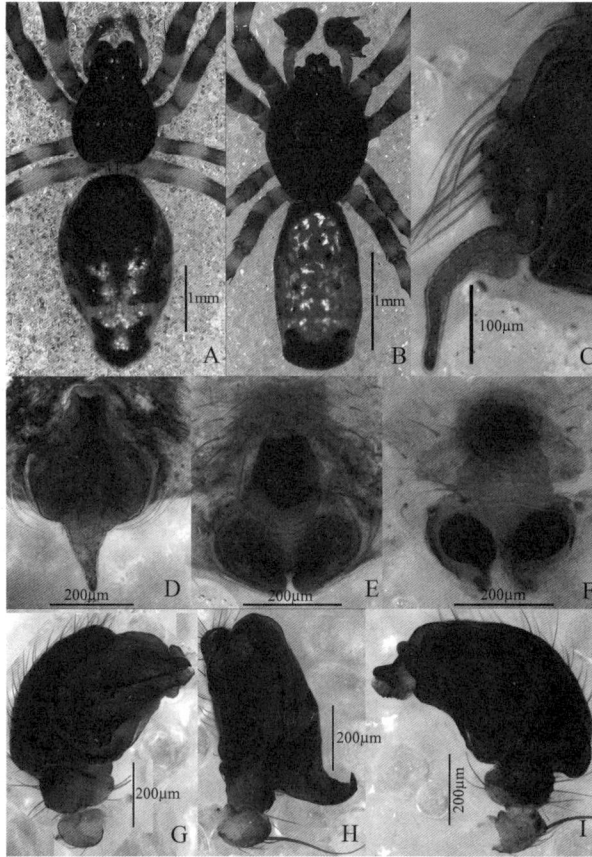

图 8-2　银背艾蛛 *Cyclosa argenteoalba* Bösenberg & Strand，1906
A. 雌蛛，背面观；B. 雄蛛，背面观；C. 雌蛛外雌器，侧面观；D. 雌蛛外雌器，腹面观(有垂体)；
E. 雌蛛外雌器，腹面观；F. 雌蛛外雌器，背面观；G. 雄蛛左触肢器，内侧面观；
H. 雄蛛左触肢器，腹面观；I. 雄蛛左触肢器，外侧面观

雄蛛体长 3.40～3.70mm。体色、斑纹和雌蛛相同，腹部背面银白色成分更多。触肢器(见图 8-2G～I)跗舟的背面下方有一大的延伸部分，状若三角铲；中突粗大，远端钳状。

检视标本:1♀,浙江临安天目大峡谷,2011-8-2,金池、杨洁采;4♀,浙江临安天目山禅源寺,2014-6-9,伍盘龙采;1♀,浙江临安天目山禅源寺,2014-6-10,查珊洁采。

分布:浙江、安徽、台湾、广东、福建、广西、云南、贵州、江西、湖南、四川、重庆、河南。

9　狼蛛科 Lycosidae Sundevall，1833

鉴别特征：小到大型蜘蛛(体长1.80～36.00mm)，无筛器。3爪，游猎型蜘蛛。多数不结网，少数结简单漏斗型小网。体色灰褐色。8眼呈4-2-2排列；后列眼强烈后凹，后中眼与后侧眼的连线与身体的中轴线相交于头区的前方(此特征区别于盗蛛科)。螯肢后齿堤具2～4齿。步足粗壮，具毛簇，且具刺。腹部呈椭圆形，后端圆形。无筛器。雄蛛触肢器由跗舟和生殖球组成，生殖球着生于跗舟内。雌蛛外雌器形态、结构因种而异，且繁简各异。

模式属：*Lycosa* Latreille，1804

分布：全世界已知123属2415种。中国记录22属300种。本书记述天目山4属11种。

狼蛛科分属检索表

1. 雄蛛触肢器中突走向与生殖球纵轴方向一致，插入器起自生殖球端部。体小到中型，后纺器明显长于前纺器，雄蛛触肢器具有引导器，雌蛛外雌器生殖板未分化或分化不明显；背甲正中斑前部具有一"V"形斑
　…… 2
　雄蛛触肢器中突骨化强烈，插入器与引导器分离，引导器不宽大 ………… 小水狼蛛属 *Piratula*
2. 颚叶一般呈矩形，雄蛛触肢器具有引导器 ……………………………………… 豹蛛属 *Pardosa*
　颚叶一般呈三角形，雄蛛触肢器无引导器 ……………………………………………………… 3
3. 第3、4对步足胫节背面2刺，基刺明显较端刺细长，甚至呈刚毛状 …………… 熊蛛属 *Arctosa*
　第3、4对步足胫节背面2刺，基刺与端刺没有明显的区别 …………………………… 狼蛛属 *Lycosa*

9.1　熊蛛属 *Arctosa* C. L. Koch，1847

鉴别特征：中到大型蜘蛛。背甲宽广，稍隆起，表面平滑且有光泽，无明显的正中斑和侧纵带。螯肢粗壮，后齿堤3齿。下唇宽大于长。步足细长，跗节和后跗节多具毛丛，跗节I背面的基部具有长毛。雄蛛触肢器跗舟梨形，剑突长，顶突明显，基部长囊状，中突较大，后侧距明显，前缘隆起或凹状，插入器的基部宽大。外雌器结构比较简单，插入孔不明显，无垂兜，中隔形状各异。

模式种：*Aranea cinerea* Fabricius，1777

分布：全世界已知171种，主要分布于全北区。中国记录29种。本书记述天目山3种。

熊蛛属分种检索表

1. 外雌器中隔明显，宽而扁 ……………………………………… 宁波熊蛛 *Arctosa ningboensis*
　外雌器中隔较窄 ………………………………………………………………………………… 2
2. 外雌器中隔呈倒"T"形，两侧陷腔小 ………………………… 江西熊蛛 *Arctosa kiangsiensis*
　外雌器中隔近三角形，两侧陷腔大 …………………………… 片熊蛛 *Arctosa laminata*

9.1.1　江西熊蛛 *Arctosa kiangsiensis*（Schenkel，1963）（图9-1和图版9-1）

雌蛛体长5.00～6.20mm。背甲黑褐色，正中斑色较淡。颈沟、放射沟明显。胸板黄褐色，螯肢黑褐色，前、后齿堤均3齿。颚叶、下唇基部黑褐色，远端黄褐色。触肢、步足黑褐色，有黄褐色环纹。腹部背面灰黑褐色，斑纹灰黄褐色，心脏斑窄且长，其两侧各有4个不连续的斑块。腹部腹面灰褐色，纺器褐色。外雌器(见图9-1B、C)中隔倒"T"形，纵板窄，基板宽厚，两端角化较弱，中隔外侧凹陷呈圆形。纳精囊瓶状，远端平截，有2个小结节。交配管前端细且直，后端粗且弯曲。

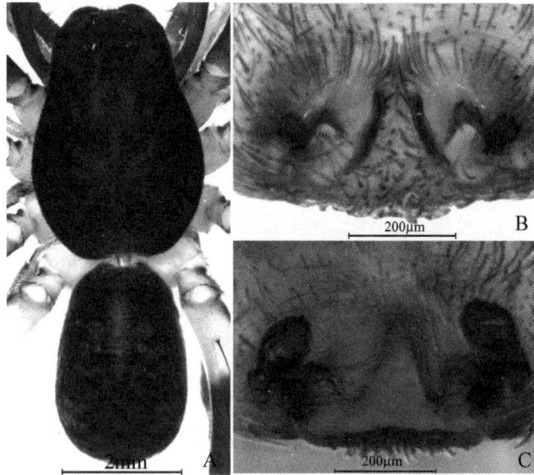

图 9-1 江西熊蛛 *Arctosa kiangsiensis* (Schenkel, 1963)

A. 雌蛛,背面观;B. 雌蛛外雌器,腹面观;C. 雌蛛外雌器,背面观

检视标本:4♀,浙江临安天目山管理局,2013-6-27,张付滨采;1♀,浙江临安天目山一里亭,2013-6-30,付丽娜采。

分布:浙江、福建、云南、江西、湖南。

9.1.2 片熊蛛 *Arctosa laminata* Yu & Song,1988(浙江新记录种)(**图 9-2 和图版 9-2**)

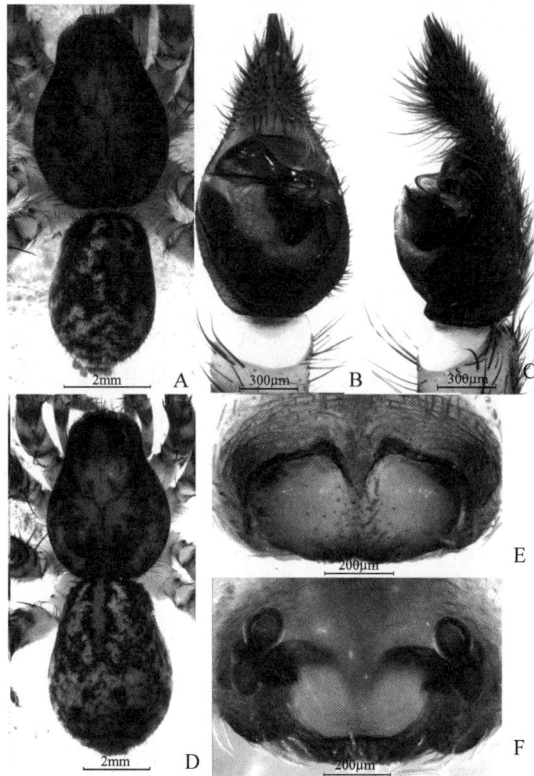

图 9-2 片熊蛛 *Arctosa laminata* Yu & Song,1988

A. 雄蛛,背面观;B. 雄蛛左触肢器,腹面观;C. 雄蛛左触肢器,外侧面观;D. 雌蛛,背面观;

E. 雌蛛外雌器,腹面观;F. 雌蛛外雌器,背面观

雌蛛体长约 6.54mm。体被褐色短毛。背甲黄褐色,布褐色斑纹。中窝短,红褐色。颈沟、放射沟明显。胸板黄褐色。螯肢较长,前齿堤 2 齿,后齿堤 3 齿。触肢、颚叶、步足皆黄褐色,下唇褐色。步足上具明显灰褐色环纹。腹部背面黄褐色,具褐色斑块;心脏斑浅褐色,周缘褐色。外雌器(见图 9-2E、F)呈馒头状,中隔被有细毛,柱形,其两侧凹陷大且浅。纳精囊长卵圆形,交配管短粗。

雄蛛体色略较雌蛛深,斑纹基本相同。触肢器(见图 9-2B、C)跗舟有爪 1 对;插入器较粗,远端尖细;顶突基部较宽,远端渐尖;中突大,基部宽且粗,远端有两突起。

检视标本:1 ♂,浙江临安天目山管理局,2013-6-27,付丽娜采;1 ♀,浙江临安天目山千亩田,2013-7-2,张付滨采。

分布:浙江(天目山)、安徽、福建、江西、广西、贵州。

9.1.3　宁波熊蛛 *Arctosa ningboensis* Yin,Bao & Zhang,1996(图 9-3 和图版 9-3)

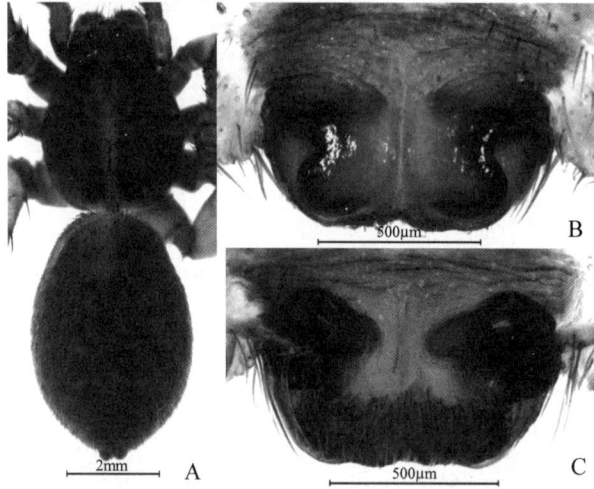

图 9-3　宁波熊蛛 *Arctosa ningboensis* Yin, Bao & Zhang, 1996
A. 雌蛛,背面观;B. 外雌器,腹面观;C. 外雌器,背面观

雌蛛体长约 5.20mm。背甲赤褐色,正中隆起。背甲边缘黑色,侧斑不明显,头区两侧向外斜,前面观两侧缘不平行。中窝赤褐色,短,位于头胸部中央。颈沟、放射沟明显。侧纵带始自颈沟,宽呈黑褐色。8 眼 3 列,前眼列 4 眼几乎等大,稍后凹,且稍短于中眼列。胸板杏形,赤褐色,被稀疏短硬毛。螯肢稍粗壮,赤褐色,前齿堤 2 齿,后齿堤 3 齿。触肢、颚叶、步足皆黄褐色,且步足有环纹。下唇黑褐色。腹部背面灰褐色间有黄褐色斑纹。外雌器(见图 9-3B、C)相对较大,呈方形。中隔宽且扁,两侧凹陷呈沟状,插入孔位于沟的前缘两侧;纳精囊棍棒状,水平排列,左右相对;交配管粗短,内骨片宽,弯曲稍呈"S"形。

检视标本:1 ♀,浙江临安天目山管理局,2013-6-27,付丽娜采;2 ♀,浙江临安天目山仙人顶,2013-6-29,查珊洁采。

分布:浙江。

9.2　狼蛛属 *Lycosa* Latreille,1804

鉴别特征:本属蜘蛛体型变化较大(体长 5.00～34.00mm)。背甲宽大,头区明显隆起,前面观两侧倾斜;具明显正中斑,侧斑不明显。螯肢后齿堤 3 齿。步足Ⅰ胫节末端具 3 根刺;步足Ⅱ胫节末端不具刺,但是具细毛;步足Ⅲ、Ⅳ胫节具2根粗大的背刺。雄蛛触肢器的盾板、亚盾板强烈骨化;无引导器;顶突呈弯钩状。雌蛛外雌器骨化明显;交配腔一般大且深。

生物学:栖息在稻田、棉田、麻田、麦田、菜地、林区等,一些大型种类在石下或地下营穴居生活。

模式种:*Aranea tarantula* Linnaeus,1758

分布:全世界已知224种。中国记录26种。本书记述天目山1种。

9.2.1　黑腹狼蛛 *Lycosa coelestis* L. Koch,1878(图9-4 和图版9-4)

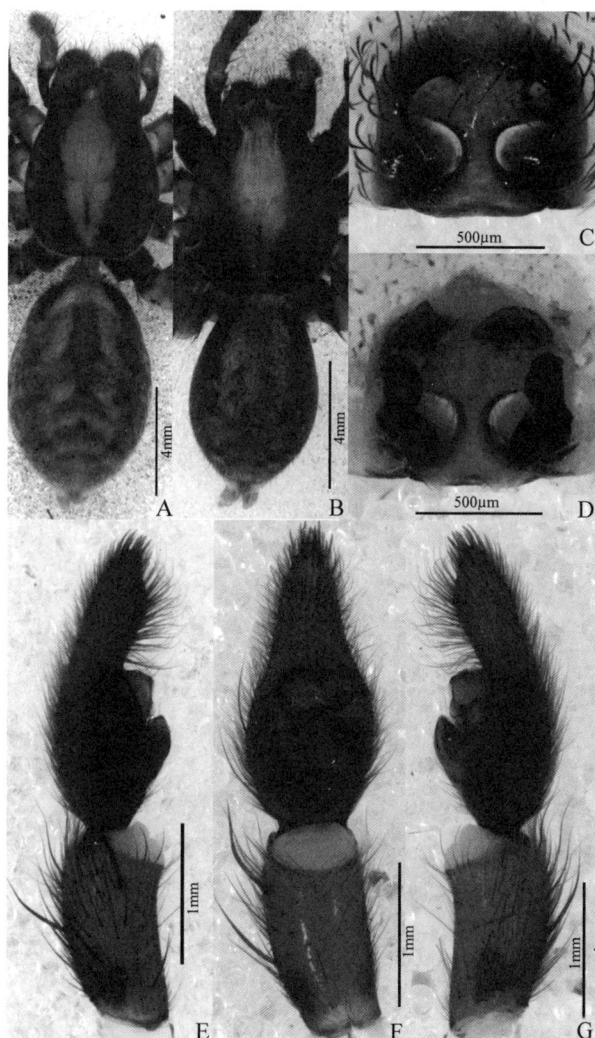

图9-4　黑腹狼蛛 *Lycosa coelestis* L. Koch,1878

A. 雌蛛,背面观;B. 雄蛛,背面观;C. 雌蛛外雌器,腹面观;D. 雌蛛外雌器,背面观;
E. 雄蛛左触肢器,内侧面观;F. 雄蛛左触肢器,腹面观;G. 雄蛛左触肢器,外侧面观

雌蛛体长约10.13mm。体被褐色短毛,夹杂有白色短毛,头部两侧倾斜。背甲正中斑黄色,宽带状,明显,被白色短毛;前部前端略窄,前缘伸入第3列眼间,并超过第3眼列;后端中央有一对红褐色小斑,颈沟处略收缩,并有一对褐色小斑点,后部在中窝之后收缩;中窝细短,位置较靠后;侧纵带褐色,较宽;放射沟较明显,侧斑较明显,基本连续;背甲侧缘黑褐色。8眼

3 列,前眼列平直,略短于第 2 眼列,前中眼大于前侧眼。螯肢红褐色,前、后齿堤各 3 齿。颚叶近三角形,红褐色,端部黄色。下唇褐色,前缘黄白色,中央略凹陷。胸板黑褐色。步足粗壮,黄褐色。腹部背面浅褐色,散布黄色小点和褐色小斑;腹部腹面褐色,具黄色斑纹。外雌器(见图 9-4C、D)垂兜 2 个,宽大;中隔两端宽大,中央收缩,略呈工字形;交配管粗短;纳精囊不膨大,端部具小疣状突起。

　　雄蛛体长约 10.65mm。特征基本同雌蛛。背甲侧斑较不明显。腹部背面中央具一黄色宽纵带,心脏斑难以分辨。触肢器(见图 9-4E～G)黄褐色,腿节具褐色斑。触肢器中突呈片状横向外侧,端半部上缘向腹面折回,且形成一个指向腹面内侧的突起;插入器细长,呈弧形弯曲;顶突呈一短窄片状,直,向前渐尖。

　　检视标本:2♀1♂,浙江临安天目山古道方向,2013-6-28,查珊洁采。

　　分布:浙江、台湾、福建、云南、江西、湖南、湖北。

9.3　豹蛛属 *Pardosa* C. L. Koch,1847

　　鉴别特征:中到大型蜘蛛。背甲高、窄,两侧垂直,眼域拱起,具明显正中斑和亚缘淡色纵斑。8 眼呈梯形,前眼列稍前凹或稍后凹,明显短于中眼列,前中眼稍大于前侧眼。螯肢后齿堤 3 齿。雄蛛触肢器部分种类具侧突;插入器起源于生殖球内侧的中部,细长且弯曲;中突强烈骨化。雌蛛外雌器的中隔各异,其两侧凹陷成为宽大的交配腔,通常有 1～2 个垂兜;纳精囊呈圆球形、灯泡形、棍棒形等。

　　模式种:*Lycosa alacris* C. L. Koch,1833

　　分布:全世界已知 550 种,全球性分布。中国记录 127 种。本书记述天目山 3 种。

豹蛛属分种检索表

1. 外雌器中隔后缘舌形突出,并明显超过生殖沟 ……………………………… 武夷豹蛛 *Pardosa wuyiensis*
   外雌器中隔后缘不超越生殖沟 ………………………………………………………………………… 2
2. 外雌器具有 1 个垂兜 ……………………………………………………………… 星豹蛛 *Pardosa astrigera*
   外雌器具有 2 个垂兜 ……………………………………………………………… 沟渠豹蛛 *Pardosa laura*

9.3.1　星豹蛛 *Pardosa astrigera* L. Koch,1878(图 9-5 和图版 9-5)

　　雌蛛体长约 8.20mm。背甲褐色,正中斑明显,"T"形,中窝处略膨大,周缘锯齿状,侧斑明显;放射沟黑褐色。前眼列平直,前中眼大于前侧眼,中眼间距大于中、侧眼间距。额高约等于前中眼直径的 2 倍。触肢腿节具两黑色环纹。步足黄褐色。外雌器(见图 9-5C、D)有垂兜一个,中隔中部膨大,后端渐窄,交配口明显,交配管较细长,纳精囊略膨大。

　　雄蛛体长约 7.25mm。体色较雌蛛深,呈黑褐色。前眼列略前凹。额高约为前中眼直径的 1.5 倍。第 I 步足胫节及跗节两侧具较稀疏的长毛,跗节基部背面具 1 根长听毛。触肢器(见图 9-5E～G)中突基部垂直向前,端部斜向外前方,基部外侧有一小分叉,顶端呈二叉状。

　　检视标本:2♀1♂,浙江临安天目山管理局,2013-6-27,张付滨采;1♀,浙江临安天目山古道方向,2013-6-28,查珊洁采;1♀,浙江临安天目山仙人顶,2013-6-29,付丽娜采。

　　分布:浙江、上海、江苏、安徽、江西、台湾、北京、天津、河北、河南、山西、山东、湖南、湖北、内蒙古、辽宁、吉林、黑龙江、甘肃、青海、宁夏、西藏、新疆、陕西、四川、贵州、广西、云南。

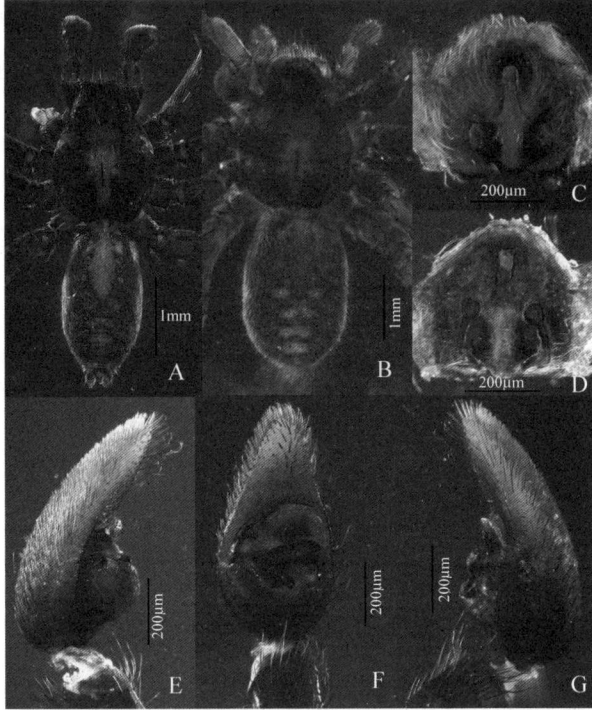

图 9-5　星豹蛛 *Pardosa astrigera* L. Koch，1878

A. 雄蛛，背面观；B. 雌蛛，背面观；C. 雌蛛外雌器，腹面观；D. 雌蛛外雌器，背面观；
E. 雄蛛左触肢器，内侧面观；F. 雄蛛左触肢器，腹面观；G. 雄蛛左触肢器，外侧面观

9.3.2　沟渠豹蛛 *Pardosa laura* Karsch，1879（图 9-6 和图版 9-6）

雌蛛体长约 6.44mm。体被褐色短毛，背甲黄褐色，正中斑明显，前端宽，向后渐窄，仅在颈沟处略有收缩，两侧缘在中窝处略呈缺刻状；放射沟较为明显，侧斑模糊、间断；背甲边缘黑褐色。胸板黑褐色，中央有一明显的黄褐色纵纹。步足及触肢黄褐色，具明显的环纹。腹部背面黄褐色，夹杂有黑色斑点，心脏斑呈红褐色。外雌器（见图 9-6C、D）有垂兜 2 个，小，不甚明显；中隔长柄部宽，向后略缩，端部向两侧适当扩展，在左右形成一小坑；交配管短，弯曲；纳精囊较大，球状。

雄蛛体长约 4.68mm。特征基本同雌蛛。背甲无侧斑。步足环纹不如雌蛛明显。触肢黑褐色，密生黑褐色毛；膝节颜色略浅，散布白色毛；跗节端部有 2 爪。触肢器（图 9-6E～G）中突呈一短的宽片状，外上角钝，外下角略下延，端部弯向腹内侧，呈一小钩状；顶突呈一窄片状，向端部趋尖。

检视标本：2♀，浙江天目山，2011-7-25，金池、杨洁采；8♀2♂，浙江临安天目山老殿，2011-7-26，金池、杨洁采；6♀，浙江天目山老殿至三亩坪，2011-7-28，金池、杨洁采；1♀，浙江临安天目山龙王山，2011-7-29，金池、杨洁采；5♀，浙江临安天目山千亩坪，2011-8-1，金池、杨洁采；1♀1♂，浙江临安天目大峡谷，2011-7-2，金池、杨洁采；2♀1♂，浙江临安天目山一里亭，2013-6-30，查珊洁采；3♂，浙江临安天目山千亩田，2013-7-1，张付滨采；6♂，浙江临安天目山千亩田，2013-7-2，付丽娜采。

分布:浙江、江苏、安徽、台湾、福建、云南、江西、湖南、湖北、四川、重庆、贵州、陕西、青海、宁夏、辽宁、吉林。

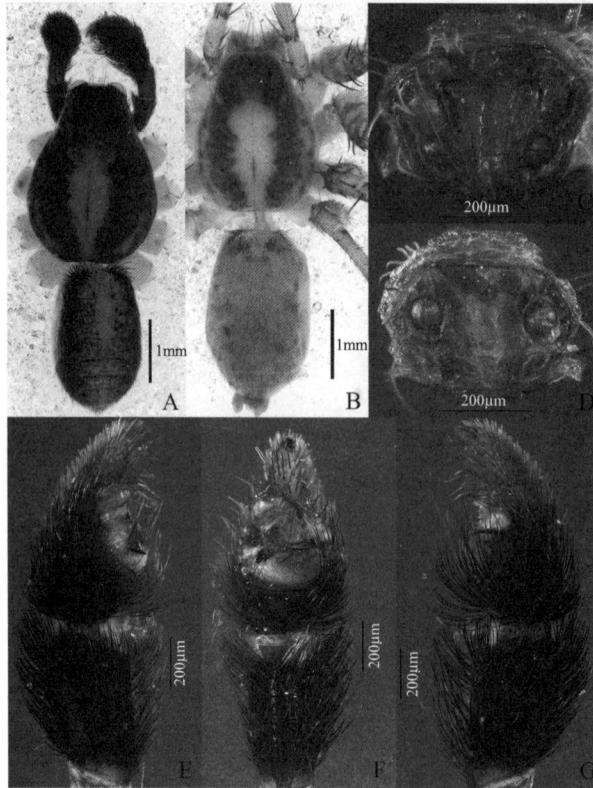

图 9-6　沟渠豹蛛 *Pardosa laura* Karsch，1879

A. 雄蛛，背面观；B. 雌蛛，背面观；C. 雌蛛外雌器，腹面观；D. 雌蛛外雌器，背面观；
E. 雄蛛左触肢器，内侧面观；F. 雄蛛左触肢器，腹面观；G. 雄蛛左触肢器，外侧面观

9.3.3　武夷豹蛛 *Pardosa wuyiensis* Yu & Song，1988(浙江新记录种)(图 9-7 和图版 9-7)

雌蛛体长 5.15~6.00mm。背甲边缘褐色，正中斑黄褐色，前段圆形，中段宽于前段，外缘具 3 个深缺刻。中窝、放射沟明显。胸板黄褐色，心形。所有附肢皆黄褐色。螯肢前、后齿堤皆 3 齿。腹部背面新斑赤褐色，2 条条斑不明显，可见 4~5 个山形纹。外雌器(见图 9-7C、D)中隔前狭后宽，近似梨形，向腹面拱起，后缘正中有一舌状突起。两侧的生殖腔凹陷，狭长如细沟；纳精囊似鸟头状；交配管细长，由背侧向腹面弯曲。

雄蛛体长约 5.00mm。体色及斑纹等近似于雌蛛。触肢器(见图 9-7E、F)较粗大，有 1 个大顶突呈"T"形；中突呈方形。插入器的弧形部位于顶突的水平臂后端外侧，针状插入部则隐匿于中突之后。

检视标本:2♀1♂，浙江临安天目山古道方向，2013-6-28，查珊洁采。

分布:浙江(天目山)、福建、湖南、内蒙古。

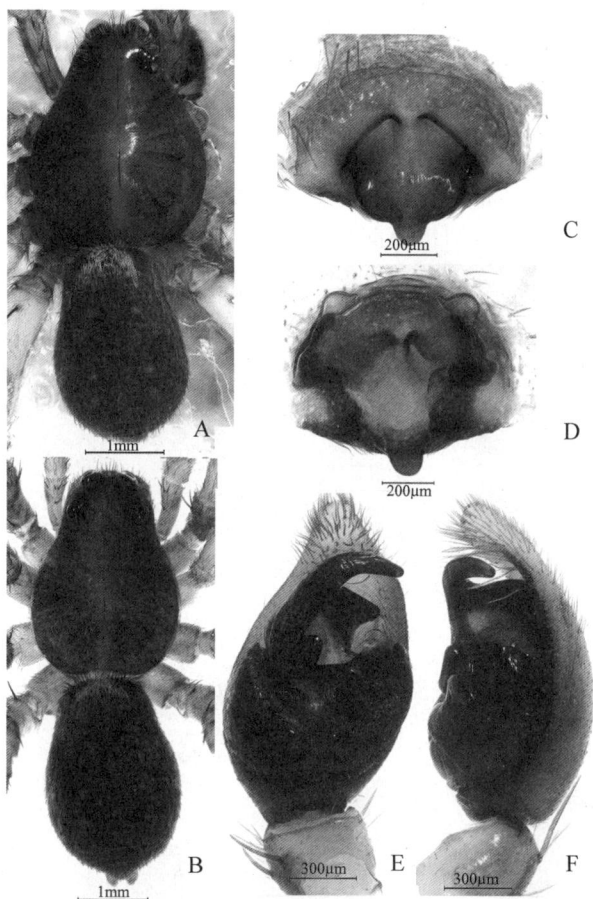

图 9-7　武夷豹蛛 *Pardosa wuyiensis* Yu & Song，1988
A. 雄蛛，背面观；B. 雌蛛，背面观；C. 外雌器，腹面观；D. 外雌器，背面观；
E. 雄蛛左触肢器，腹面观；F. 雄蛛左触肢器，外侧面观

9.4　小水狼蛛属 *Piratula* Roewer，1960

鉴别特征：小到中型蜘蛛。背甲具 1 条浅色纵带，其上有"V"形纹。8 眼呈 4-2-2 排列。螯肢强壮，前齿堤 3 齿，后齿堤 2～3 齿。腹部背面前方有一浅色矛形心脏斑。后纺器长于前纺器。雄蛛触肢器中突呈"C"形，且明显大于亚盾板；中突上臂具 1～2 齿突。雌蛛外雌器无骨化中隔，纳精囊横向排列。

模式种：*Pirata hygrophilus* Thorell，1872

分布：全世界已知 26 种，分布于全北区。中国记录 11 种。本书记述天目山 2 种。

小水狼蛛属分种检索表

1. 外雌器每侧具 2 个纳精囊 ·· 类小水狼蛛 *Piratula piratoides*
　外雌器每侧具 3 个纳精囊·· 前凹小水狼蛛 *Piratula procurvus*

9.4.1　类小水狼蛛 *Piratula piratoides*（Bösenberg & Strand，1906）（图 9-8 和图版 9-8）

雌蛛体长 4.00～6.00mm。背甲、正中斑黄褐色，"V"形纹及两侧纵带均呈深褐色，较明显。8 眼 3 列，第 1 眼列 4 眼等距、等大，前眼列短于中眼列。胸板淡黄色，边缘颜色较深。螯

肢、颚叶、下唇皆呈淡褐色,前齿堤2齿,后齿堤3齿。步足淡黄色,有不清晰的淡色环纹。腹部背面基色变异大,部分个体为黄褐色,部分灰褐色。心脏斑明显,矛形,且其两侧及后方的银色圆点斑变异也大。腹部腹面黄褐色,无斑纹。外雌器(见图9-8C、D)赤褐色,后缘两叶向生殖沟凸出较多,每叶腹侧下方并列2个纳精囊,内侧者小,近圆形;外侧者椭圆形,两囊之上为1对半月形的深色结构;2个纳精囊后缘几乎在同一水平线上;背纳精囊向前方伸展,稍偏向外侧方,支持骨片细长,末端超过背纳精囊前缘。

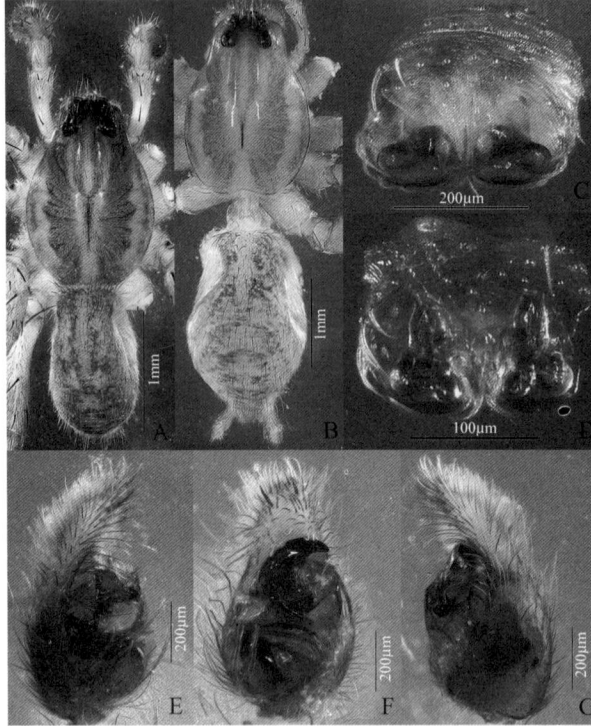

图9-8 类小水狼蛛 *Piratula piratoides*(Bösenberg & Strand,1906)

A. 雄蛛,背面观;B. 雌蛛,背面观;C. 雌蛛外雌器,腹面观;D. 雌蛛外雌器,背面观;
E. 雄蛛左触肢器,内侧面观;F. 雄蛛左触肢器,腹面观;G. 雄蛛左触肢器,外侧面观

检视标本:2♀2♂,浙江临安天目山一里亭,2013-6-30,查珊洁采。

分布:浙江、安徽、广东、广西、福建、云南、江西、江苏、湖南、湖北、四川、贵州、陕西、山西、河南、河北、甘肃、山东、吉林、黑龙江。

9.4.2 前凹小水狼蛛 *Piratula procurvus*(Bösenberg & Strand,1906)(图9-9和图版9-9)

雌蛛体长约4.10mm。体被褐色短毛,头部两侧垂直。背甲正中斑黄褐色,"V"形斑较明显,侧纵带较宽,放射沟较明显;侧斑宽,黄褐色,无深色斑纹;背甲侧缘黄褐色。8眼3列,第1眼列4眼等距、等大,且前眼列短于中眼列。螯肢黄褐色,前面具褐色纵纹,前、后齿堤各3齿。胸板黄色,边缘颜色较深。步足黄色,具较模糊的环纹。腹部背面褐色,心脏斑黄褐色。外雌器(见图9-9B、C)外面观可见生殖板每叶包括3个纳精囊,后部外侧纳精囊和前部纳精囊大,且前部纳精囊内侧有一指向中央的近似三角形的深色结构,其端部尖;内面观后部外侧纳精囊与内侧纳精囊基本平行排列,前部纳精囊较长。

检视标本:3♀,浙江临安天目山古道方向,2013-6-28,查珊洁采;2♀,浙江临安天目山一里亭,2013-6-30,查珊洁采;2♀,浙江临安天目山千亩田,2013-7-1,张付滨采;1♀,浙江临安天目山千亩田，2013-7-2，付丽娜采。

　　分布：浙江、安徽、广东、广西、福建、江西、湖南、湖北、贵州、陕西、北京、山东。

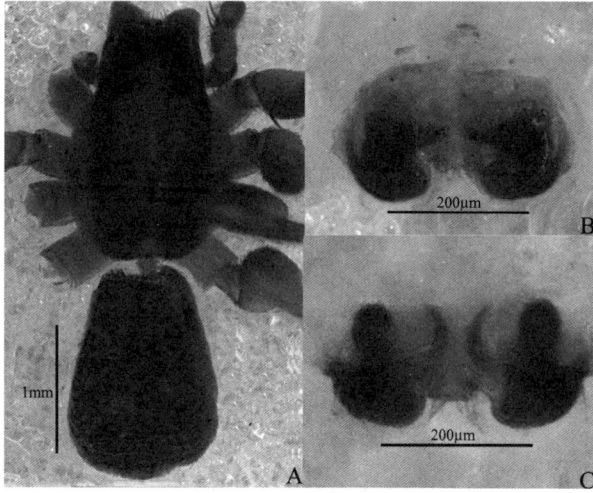

图 9-9　前凹小水狼蛛 *Piratula procurvus*（Bösenberg & Strand，1906）

A. 雌蛛，背面观；B. 雌蛛外雌器，腹面观；C. 雌蛛外雌器，背面观

10 盗蛛科 Pisauridae Simon，1890

鉴别特征：中到大型蜘蛛(体长 8.00～30.00mm)。背甲深色，长大于宽，常有 2 条侧纵带，且被白毛。8 眼呈 2 列(4-4)或为 3 列(4-2-2)。螯肢粗壮，有侧结节和毛丛，齿堤具齿。下唇长大于宽。步足长，逐渐尖细。各步足的腿节、膝节、胫节和后跗节上有毛，转节有深缺刻，3 爪。腹部较长，长卵圆形，向后趋窄，具羽状毛；背部有侧带或其他形状斑纹。雄蛛触肢胫节通常具突起；跗舟端部延长，生殖球卵圆形，有中突；插入器自短且简单到长且弯曲各异。雌蛛外雌器有 2 个褶，形成 2 个侧隆起和 1 个中区。

生物学：游猎型蜘蛛，雌蛛以螯肢和触肢将卵袋携带在胸板的下方，待幼蛛孵出后，再将其放到一张网上。部分种类生活在水池边，能在水面上行走。

模式属：*Pisaura* Simon，1885

分布：全世界已知 47 属 335 种。中国记录 10 属 38 种。本书记述天目山 2 属 5 种。

盗蛛科分属检索表

1. 中眼域宽大于长 ·· 狡蛛属 *Dolomedes*
   中眼域长大于宽 ·· 盗蛛属 *Pisaura*

10.1 狡蛛属 *Dolomedes* Latreille，1804

鉴别特征：中到大型蜘蛛。背甲浅黄褐色至红褐色，具相似的浅色侧纵带。前眼列平直或微凹，后眼列较小。螯肢粗壮，前齿堤 3 齿，后齿堤 4 齿。各步足胫节腹面具 3～4 对粗刺；后跗节和跗节背面具听毛，腹面具毛丛；跗节 3 爪。外雌器前缘具 1 对深色的肌斑，连接管较短，纳精囊基部小。雄蛛触肢胫节具一后侧突，远端多分叉；中突内侧具一马鞍状结构，盾板顶突大；插入器位于生殖球远端，引导器膜质。

模式种：*Araneus fimbriatus* Clerck，1757

分布：全世界已知 98 种。中国记录 17 种。本书记述天目山 3 种。

狡蛛属分种检索表

1. 外雌器中域内的深色区几乎占满中域 ·· 梨形狡蛛 *Dolomedes chinesus*
   外雌器中域内的深色区未占满中域 ··· 2
2. 外雌器中域后缘舌形，纳精囊茎部细长；触肢器跗舟基部的突起不明显 ···
   ·· 黑斑狡蛛 *Dolomedes nigrimaculatus*
   外雌器非上述，触肢器跗舟基部的突起明显呈弯钩状 ·························· 赤条狡蛛 *Dolomedes saganus*

10.1.1 梨形狡蛛 *Dolomedes chinesus* Chamberlin，1924(浙江新记录种)(图 10-1 和图版 10-1)

雌蛛体长 14.48～15.03mm。背甲红褐色，头部及两侧具褐色浅纹。中窝红褐色，纵向，前方具 1 对褐色三角形斑。额灰褐色。8 眼 3 列，第 1 眼列较其他眼列宽。螯肢上有 1 条黑色沟纹，自基部延伸向前，前齿堤 2 齿，后齿堤 4 齿。颚叶黄色，下唇淡黑色，胸板黄色。步足赤褐色，具黑刺。腹部背面中央深褐色，散布浅红褐色小斑，两侧深褐色，具许多浅黄褐色线纹；腹部腹面色泽渐淡而呈黄色或淡褐色，生殖沟后方有一长方形中央黑斑。外面观外雌器(见图 10-1B、C)其中央板似梨形，故名；纳精囊亚球形，交配管粗短，呈"6"字形弯曲。

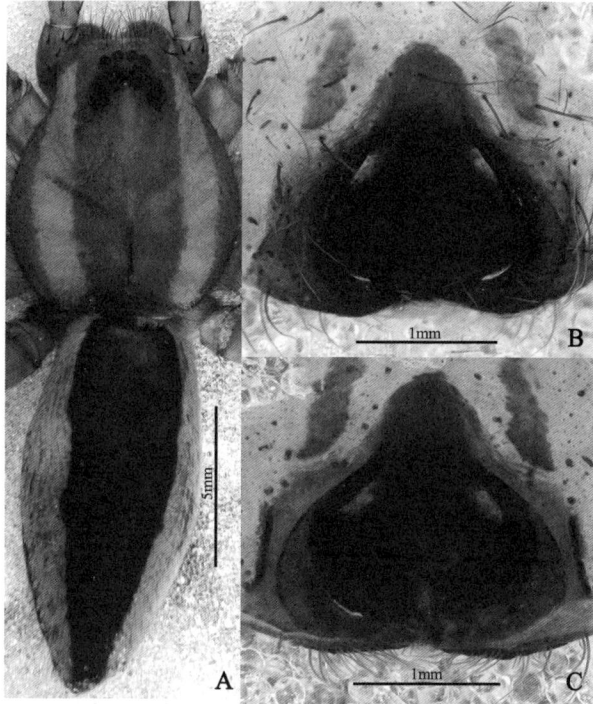

图 10-1　梨形狡蛛 *Dolomedes chinesus* Chamberlin，1924
A. 雌蛛，背面观；B. 外雌器，腹面观；C. 外雌器，背面观

检视标本：2♀，浙江临安天目山禅源寺，2011-7-31，金池、杨洁采；4♀，浙江临安天目山古道方向，2013-6-28，查珊洁、付丽娜采。

分布：浙江、广东、江苏、湖南、湖北、贵州、陕西。

10.1.2　黑斑狡蛛 *Dolomedes nigrimaculatus* Song & Chen，1991（图 10-2 和图版 10-2）

雌蛛体长 18.18～26.55mm。背甲红褐色，额及背甲边缘黑褐色，散布褐色短细毛；中窝细长纵向；颈沟明显；放射沟细，隐约可见。眼域周围具白色刚毛。前眼列后曲，后眼列强烈后曲；前、后侧眼距离远，各眼基部均有黑褐色环。胸板心形。螯肢黑褐色，前齿堤 3 齿，后齿堤 1 齿。胸板、颚叶、下唇皆褐色。触肢、步足皆深褐色，无环纹。腹部倒锥形，腹部背面褐色或深褐色，前端两侧各具一大的黑色斑块；腹部腹面正中灰褐色，两侧颜色稍浅。外雌器生殖腔桃形，中央区细颈瓶状；纳精囊球形，后位；交配管较粗，直径均匀，纵向卷曲 2 圈。

雄蛛体长 12.15～15.53mm。体色及斑纹等近似于雌蛛。触肢器（见图 10-2B～D）细长，胫节有一腹侧隆起，后侧近远端 1/6 处有一分叉的突起，背侧分叉长于腹侧，胫节腹面内尚有毛簇。生殖球长椭圆形；中突细长，呈弯钩状；插入器远端弯曲，呈圆弧形，不超越腔窝，末端藏纳于引导器的膜质部分；引导器的边缘角质化。

检视标本：1♀，浙江临安天目山，2011-7-25，杨洁采；1♀5♂，浙江临安天目山古道方向，2013-6-28，张付滨、付丽娜采。

分布：浙江、河北、湖南、贵州。

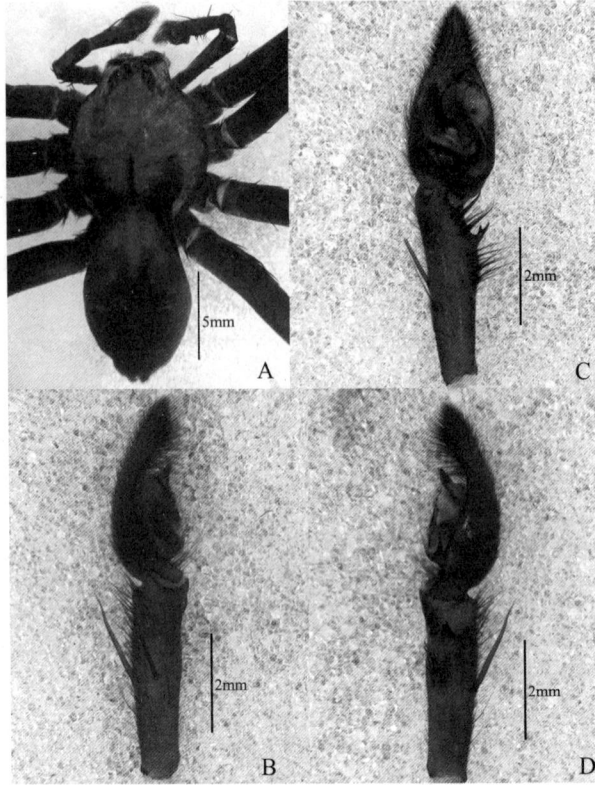

图 10-2　黑斑狡蛛 *Dolomedes nigrimaculatus* Song & Chen, 1991

A. 雄蛛, 背面观; B. 雄蛛左触肢器, 内侧面观;

C. 雄蛛左触肢器, 腹面观; D. 雄蛛左触肢器, 外侧面观

10.1.3　赤条狡蛛 *Dolomedes saganus* Bösenberg & Strand, 1906(图 10-3 和图版 10-3)

雌蛛体长 11.05~16.43mm。背甲红褐色, 密被褐色短绒毛, 眼域内及周围具数根长刚毛, 后中眼后方具一褐色椭圆形斑。前眼列近平直, 后眼列强烈后凹, 后眼列宽于前眼列。触肢红褐色。螯肢深红褐色, 前齿堤 3 齿, 后齿堤 4 齿。颚叶红褐色, 末端最宽。下唇宽大于长, 深红褐色, 末端浅黄色。胸板宽大于长, 中央浅黄褐色, 边缘灰褐色, 具垂直的长刚毛。步足红褐色, 多刺。腹部背面深褐色, 心脏斑褐色, 两侧为浅褐色纵带; 腹部腹面中部褐色, 两侧深褐色。外雌器(见图 10-3C、D)中域的后方具一三角形的骨化板, 部分个体该骨化板较小; 纳精囊头部小, 茎部长且盘绕。

雄蛛体长 8.88~13.24mm。体色及斑纹等近似于雌蛛。触肢胫节突起分两叉, 其内侧具一丛刚毛; 触肢器(见图 10-3E~G)的插入器呈鞭状, 跗舟基部突起明显。

检视标本: 26♀18♂, 浙江临安天目山古道方向, 2013-6-28, 查珊洁、付丽娜、张付滨采。

分布: 浙江、江苏、台湾、山东、四川、重庆、贵州、湖南、湖北。

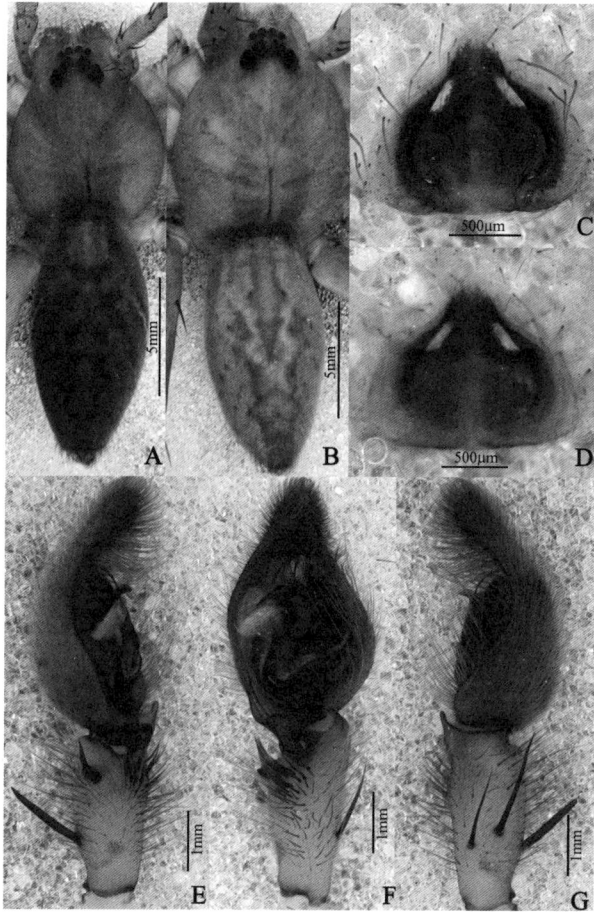

图 10-3　赤条狡蛛 *Dolomedes saganus* Bösenberg & Strand，1906
A. 雌蛛，背面观；B. 雄蛛，背面观；C. 雌蛛外雌器，腹面观；D. 雌蛛外雌器，背面观；
E. 雄蛛左触肢器，内侧面观；F. 雄蛛左触肢器，腹面观；G. 雄蛛左触肢器，外侧面观

10.2　盗蛛属 *Pisaura* Simon，1885

鉴别特征：8 眼 2 列，前眼列平直或微后凹；后眼列强烈后凹，后列各眼大于前列各眼；中眼域梯形，前边小于后边。螯肢粗壮，通常前、后齿堤均具 3 齿。下唇宽大于长。步足爪基部具肉趾。腹部卵圆形，背面中央有浅色纵带。雄蛛触肢胫节具一侧突，分叉或不分叉；插入器位于生殖球的顶端，细长；具中突；引导器宽大。外雌器插入孔位于前缘，中域强烈骨化；纳精囊具头部、茎部和基部，后位；交配管细长且盘绕。

模式种：*Araneus mirabilis* Clerck，1757

分布：全世界已知 13 种。中国记录 5 种。本书记述天目山 2 种。

盗蛛属分种检索表

1. 雌蛛外雌器的中隔锚形；雄蛛触肢的胫节突起短，不足顶突的 1/2 ·················· **锚盗蛛** *Pisaura ancora*
   雌蛛外雌器的中隔近似倒"T"形；雄蛛触肢的胫节突起长，超过顶突的 1/2 ·············· **驼盗蛛** *Pisaura lama*

10.2.1　锚盗蛛 *Pisaura ancora* Paik，1969(图 10-4 和图版 10-4)

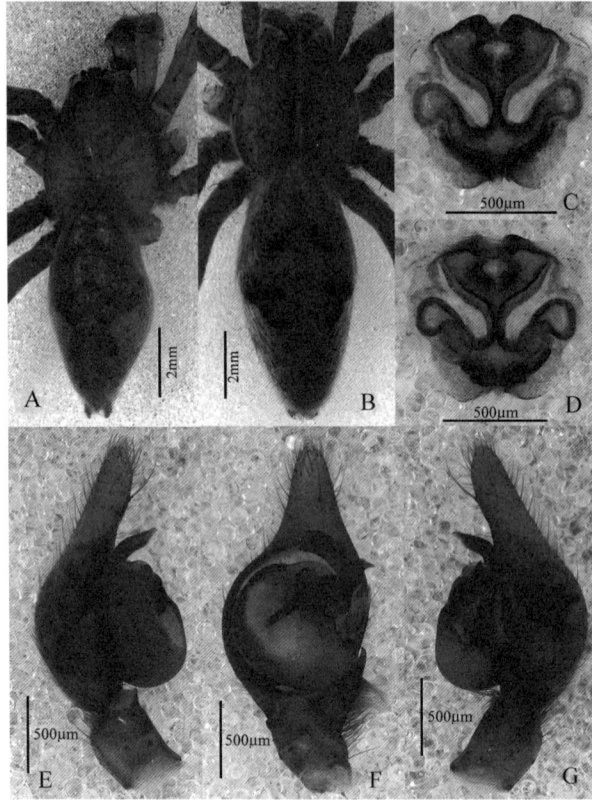

图 10-4　锚盗蛛 *Pisaura ancora* Paik，1969

A. 雄蛛，背面观；B. 雌蛛，背面观；C. 雌蛛外雌器，腹面观；D. 雌蛛外雌器，背面观；
E. 雄蛛左触肢器，内侧面观；F. 雄蛛左触肢器，腹面观；G. 雄蛛左触肢器，外侧面观

雌蛛体长 9.50~11.43mm。背甲红褐色，额及眼域的颜色较深。前眼列近平直，后眼列强烈后凹，后眼列宽于前眼列。螯肢橙黄色，前面具稀疏的刚毛。前齿堤 3 齿，中齿最大；后齿堤 3 齿，近等大。颚叶黄色。下唇宽大于长，红褐色，末端色浅。胸板宽大于长，红褐色，中央具黄色纵斑，侧缘密被白色细毛。步足背面红褐色，腹面深褐色，多刺。腹部背面深褐色，散布黄褐色小斑点，中央具黄褐色叶状斑，两侧缘亦为黄褐色；腹部腹面浅褐色。外雌器(见图 10-4C、D)呈锚形，部分个体其顶端较宽；连接管较宽；纳精囊的基部明显大于头部。

雄蛛体长约 8.52mm。体色及斑纹等与雌蛛近似。触肢胫节突起的基部较粗，末端尖细；触肢器(见图 10-4E~G)顶突中部具一大的凹陷，中突膜质。

检视标本：1♀，浙江临安清凉峰顺溪村小溪旁，2012-5-15，金池、高志忠采；1♀1♂，浙江临安清凉峰顺溪村顺溪坞直源，2012-5-16，金池、高志忠采；1♀，浙江临安清凉峰顺溪村顺溪坞桥，2012-5-17，金池、高志忠采。

分布：浙江、四川、陕西、山西、河北、西藏、甘肃、湖南、山东、宁夏、河南、北京、内蒙古、吉林、湖北、贵州。

10.2.2　驼盗蛛 *Pisaura lama* Bösenberg & Strand，1906(图 10-5 和图版 10-5)

雌蛛体长 8.10~11.00mm。头部较低。背甲褐色。中窝两侧密生黑褐色毛，放射沟暗褐色，正中有白色条纹。步足褐色，腹面黑色。胸板宽大于长，黑褐色，中央有黄色纵纹。固定标

本与锚盗蛛极为相似,在活体时头胸部色泽较淡。与锚盗蛛的区别在于:腹部背面的斑纹不同;外雌器(见图 10-5C、D)形态差异明显,本种锚形外雌器的两侧支的末端并不强烈弯曲。

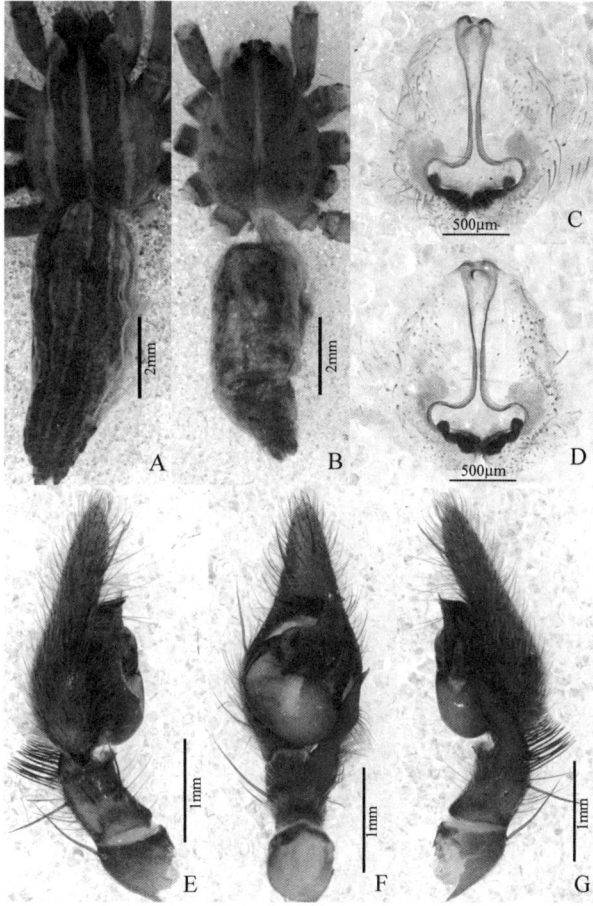

图 10-5　驼盗蛛 *Pisaura lama* Bösenberg & Strand, 1906
A. 雌蛛,背面观;B. 雄蛛,背面观;C. 雌蛛外雌器,腹面观;D. 雌蛛外雌器,背面观;
E. 雄蛛左触肢器,内侧面观;F. 雄蛛左触肢器,腹面观;G. 雄蛛左触肢器,外侧面观

雄蛛体长 5.80～8.40mm。体色较深,腹部背面中央的浅色纵带较宽。触肢胫节突起较长,末端呈指状;触肢器(见图 10-5E～G)顶突末端呈鹰嘴状。

检视标本:1♀,浙江临安天目大峡谷,2011-8-2,金池采;1 ♂,浙江临安清凉峰,2011-10-21,邹帆采;1♀5 ♂,浙江临安清凉峰顺溪坞直源,2012-5-16,金池、高志忠采。

分布:浙江、河北、四川、重庆、陕西、吉林、西藏。

11　猫蛛科 Oxyopidae Thorell，1870

　　鉴别特征：小到大型蜘蛛(体长 5.00～23.00mm)。体色多样,头胸部黄色、黄褐色或黑色,有深色纵向条纹。体被羽状毛和细的黑、白毛。背甲近似梨形或卵圆形,长大于宽。头区窄且隆起。额高非常长,是前中眼的数倍长。前眼列强后凹,后眼列强前凹,形成 2-2-2-2 排列,前中眼最小。螯肢长,具侧结节;螯爪短,齿堤沟不明显,一般具 1 齿或无齿。颚叶和下唇长。步足长,具有长条黑纹和明显的长刺;第Ⅳ步足的转节具缺刻;3 爪,无毛丛。腹部长条形,后端尖细;或腹部卵圆形,多数种类背面有条状斑。纺器一般短,乳突状,具颜色。舌状体小,无筛器和栉器。雄蛛触肢器胫节突形态各异,引导器结构多样,插入器多被引导器包裹。雌蛛外雌器外面通常骨化,各属形态不同。

　　生物学：本科蜘蛛主要生活在植株上,能跳起捕食飞行的昆虫。雌蛛将卵袋固定在树枝或树叶上。

　　模式属：*Oxyopes* Latreille，1804

　　分布：全世界已知 9 属 455 种。中国记录 4 属 41 种。本书记述天目山 1 属 4 种。

11.1　猫蛛属 *Oxyopes* Latreille，1804

　　鉴别特征：中型蜘蛛。背甲高,胸区呈斜坡形,额面垂直。后眼列强前凹,各眼的间距几乎相等,后眼列大小几乎相等。螯肢前齿堤 1～2 齿,后齿堤 1 齿。步足细长,各节均具数根黑色长刺,各步足腿节常具黑色条状斑。腹部后端尖细,较其他属明显。雌蛛外雌器交配腔大,中、后位;外雌器的后缘角质增厚。部分触肢器胫节突的形状因种各异。

　　模式种：*Aranea heterophthalma* Latreille，1804

　　分布：全世界已知 303 种,多分布于古北区。中国记录 33 种。本书记述天目山 4 种。

猫蛛属分种检索表

　　11.1.1　双鸭猫蛛 *Oxyopes bianatinus* Xie & Kim，1996(浙江新记录种)(图 11-1 和图版 11-1)

　　雌蛛体长 6.20～7.80mm。背甲浅黄色。前侧眼、后中眼和后侧眼排列成六角形,各眼基部围有黑斑,中纵带与侧纵带均为浅褐色。螯肢黄褐色,前齿堤 2 齿,后齿堤 1 齿。胸板、颚叶、下唇皆淡黄色。步足多刺,腿节腹面均有黑褐色纵带。腹部背面褐色,心脏斑舟形,橘黄色;腹部腹面黄褐色,中央纵带褐色。纳精囊梨形,交配管扭曲成"S"形。

　　雄蛛体长 6.30～7.50mm。体色及斑纹等近似于雌蛛。

　　检视标本：2♀2♂,浙江临安天目山禅源寺,201-7-31,金池、杨洁采。

　　分布：浙江、贵州、湖南、福建、广东。

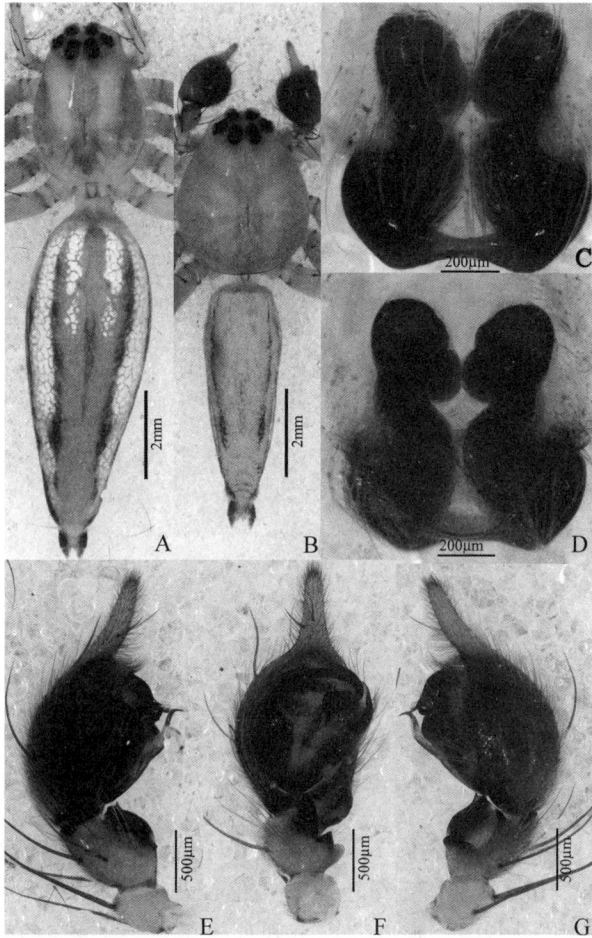

图 11-1　双鸭猫蛛 *Oxyopes bianatinus* Xie & Kim，1996

A. 雌蛛，背面观；B. 雄蛛，背面观；C. 雌蛛外雌器，腹面观；D. 雌蛛外雌器，背面观；
E. 雄蛛左触肢器，内侧面观；F. 雄蛛左触肢器，腹面观；G. 雄蛛左触肢器，外侧面观

11.1.2　霍氏猫蛛 *Oxyopes hotingchiehi* Schenkel，1963（图 11-2 和图版 11-2）

雌蛛体长 8.40～9.02mm。背甲橙红色，无明显斑纹。中窝为一红色细凹陷，放射沟隐约可见。8 眼，第 2 列眼最大，第 3、4 列眼稍小，第 1 列眼最小。胸板近乎圆形，有褐色长毛。螯肢前齿堤 1 大齿和 1 小齿，后齿堤 1 小齿。步足腿节的腹面有 2 条平行的细纹。腹部背面有金黄色和黑褐色毛，两侧有黑纹，从黑纹向外前方伸出黑、白斜纹，分出后并与黑纹相平行。外雌器（见图 11-2B、C）后缘有一红橙色弧形突出，似下唇状，突起的前方内侧各有 1 个黑褐色的三角突，角尖指向体中部。

检视标本：2♀，浙江天目山，2011-7-25，金池、杨洁采；6♀，浙江临安天目山古道方向，2013-6-28，查珊洁、付丽娜、张付滨采。

分布：浙江、湖南、福建、云南、湖北、新疆、贵州。

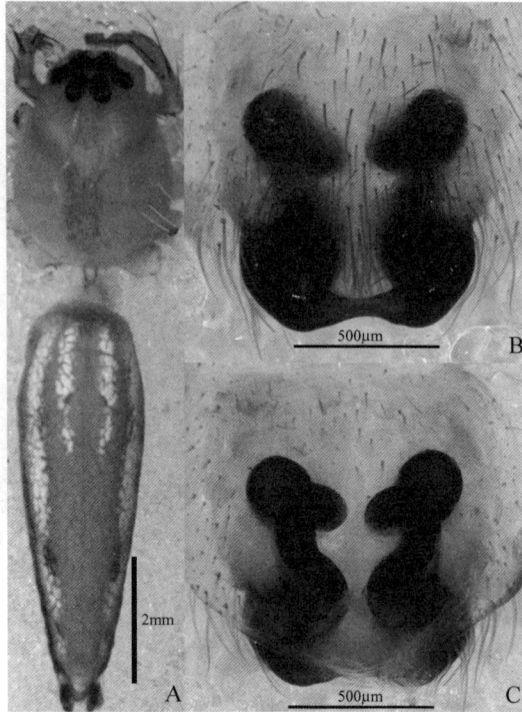

图 11-2　霍氏猫蛛 *Oxyopes hotingchiehi* Schenkel，1963
A. 雌蛛，背面观；B. 雌蛛外雌器，腹面观；C. 雌蛛外雌器，背面观

11.1.3　斜纹猫蛛 *Oxyopes sertatus* L. Koch，1877（浙江新记录种）（图 11-3 和图版 11-3）

雌蛛体长 7.80～8.23mm。全体黄绿色或黄褐色。背甲长大于宽，头区隆起，前缘垂直。前眼列极度后凹，后眼列强烈前凹。眼域有白毛和数根黑色长毛向前方生出。背甲中央有 2 条黑纵纹，放射沟有 3 对褐色斜纹，颈沟明显。中窝纵向。额高且直，从前中眼延伸至螯肢背面有 1 对褐色纵向斑纹。螯肢前齿堤 2 齿，后齿堤 1 齿。颚叶细长，褐色。下唇黑色，长大于宽。胸板心形，黄褐色，疏生黄、白色细毛。步足长，多刺，黄褐色，各腿节腹面有 1 条黑纹。腹部长椭圆形，后端尖；心脏斑梭形，后部中央有红棕色或黄褐色纵斑。腹面中央有宽的黑褐色纵斑。外雌器（见图 11-3C、D)的外雌器后缘角质化部分中间呈三角形，透过表皮隐约可见 1 对纳精囊。交配管弯曲呈"豆芽"状。

雄蛛体长约 6.30mm。背甲黄褐色，中纵带及侧纵带褐色，中窝赤褐色。腹部背面黄褐色；心脏斑赤褐色，菱形；腹部侧面赤褐色，有 3～4 对黄白色斜行条纹。触肢器（见图 11-3E～G)胫节突呈现出 2 个分离的大齿，外侧突长且大，侧面具有几条横行的隆起，内侧突顶端有一向内弯曲的大齿突。

检视标本：1♂，浙江天目山，2011-7-25，金池、杨洁采；2♀1♂，浙江临安天目山一里亭，2013-6-30，查珊洁采。

分布：浙江、台湾、江苏、四川。

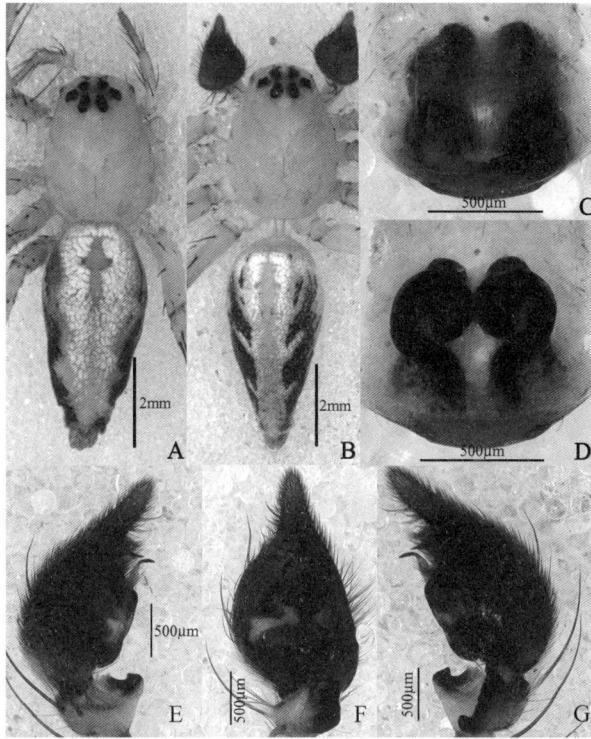

图 11-3 斜纹猫蛛 *Oxyopes sertatus* L. Koch，1877

A. 雌蛛，背面观；B. 雄蛛，背面观；C. 雌蛛外雌器，腹面观；D. 雌蛛外雌器，背面观；

E. 雄蛛左触肢器，内侧面观；F. 雄蛛左触肢器，腹面观；G. 雄蛛左触肢器，外侧面观

11.1.4 条纹猫蛛 *Oxyopes striagatus* Song，1991（图 11-4 和图版 11-4）

雌蛛体长约 7.90mm。背甲淡褐色，中纵带及侧纵带褐色。中窝明显，纵向。前侧眼、后中眼和后侧眼排列成六角形，各眼基部围绕有黑斑，中纵带与侧纵带均为褐色。胸板心形，黄褐色，被有粗毛。螯肢赤褐色，前齿堤 2 齿，后齿堤 1 齿。颚叶、下唇赤褐色。步足赤褐色，腿节腹面有 1 条深褐色细长条纹。腹部背面淡褐色，两侧为较宽的深褐色纵带，带上有黑细纹；腹部侧面各有 1 条白色纵带；腹部腹面正中央有 1 条灰白色宽纵带。外雌器（见图 11-4C、D）后缘角质化中间部分呈圆筒形，其后侧为 1 对开孔；内骨片 1 对，呈弧形，远端与基部分离的幅度都较宽，纳精囊、交配管呈圆弧形。

检视标本：1♀，浙江天目山，2011-7-25，金池、杨洁采；8♂，浙江临安天目山千亩田，2013-7-2，付丽娜采。

分布：浙江、安徽、贵州、重庆。

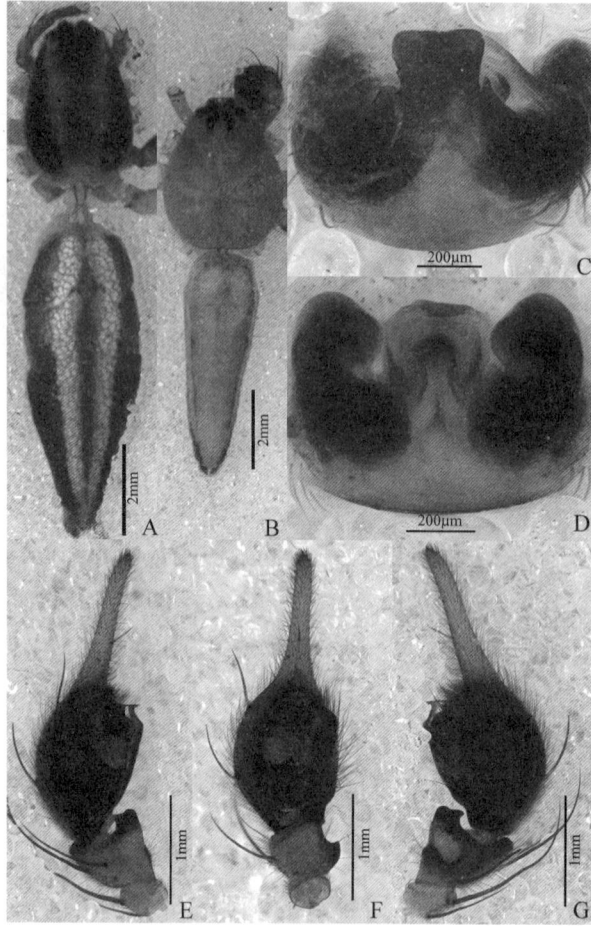

图 11-4　条纹猫蛛 *Oxyopes striagatus* Song，1991

A. 雌蛛，背面观；B. 雄蛛，背面观；C. 雌蛛外雌器，腹面观；D. 雌蛛外雌器，背面观；

E. 雄蛛左触肢器，内侧面观；F. 雄蛛左触肢器，腹面观；G. 雄蛛左触肢器，外侧面观

12 栉足蛛科 Ctenidae Keyserling，1877

鉴别特征：中到大型蜘蛛（体长 5.00～40.00mm）。无筛器。体色为褐色或黄褐色。背甲卵圆形，稍隆起。8 眼，前、后眼列均强烈后凹形成 3 列或 4 列眼。螯肢粗壮，前、后齿堤均有齿。两颚叶向内稍汇合，端部横截。下唇被稠密的长毛。步足粗壮；3 爪，具刺和毛丛；转节具缺刻；步足胫节腹面具多对刺。腹部卵圆形，长大于宽；腹部背面具明显斑点，部分种类腹部中央具带纹。外雌器具宽阔的中隔。雄蛛触肢器具胫节突，中突一般呈杯状。

模式属：*Ctenus* Walckenaer，1805

分布：全世界已知 41 属 503 种。中国记录 4 属 10 种。本书记述天目山 1 属 1 种。

12.1 安蛛属 *Anahita* Karsch，1879

鉴别特征：中型蜘蛛（体长 6.00～12.00mm）。体色为褐色或黄褐色。背甲卵圆形。背甲和腹部具有纵向的中央淡色带。8 眼 3 列。触肢器胫节无突起，生殖球无中突。外雌器具有中隔和 1 对横向排列的小齿，并具有透明区域。

模式种：*Anahita fauna* Karsch，1879

分布：全世界已知 29 种。中国记录 6 种。本书记述天目山 1 种。

12.1.1 近似阿纳蛛 *Anahita jinsi* Jaeger，2012（浙江新记录种）（图 12-1 和图版 12-1）

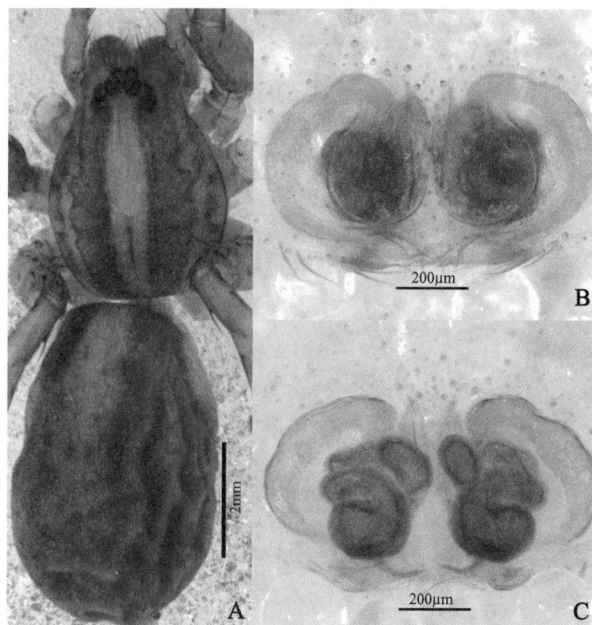

图 12-1 近似阿纳蛛 *Anahita jinsi* Jaeger，2012
A. 雌蛛，背面观；B. 雌蛛外雌器，腹面观；C. 雌蛛外雌器，背面观

雌蛛体长约 6.80mm。背甲浅黄褐色，两侧为大型褐色纵斑，边缘有黑褐色纹。中窝明显，棕色，纵向。颈沟、放射沟不十分明显。前后眼列均强烈后凹，各眼基部均有黑褐色环；前侧眼远较前中眼小，位于后中眼的外侧；后侧眼与后中眼的大小相仿。胸板黄色，心形，密被黄色短毛。螯肢有侧结节，前齿堤 3 齿，中齿最大，近牙端的第 1 齿极小；后齿堤近牙端有 3 个大

齿。颚叶、下唇淡褐色。步足黄色,有灰色斑点。腹部长筒形,背面中央黄白色,有2条波状黑褐色纵纹;腹部腹面土黄色,散生灰黑色斑点。外雌器(见图 12-1B、C)浅褐色,腹面观可见弧形弯曲的交配管,纳精囊球形,交配管后端扭曲复杂。

检视标本:1♀,浙江临安天目山管理局,2014-6-12,查珊洁采。

分布:浙江、四川。

13　漏斗蛛科 Agelenidae C. L. Koch，1837

鉴别特征：中型蜘蛛，筛器有或无。体表被有羽状毛。背甲呈卵圆形，头区隆起，较胸区窄。8 眼 2 列，各眼几乎等大。中窝纵向。螯肢侧结节明显，前堤齿、后堤齿均有齿。额下具 2 个唇形小片。下唇长等于宽。颚叶长于宽。胸板心形。步足细长，听毛多，转节均无缺刻。腹部卵圆形，背部具明显的斑纹。2 书肺，2 气孔接近纺器。纺器 3 对，后纺器细长，分 2 节，末节向端部变细(本科的一个重要外部鉴别特征)。雄蛛触肢的胫节和膝节常具有各种突起，无背突，跗舟具刺，中突片状。雌蛛外雌器多具一深陷的交配腔，内构因种各异。

生物学：本科蜘蛛于灌木丛、草丛中或被遗弃的洞穴内织漏斗状的网，故得名漏斗蛛。

模式属：*Agelena* Walckenaer，1805

分布：全世界已知 72 属 1188 种。中国记录 26 属 322 种。本书记述天目山 3 属 3 种。

漏斗蛛科分属检索表

1. 两眼列均强烈前凹 ·· 漏斗蛛属 *Agelena*
  两眼列均近于平直 ··· 2
2. 体无羽状毛(南隙蛛属 *Notiocoelotes* 除外)；雄蛛触肢跗舟具后侧沟 ·············· 长隙蛛属 *Longicoelotes*
  体具羽状毛；雄蛛触肢跗舟无后侧沟 ······························· 近隔蛛属 *Aterigena*

13.1　漏斗蛛属 *Agelena* Walckenaer，1805

鉴别特征：中到大型蜘蛛。头胸部较长，头区较窄。中眼域梯形，两眼列均前凹，前中眼与后侧眼几乎呈直线排列，8 眼等大。螯肢粗壮，前齿堤 3 齿，后齿堤 3～4 齿。胸板前圆后尖，插入第 Ⅳ 基节里。后纺器较长，分 2 节，末节较基节长。雄蛛触肢具 1 膝节突和 2 胫节突；插入器粗短；引导器前端呈钩状，末端具多个突起；中突膜状。雌蛛具 1 个大的凹腔，纳精囊具纳精囊突。

模式种：*Agelena labyrinthicus* Clerck，1757

分布：全世界已知 65 种，分布于古北区和非洲等地。中国记录 12 种。本书记述天目山 1 种。

13.1.1　森林漏斗蛛 *Agelena silvatica* Oliger，1983(图 13-1 和图版 13-1)

雄蛛体长 10.30～13.16mm。背甲黄色，眼域隆起，其后方的中线两侧有 2 条黄褐色纵带，其中生有许多细密的短毛。中窝纵向，颈沟和放射沟明显。两眼列均强烈前凹，后眼列宽于前眼列。螯肢褐色，侧结节黄色，前齿堤 3 齿，后齿堤 3 齿。颚叶和下唇深黄色。胸板深黄色。步足黄色，腿节背面、胫节和后跗节具刺。腹部背面黑褐色，中线两侧有 2 条黑色纵带和 5 个灰色的人字形斑纹。纺器黄色，后侧纺器细长，末节长约为基节的 2 倍。触肢(见图 13-1E～G)膝节突 1 个，鞍状；胫节突 2 个，胫节侧突较小；插入器末端尖；引导器顶端具腹突和顶后突，无间突，外侧具背突；中突膜状，顶端较尖。

雌蛛体长 9.38～18.77mm。体色及斑纹近似于雄蛛。外雌器(见图 13-1C、D)陷腔位于外雌器中部至前部的中线上，前端宽于后端，其形状在种内个体间有一定的变化；插入孔位于陷腔内后方两侧；交配管囊状，前端宽阔，向后渐细；纳精囊头位于交配管后方内侧；纳精囊突位于纳精囊球上靠外侧的部位；受精管位于纳精囊的后方内侧。

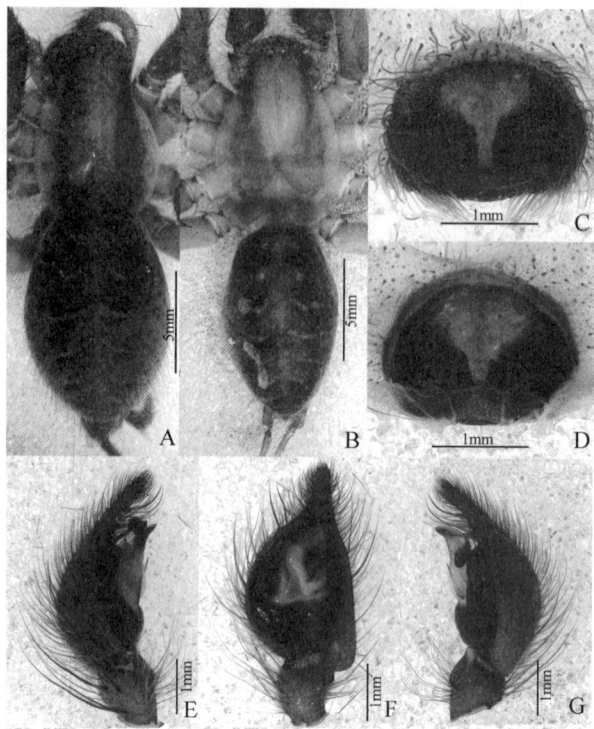

图 13-1　森林漏斗蛛 *Agelena silvatica* Oliger，1983

A. 雌蛛，背面观；B. 雄蛛，背面观；C. 雌蛛外雌器，腹面观；D. 雌蛛外雌器，背面观；

E. 雄蛛左触肢器，内侧面观；F. 雄蛛左触肢器，腹面观；G. 雄蛛左触肢器，外侧面观

检视标本：1♀，浙江临安天目山老殿，2011-7-26，金池、杨洁采；1♀1♂，浙江临安天目山禅源寺，2011-7-27，金池、杨洁采；16♀10♂，浙江天目山老殿至三亩坪，2011-7-28，金池、杨洁采；1♀1♂，浙江临安天目山龙王山，2011-7-29，金池、杨洁采；3♀1♂，浙江临安天目山千亩坪，2011-8-1，金池、杨洁采；3♀1♂，浙江临安天目大峡谷，2011-8-2，金池、杨洁采。

分布：浙江、安徽、江西、上海、河南、湖北、湖南、贵州、四川、重庆、云南、陕西、广西、广东、山东。

13.2　长隙蛛属 *Longicoelotes* Wang，2002

鉴别特征：中到大型蜘蛛。体色褐色至黑褐色。中眼域梯形，长大于宽。螯肢粗壮，前齿堤 3 齿，后齿堤 2 齿。雄蛛触肢膝节突向前强烈延伸；胫节突 2 个；插入器细长；引导器复杂，具背突；中突短小。雌蛛外雌器具一定的形状；无外雌器齿。

模式种：*Longicoelotes karschi* Wang，2002

分布：全世界已知 3 种。中国记录 2 种。本书记述天目山 1 种。

13.2.1　卡氏长隙蛛 *Longicoelotes karschi* Wang，2002（浙江新记录种）（图 13-2 和图版 13-2）

雄蛛体长约 7.70mm。触肢（见图 13-2E～G）膝节突强烈延长，长于胫节；后侧胫节突几乎与胫节等长；侧胫节突与后侧胫节突远离，相对位于背面；跗舟沟短；引导器短且宽，背突分叉，腹突宽；引导器膜片小；引导器具背突；中突退化为一个小的突起，非匙状；插入器发生于基部。

雌蛛额高约为或稍短于前中眼直径的 2 倍。唇形小片分离，延长。螯肢前齿堤 3 齿，后齿

堤 2 齿。下唇宽稍大于长。雌蛛第 I 步足膝节＋胫节的长度长于背甲的长度。外雌器(见图 13-2C、D)无外雌器齿,中间相对抬起,侧缘清楚,在前部分叉;生殖腔小;交配管短,发生和位于纳精囊的侧面;纳精囊头侧面扩展;纳精囊基部宽,稍微分离;纳精囊颈短,彼此靠近。

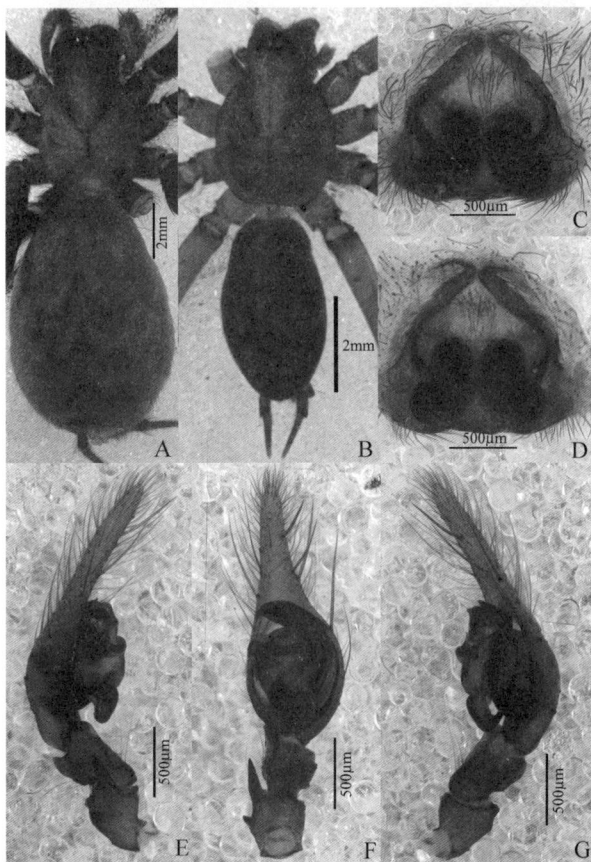

图 13-2　卡氏长隙蛛 *Longicoelotes karschi* Wang,2002

A. 雌蛛,背面观;B. 雄蛛,背面观;C. 雌蛛外雌器,腹面观;D. 雌蛛外雌器,背面观;
E. 雄蛛左触肢器,内侧面观;F. 雄蛛左触肢器,腹面观;G. 雄蛛左触肢器,外侧面观

检视标本:1♀,浙江临安天目山老殿,2011-7-26,金池、杨洁采;2♀,浙江临安清凉峰顺溪坞直源,2012-5-16,金池、高志忠采;1♀1♂,浙江临安清凉峰恶狼谷,2012-5-21,金池、高志忠采。

分布:浙江、江苏、安徽、福建。

13.3　近隅蛛属 *Aterigena* Bolzem,Hanggi & Burckhardt,2010

鉴别特征:中型蜘蛛。头胸部狭长。背面观两眼列近平直,前面观平直或微前凹。前中眼最小,其他各眼等大。螯肢后齿堤近基部齿最大。步足第 III、IV 转节具缺刻;膝节具侧刺;第 IV 跗节具有腹刺。舌状体明显呈梯形或矩形。雄蛛触肢膝节无突起,胫节长于膝节,胫节具多个突起;插入器起始于基部;中突具有膜状的基部,端部具有薄且弯曲的硬片。生殖球的引导器薄片状,侧向折叠,端部尖。雌蛛外雌器一般具侧齿,交配腔不明显,插入孔为小的裂缝;交配管直且短,纳精囊硬化且平滑,受精管微微有些卷曲。

模式种:*Tegenaria ligurica* Simon,1916

分布:全世界已知 5 种。中国记录 1 种。本书记述天目山 1 种。

13.3.1　刺近隅蛛 *Aterigena aculeata*（Wang，1992）（图 13-3 和图版 13-3）

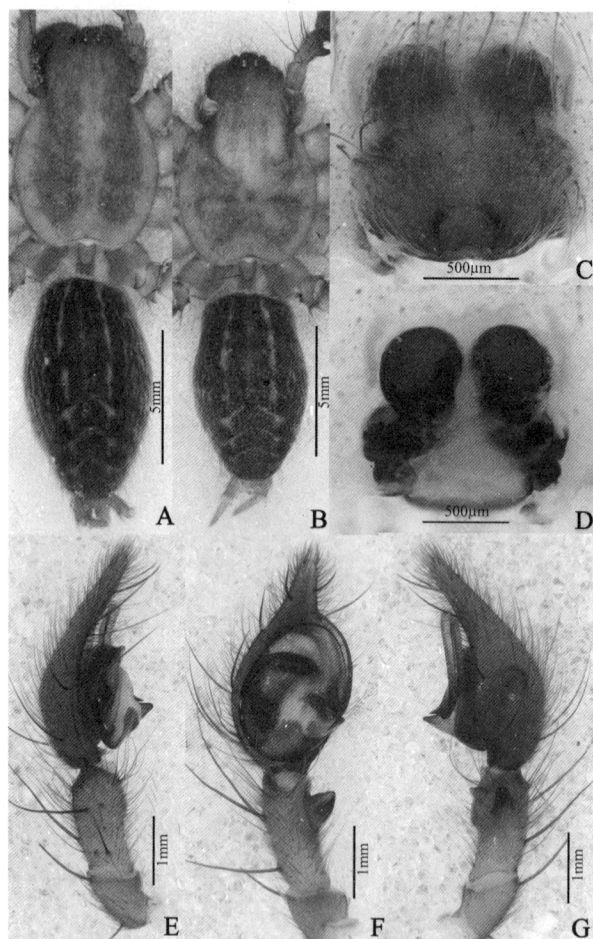

图 13-3　刺近隅蛛 *Aterigena aculeata*（Wang，1992）

A. 雌蛛，背面观；B. 雄蛛，背面观；C. 雌蛛外雌器，腹面观；D. 雌蛛外雌器，背面观；
E. 雄蛛左触肢器，内侧面观；F. 雄蛛左触肢器，腹面观；G. 雄蛛左触肢器，外侧面观

雄蛛体长约 8.77mm。背甲黄色，具黑色羽状毛，头区前端颜色略深。中窝纵向，颈沟和放射沟明显。额下具 2 个唇形小片。螯肢浅黄褐色，侧结节深黄色，前齿堤 4 齿，后齿堤 5 齿。颚叶、下唇、胸板和步足均为黄色。腹部背面前端近浅黑色，中线两侧前端具一对纵向的黄色条斑，其后方具 4 个人字形斑；腹部腹面棕黄色。纺器黄色，后纺器长，末节长约为基节的 1.5 倍。触肢器（见图 13-3E～G）无膝节突；胫节长约为宽的 2 倍，外侧面具 2 个突起；插入器细长，略呈弧形盘绕；引导器呈近侧卧的"T"形，前端具一凹槽；中突位于引导器前端下方，其内侧面具一腔窝。

雌蛛体长约 10.12mm。体色及斑纹近似于雄蛛。外雌器（见图 13-3C、D）无明显的生殖腔，仅在生殖沟前端中线两侧具一对由表皮外突形成的较弱的侧齿，插入孔位于侧齿内侧下方；交配管不明显；纳精囊前端膨大，后端稍盘绕；受精管位于纳精囊后端的后侧，靠近生殖沟。

检视标本：1 ♂，浙江临安天目山老殿至三亩坪，2011-7-28，金池采。

分布：浙江、青海、湖南、广西、贵州、重庆。

14　栅蛛科 Hahniidae Bertkau，1878

鉴别特征：小型蜘蛛(体长 3.00～6.00mm)，无筛器类。背甲梨形，长大于宽，淡褐色至深褐色，边缘黑色。头区窄。8 眼 2 列，几乎等大，一般均稍前凹。螯肢具发声嵴，前、后齿堤均具 2 齿。步足粗短，3 爪，少刚毛。腹部卵圆形，多为灰色，常具 2 排对称排列的斜纹。3 对纺器排成一排，如栅栏状(本科的重要外部鉴别特征)。后纺器长，2 节，位于外侧。舌状体成对或单个。雄蛛触肢胫节有一顶端尖的突起，膝节基部具一钩状突起。雌蛛外雌器简单且平直，交配管常强烈弯曲。

生物学：本科蜘蛛在近土表结纤细的平网。

模式属：*Hahnia* C. L. Koch，1841

分布：全世界已知 28 属 249 种。中国记录 3 属 25 种。本书记述天目山 2 属 2 种。

栅蛛科分属检索表

1. 触肢器具中突，外雌器的副纳精囊明显 ·· **栅蛛属 *Hahnia***
   触肢器不具中突，外雌器不具副纳精囊或副纳精囊不明显 ·························· **新安蛛属 *Neoantistea***

14.1　栅蛛属 *Hahnia* C. L. Koch，1841

鉴别特征：两眼列均后凹，前眼列弯曲程度强于后眼列，前中眼最小。螯肢无发声嵴。气管位于纺器和生殖沟中间，稍靠近纺器。雄蛛触肢的膝节和胫节均有突起，突起形状因种类不同而不同。雌蛛外雌器纳精囊球形或马蹄形，交配管多卷曲。

模式种：*Hahnia pusilla* C. L. Koch，1841

分布：全世界已知 92 种。中国记录 22 种。本书记述天目山 1 种。

14.1.1　栓栅蛛 *Hahnia corticicola* Bösenberg & Strand，1906(图 14-1 和图版 14-1)

雌蛛体长 2.00～3.00mm。背甲褐色，胸区边缘黑褐色。颈沟、放射沟明显，黑褐色。腹部卵圆形，灰黑色，具黄色细点和黑褐色短毛，中、后部具山字形斑纹，腹部侧缘黑褐色。螯肢前齿堤 3 齿，后齿堤 4 齿。胸板黄色，周缘黑褐色。步足的前足腿节大部分和后足腿节前半部分黑褐色，其他部分黄褐色，有毛和刺；腹面灰黄色，两侧黑褐色。纺器黄褐色，基部浅黄色。外雌器(见图 14-1C、D)交配孔呈双圆形，内部构造可见，呈圆球形；纳精囊 1 对，交配管开口于胃外沟中央的两侧。

雄蛛体长 2.00～2.55mm。螯肢褐色，前齿堤 3 齿，后齿堤 2 齿。触肢器(见图 14-1E～G)膝节突细长，末端尖且钩曲；胫节突基部粗，后半部细并向外上方弯曲呈针状。

检视标本：1♀1♂，浙江临安天目山千亩坪，2011-7-31，金池、杨洁采；2♀，浙江临安天目山一里亭，2013-6-30，付丽娜采。

分布：浙江、台湾、四川、湖南、湖北、陕西、山西、河南、河北、青海、山东、吉林。

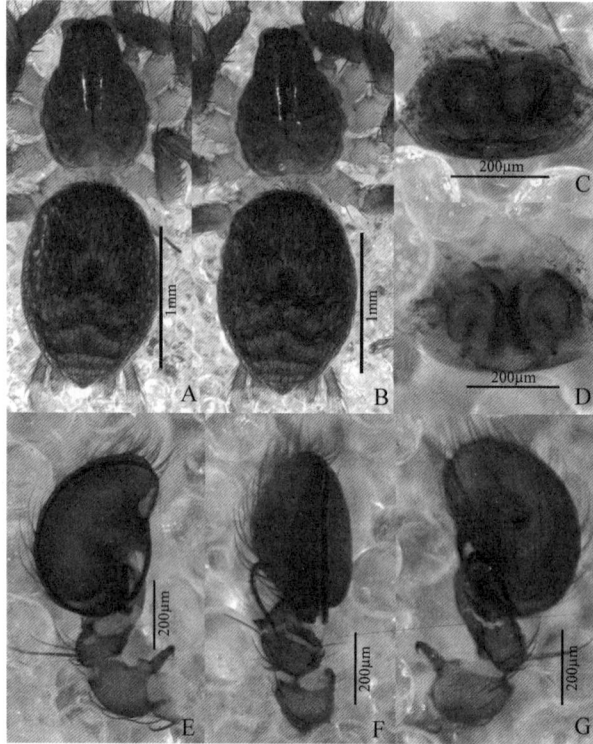

图 14-1　栓栅蛛 Hahnia corticicola Bösenberg & Strand，1906

A. 雌蛛，背面观；B. 雄蛛，背面观；C. 雌蛛外雌器，腹面观；D. 雌蛛外雌器，背面观；

E. 雄蛛左触肢器，腹面观；F. 雄蛛左触肢器，内侧面观；G. 雄蛛左触肢器，外侧面观

14.2　新安蛛属 *Neoantistea* Gertsch，1934

鉴别特征：头胸部隆起，长宽约相等。中眼域梯形，前边窄。螯肢小，侧结节不明显，前齿堤 2～3 齿，后齿堤 1～3 齿。腹部卵圆形，背面前部具 1～2 对肌斑，后部具多个人字形斑。雄蛛触肢器膝节突小且尖；胫节外侧突长且指向外侧，末端尖；插入器起始于后端，沿生殖球盘绕 3/4 圈以上；中突不明显。雌蛛外雌器交配孔位于前端中线附近，相互靠近；交配管短。

模式种：*Hahnia agilis* Keyserling，1887

分布：全世界已知 23 种。中国记录 1 种。本书记述天目山 1 种。

14.2.1　济州新安蛛 *Neoantistea quelpartensis* Paik，1958(浙江新记录种)(图 14-2 和图版 14-2)

雌蛛体长 2.55～3.65mm。背甲褐色，边缘具黑褐色细边。颈沟、放射沟明显，黑褐色。中窝纵向，黑褐色。前中眼暗褐色，其余 6 眼白色。前眼列稍前凹，后眼列前凹。螯肢黑褐色，前齿堤 3 齿，后齿堤 3 齿。颚叶黄褐色，端部内侧具灰黑色毛丛。下唇灰褐色，宽大于长。胸板黑褐色，边缘具黑色细边，布有稀疏的灰色长毛。步足浅褐色，跗节、膝节中部以及腿节、胫节、后跗节的端部和基部具黑褐色环斑。腹部卵圆形，黑褐色，中、后部具 4 个黄白色人字形斑纹；前半部及侧缘黑褐色，密布不规则的黄白色小斑点；腹面黑褐色，中央黄白色，两侧具不规则的黄白色小斑点。外雌器(见图 14-2C、D)交配孔小，位于前端中线附近，相互靠近；交配管较长，卷曲延伸进入后部的纳精囊内；纳精囊肾形。

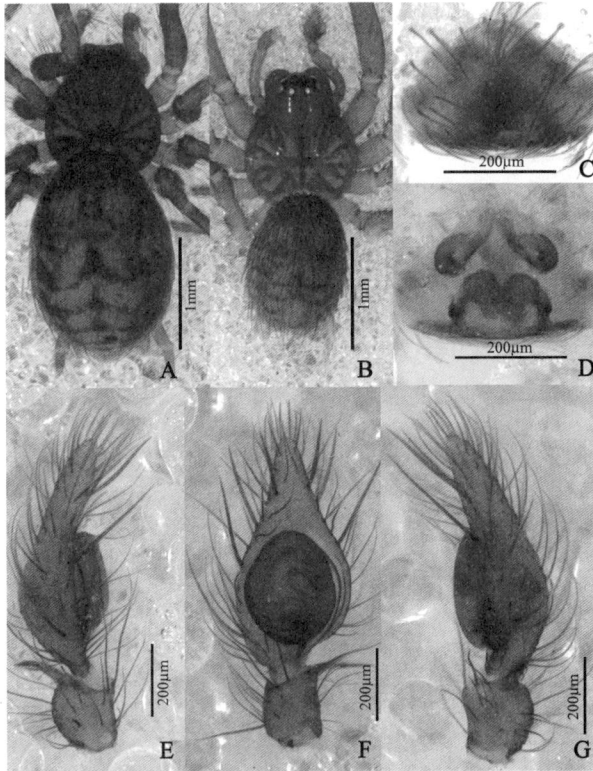

图 14-2　济州新安蛛 *Neoantistea quelpartensis* Paik，1958

A. 雌蛛，背面观；B. 雄蛛，背面观；C. 雌蛛外雌器，腹面观；D. 雌蛛外雌器，背面观；

E. 雄蛛左触肢器，内侧面观；F. 雄蛛左触肢器，腹面观；G. 雄蛛左触肢器，外侧面观

雄蛛体长约 2.43mm。触肢器(见图 14-2E～G)膝节突小且尖；胫节外侧突短指状，指向背侧，末端尖；生殖球中突不明显；插入器起始于后端，沿生殖球盘绕 3/4 圈以上。

检视标本：1♀1♂，浙江临安天目山千亩田，2013-7-2，付丽娜采。

分布：浙江、安徽、河南、辽宁。

15　隐石蛛科 Titanoecidae Lehtinen，1967

鉴别特征：小到中型蜘蛛，有筛器。体色多单一。背甲淡黄褐色至橙色不等，近乎矩形，前缘平直。中窝不明显。8 眼 2 列，微前凹，后眼列宽于前眼列。螯肢较长，基端膨大，两齿堤各具 2 或 3 齿。步足 3 爪，各足的后跗节近末端部有一长听毛。腹部短，卵圆形，后端圆；单调的暗色，或有 2 行灰白斑。筛器分隔，与纺器基部同宽。栉器单列，长度几乎占后跗节的全长。外雌器具膜质中隔。雄蛛触肢器常复杂，有数个胫节突和跗舟突起。

模式属：*Titanoeca* Thorell，1870

分布：全世界已知 5 属 53 种。中国记录 4 属 13 种。本书记述天目山 1 属 1 种。

15.1　隐蛛属 *Cryptachaea* Archer，1946

鉴别特征：小到中型蜘蛛。背甲中窝宽，较深。胸板心形。螯肢粗壮。腹部背面有 2 列白斑。雄蛛触肢器胫节突筒形，斜向；插入器呈半圆弧形，膝状弯曲。外雌器的中隔长。

模式种：*Nurscia albosignata* Simon，1874

分布：全世界已知 4 种。中国记录 1 种。本书记述天目山 1 种。

15.1.1　白斑隐蛛 *Nurscia albofasciata*（Strand，1907）（图 15-1 和图版 15-1）

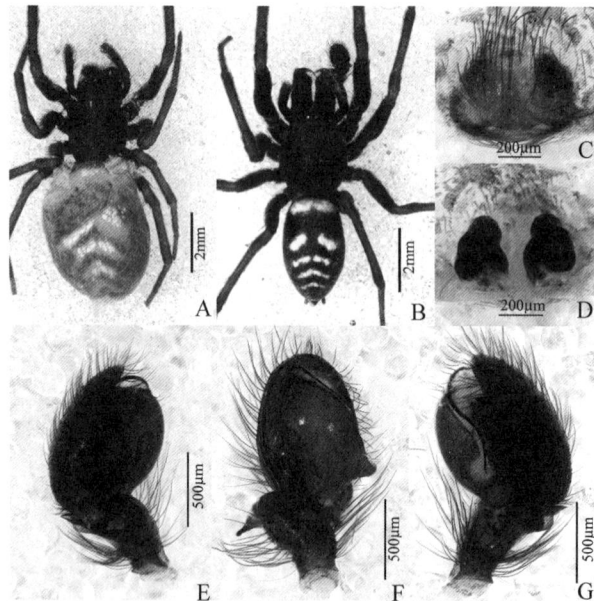

图 15-1　白斑隐蛛 *Nurscia albofasciata*（Strand，1907）
A. 雌蛛，背面观；B. 雄蛛，背面观；C. 雌蛛外雌器，腹面观；D. 雌蛛外雌器，背面观；
E. 雄蛛左触肢器，内侧面观；F. 雄蛛左触肢器，腹面观；G. 雄蛛左触肢器，外侧面观

雌蛛体长约 5.20mm。背甲褐色，密布黑褐色毛，头部隆起。颈沟、放射沟明显，黑褐色。中窝浅，黑褐色。前眼列平直，后眼列稍前凹。前、中眼间距小于前、中侧眼间距，后、中眼间距小于后、中侧眼间距。中眼域长小于宽，前边小于后边。后侧眼的大小大于后中眼，而后中眼大小等于前侧眼并大于前中眼。螯肢黑褐色，前齿堤 3 齿，后齿堤 2 齿。触肢褐色。颚叶黑褐色，端部浅黄色，内侧具灰色毛丛。下唇黑褐色，长大于宽，端部宽圆并显浅黄色。胸板黑褐

色,疏生黑褐色长毛,后端尖,并插入第Ⅳ步足基节之间。步足短,腿节黑褐色,其余各节褐色,多毛。腹部卵圆形,黑褐色。纺器黑褐色。外雌器(见图 15-1C、D)构造简单,在其前端有一心形生殖腔;纳精囊大,扭成"8"字形。

雄蛛体长约 4.18mm。腹部背面深褐色,两侧有 5 对白斑,后面 2 对并成一字形。触肢器(见图 15-1E～G)呈三角形,插入器细长,沿生殖球上的 1 个长形凹槽伸展;引导器大。

检视标本:1♀,浙江天目山,2011-7-25,金池、杨洁采;1 ♂,浙江临安天目山开山老殿,2014-6-11,伍盘龙采。

分布:浙江、台湾、广东、湖南、湖北、四川、河北、北京、山东、辽宁、吉林。

16　光盔蛛科 Liocranidae Simon,1897

鉴别特征:小到中型蜘蛛(体长 3.00~15.00mm),无筛器。背甲长宽相等,近似矩形,或长大于宽,某些种类背甲表面具小颗粒。眼域窄,8 眼 2 列,两眼列均后凹,有些种类仅 4 眼。中窝明显或退化。螯肢齿堤通常具齿。部分种类第 Ⅰ、Ⅱ 步足胫节和后跗节腹面具 2 列长刺,转节具缺刻。腹部卵圆形,背面褐色,斑纹不明显。舌状体 1 个。后纺器末节呈圆锥状。雄蛛触肢器具小的胫节突,生殖球通常具中突,引导器有或无,插入器起源于盾板端部的内侧面。雌蛛外雌器外构通常平板状,有些属的种类骨质化强烈,具 1 或 2 个垂兜;纳精囊肾形或球形。

模式属:*Liocranum* L. Koch,1866

分布:全世界已知 31 属 271 种。中国记录 7 属 16 种。本书记述天目山 1 属 1 种。

16.1　田野蛛属 *Agroeca* Westring,1861

鉴别特征:体中型,纤细。背甲黄褐色,被有浅色放射斑。中窝褐色,纵向。螯肢褐色,前齿堤 3 齿,后齿堤 2 齿。颈沟、放射沟隐约可见。额叶、下唇黄褐色。步足细长,体色较浅,腹部斑纹浅或无。生殖器结构简单。雌蛛外雌器前缘具垂兜;纳精囊 2 对。

模式种:*Agelena proxima* O. P.-Cambridge,1871

分布:全世界已知 28 种。中国记录 3 种。本书记述天目山 1 种。

16.1.1　山田野蛛 *Agroeca montana* Hayashi,1986(浙江新记录种)(图 16-1 和图版 16-1)

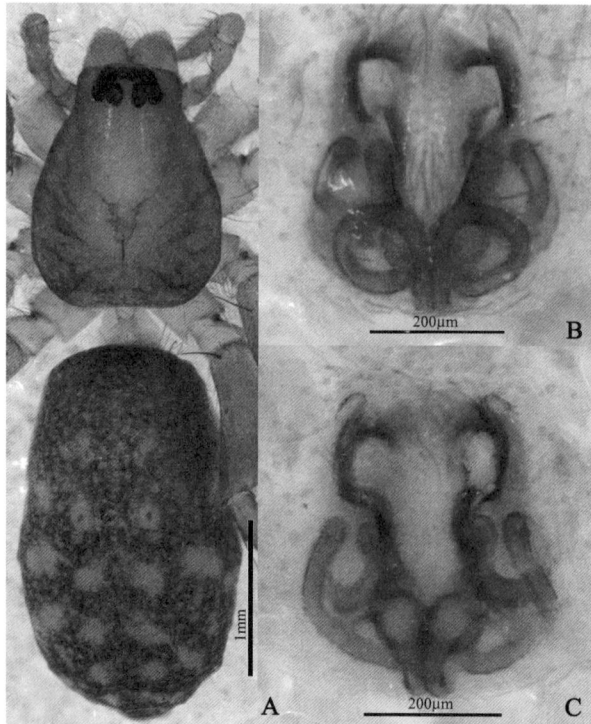

图 16-1　山田野蛛 *Agroeca Montana* Hayashi,1986
A. 雌蛛,背面观;B. 雌蛛外雌器,腹面观;C. 雌蛛外雌器,背面观

雌蛛体长约 4.46mm。背甲红橙色,边缘及颈沟和放射沟部分呈灰黑色。眼域占头部的范围较小。前面观前眼列前凹,后眼列前凹;前眼列窄于后眼列;前侧眼最大,前中眼最小。螯肢、触肢(包括颚叶)和步足均呈红橙色。螯肢前齿堤 3 齿,后齿堤 2 齿。胸板红橙色,密布灰黑色细斑,因而虫体呈现灰黑色。前 2 对步足的胫节和后蹠节均有 2 对较长的腹刺。腹部背、腹面均为灰黑色。外雌器(见图 16-1B、C)前部有"V"形凹陷,透过体壁可见弧形的储精囊管。

检视标本:1♀,浙江临安天目山禅源寺,2014-6-9,张付滨采。

分布:浙江、辽宁。

17　米图蛛科 Miturgidae Simon，1886

鉴别特征：中到大型蜘蛛。头胸部卵圆形，背甲具或多或少的毛，有或无条纹。中窝纵向。8眼2列，眼相似，反光色素层壁炉形；背面观前眼列平直或微前凹，后眼列微前凹、平直至后凹。颚叶内侧略呈直角形，具有斜向的短沟；第Ⅰ基节的基节膜明显，胫节和第Ⅰ、Ⅱ后跗节无或有细弱的成对刺；步足跗节具2爪，一般具毛簇，出现或延伸的毛丛环绕呈毛簇状。后侧纺器端节呈长圆锥形。触肢胫节突具有一不硬化的弱化带；基部具分叉的中突。雌蛛仅在后中纺器端部具有纺管。

模式属：*Miturga* Thorell，1870

分布：全世界已知32属158种。中国记录5属9种。本书记述天目山1属1种。

17.1　毛丛蛛属 *Prochora* Simon，1886

鉴别特征：中型蜘蛛。背甲卵圆形，一般黄褐色，被细毛。8眼2列，前眼列短于后眼列；前眼列微后凹，后眼列微前凹或平直。螯肢具侧结节，前齿堤3齿，后齿堤2齿。胸板椭圆形，前缘平切，后缘尖。第Ⅳ步足的基节靠近，第Ⅰ、Ⅱ步足后跗节具1对刺，转节具深缺刻；跗节爪具毛簇。前纺器较后纺器粗壮，后纺器2节，末节细长。外雌器无中隔，交配腔凹陷；插入孔2个；交配管粗管状，弯曲盘绕。雄蛛触肢胫节突具腹突。跗舟外侧具整齐排列的毛丛；插入器长细丝状；引导器大且呈膜状；中突呈分叉状。

模式种：*Agroeca praticola* Bösenberg & Strand，1906

分布：全世界仅知2种。中国记录1种。本书记述天目山1种。

17.1.1　草栖毛丛蛛 *Prochora praticola*（**Bösenberg & Strand，1906**）（图17-1和图版17-1）

雌蛛体长5.92～7.75mm。背甲淡红褐色，卵圆形，被有微小的黑毛。头区色稍深，颈沟、放射沟很不明显。中窝纵向，黑色细缝状。中窝处为头胸部隆起之最高处。8眼2列，背面观前眼列微后凹，前、中眼间距大于前、中侧眼间距，后眼列略前凹。中眼域长小于宽，前边小于后边。螯肢褐色，前齿堤3齿，第2齿最大；后齿堤2齿。颚叶、下唇黄褐色；颚叶近似长方形，长大于宽(5/4)，下唇长约等于宽。胸板近圆形，末端稍尖，黄褐色。步足黄色，较粗，2爪，具毛簇。腹部长卵圆形，红褐色至灰褐色，有不规则的灰色斑块。前侧纺器圆锥状，后侧纺器末节长。外雌器(见图17-1C、D)具大且浅的前庭，前位，略呈方形，侧缘中部内突；交配管长，盘曲于插入孔和纳精囊之间；纳精囊近乎小球形，位于外雌沟附近的两侧。

雄蛛体长5.33～6.43mm。中眼域长大于宽，前边小于后边。其他特征近似于雌蛛。触肢胫节突较为复杂，外侧面观略呈浅"U"形，两侧为2个尖锐的突起；触肢器(见图17-1E～G)跗舟外缘具有跗舟沟，其边缘具有整齐排列的毛丛；插入器细丝状，起源于盾板的外侧近中部，延伸向盾板基部后绕到盾板和跗舟腔窝之间，然后从盾板外侧端部绕出，端部止于盾板的端部；引导器位于盾板的外侧近端部，小尖突膜状；中突为盾板上部的一块大突起，端部分叉，其中一叉呈钩状；盾板突尖刺状，位于插入器基部附近。

检视标本：2♀，浙江临安天目山禅源寺，2014-6-10，张付滨采；2♀1♂，浙江临安天目山管理局，2014-6-12，查珊洁采。

分布：浙江、安徽、台湾、重庆、江西、江苏；朝鲜、日本。

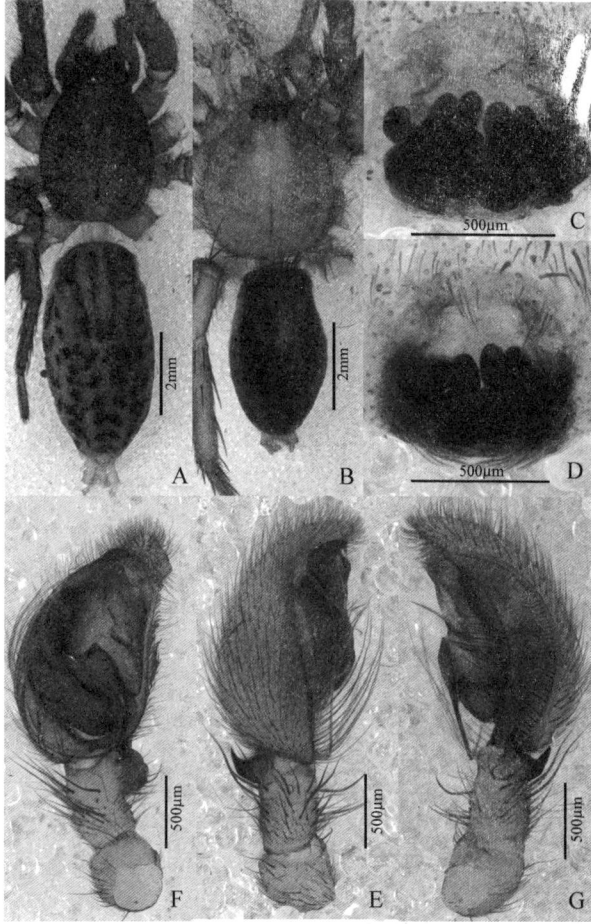

图 17-1　草栖毛丛蛛 *Prochora praticola*（Bösenberg & Strand,1906）

A. 雌蛛,背面观;B. 雄蛛,背面观;C. 雌蛛外雌器,腹面观;D. 雌蛛外雌器,背面观;

E. 雄蛛左触肢器,内侧面观;F. 雄蛛左触肢器,腹面观;G. 雄蛛左触肢器,外侧面观

18 管巢蛛科 Clubionidae Wagner，1888

鉴别特征：中型蜘蛛(体长 5.00～12.00mm)，无筛器。背甲卵圆形，黄白色或浅褐色；中窝浅。8 眼 2 列，各眼大小相近，后眼列长于前眼列。螯肢长，前齿堤具 2～7 齿，后齿堤具 2～4 个小齿。颚叶长大于宽，具毛丛。步足胫节和后跗节腹面有 1～2 对或更多的长刺；跗节具 2 爪，且具毛簇和毛丛。腹部卵圆形，心脏斑明显，具人字纹，部分雄蛛具小的背盾。雄蛛触肢胫节后侧突各异；插入器短；跗舟基部有突起或无。雌蛛生殖板隆起，部分种类骨化。

生物学：本科蜘蛛生活于灌丛中，夜出性猎食。

模式属：*Clubiona* Latreille，1804

分布：全世界已知 15 属 610 种。中国记录 4 属 109 种。本书记述天目山 1 属 7 种。

18.1 管巢蛛属 *Clubiona* Latreille，1804

鉴别特征：小到中型蜘蛛。体黄色、褐色或绿色，未被盔甲，头区和螯肢常为暗褐色。背甲卵圆形或近长方形，长显著大于宽。中窝明显或浅。8 眼 2 列，两眼列平直或稍前凹，后眼列长于前眼列。下唇长大于宽。螯肢较长，细或粗壮；螯牙沟倾斜；前齿堤具 2～7 齿，后齿堤具 2～6 个微齿。步足细长，第Ⅳ步足最长。腹部长卵圆形。雄蛛触肢膝节与胫节等长，胫节突因种各异；插入器形态各异；引导器为单一片状或膜状；无中突。雌蛛外雌器无垂兜，插入孔明显；交配管各异。

模式种：*Araneus pallidulus* Clerck，1757

分布：全世界已知 486 种。中国记录 106 种。本书记述天目山 7 种。

管巢蛛属分种检索表

18.1.1 白马管巢蛛 *Clubiona baimaensis* Song & Zhu，1991(浙江新记录种)(**图 18-1** 和**图版 18-1**)

雄蛛体长约 3.60mm。背甲淡黄褐色，卵圆形，被有微小的黑毛。中窝纵向，黑色细缝状。中窝处为头胸部隆起之最高处。8 眼 2 列，背面观前眼列微后凹，后眼列略前凹，后眼列长于前眼列。8 眼均有黑色眼圈。螯肢淡黄褐色，前齿堤 7 齿，后齿堤 7 齿。颚叶淡黄色，外缘凹陷，端部内侧具黑色毛丛。下唇淡黄色，长大于宽。胸板核状且前端平截。步足细长，淡黄色；

2 爪,具毛簇。腹部长卵圆形,浅黄褐色,前端具长且弯曲的毛丛,其余部分具浓密的细短毛;中部有呈梯形分布的四点肌痕,前端两点颜色较浅;腹背左侧及腹面分布有黑色的不规则斑纹。腹部腹面色较淡,中央为 3 条淡黄色纵带。触肢器(见图 18-1E～G)胫节突板状,外侧面观刀刃状,只是前缘略突;插入器基部呈大的突起,端部具一小齿状突起,基部膜状区大,近乎扇形;插入器起源于盾板端部,细长,端部位于盾板 1/4 处;膜状的引导器宽大,下端到达盾板2/3 处;精管中等长度,卷曲程度较小。

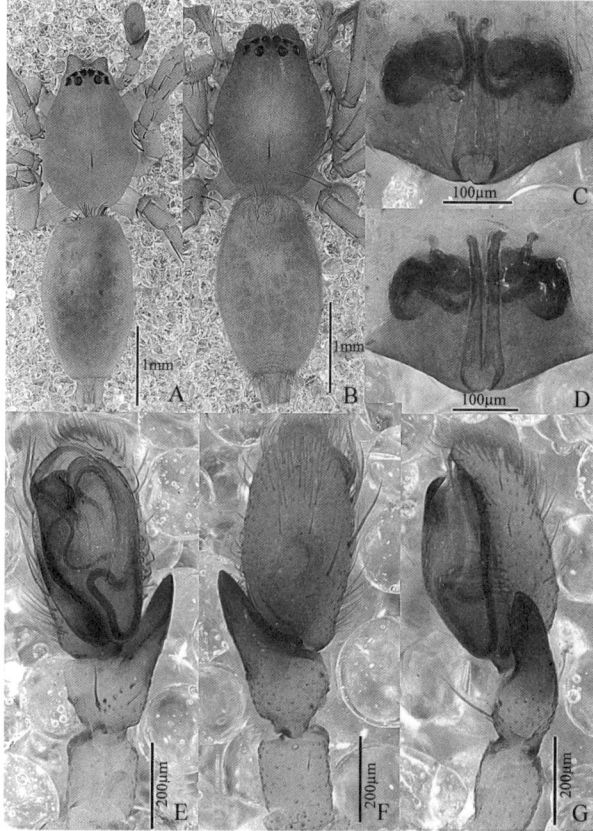

图 18-1　白马管巢蛛 *Clubiona baimaensis* Song & Zhu, 1991
A. 雄蛛,背面观;B. 雌蛛,背面观;C. 雌蛛外雌器,腹面观;D. 雌蛛外雌器,背面观;
E. 雄蛛左触肢器,腹面观;F. 雄蛛左触肢器,背面观;G. 雄蛛左触肢器,外侧面观

雌蛛体长约 4.90mm。前、后齿堤各 6 或 7 齿。其他特征近似于雄蛛。外雌器中等程度硬化;插入孔近乎合二为一,略呈横向椭圆形;交配管细长,开始段平行前伸,到阴门端部后垂直回折,然后横向弯折入第 1、2 纳精囊之间;第 1 纳精囊呈小球形,在中线处相互靠近;第 2 纳精囊位于第 1 纳精囊的外下方,椭圆形,且大于第 1 纳精囊;阴门具一大的骨片,将交配管和纳精囊几乎全部覆盖(见图 18-1C、D)。

检视标本:1♀,浙江临安天目山千亩田,2013-7-1,张付滨采;1 ♂,浙江遂昌九龙山保护区,2013-7-4,李志月采。

分布:浙江、安徽、四川、重庆、湖南、湖北。

18.1.2　褶管巢蛛 *Clubiona corrugata* Böesenberg & Strand,1906(图 18-2 和图版 18-2)
雄蛛体长约 4.18mm。背甲淡黄褐色,卵圆形。中窝纵向,黑色细缝状。8 眼 2 列,背面观

前眼列微后凹。螯肢红褐色,前齿堤3或4齿,后齿堤2齿。颚叶、下唇均红褐色。步足细长,
2爪,具毛簇。腹部长卵圆形,淡红褐色,中部有一对肌痕,腹面色较淡,中央为一条淡黄色纵
带。触肢(见图18-2E~G)胫节较短,腹面观胫节突只有腹侧分支而无背侧分支,长且明显,端
部弯向内侧,腹面内腔凹陷状;背面观胫节突端部鸟喙状。插入器短,起源于盾板端部并横向
延伸,端部向后方不弯折并位于盾板端部的膜状引导器内;插入器基部的突起呈小齿状,膜状
区呈大三角形状;精管长,且呈典型的管巢蛛属模式走向。

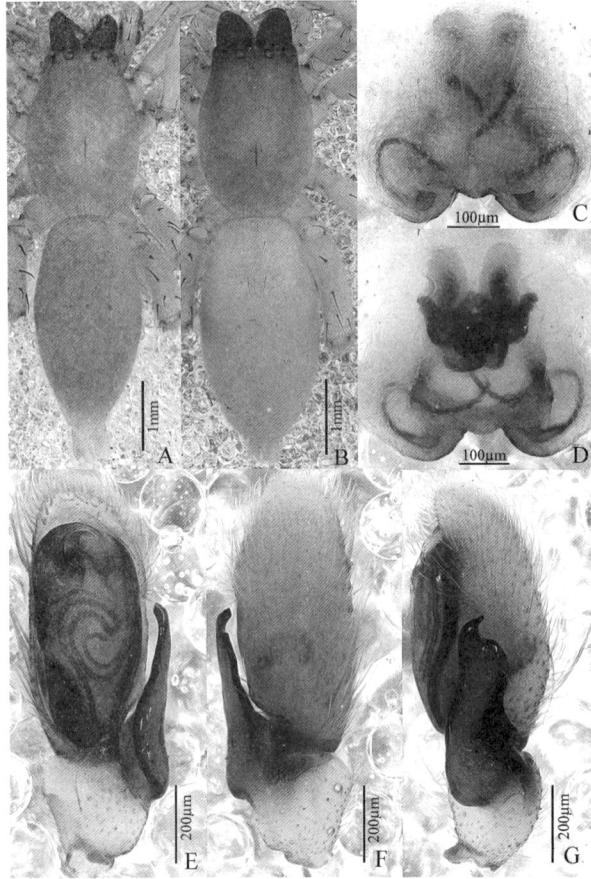

图18-2　褶管巢蛛 *Clubiona corrugata* Böesenberg & Strand, 1906

A. 雄蛛,背面观;B. 雌蛛,背面观;C. 雌蛛外雌器,腹面观;D. 雌蛛外雌器,背面观;

E. 雄蛛左触肢器,腹面观;F. 雄蛛左触肢器,背面观;G. 雄蛛左触肢器,外侧面观

雌蛛体长约4.69mm。腹部长卵圆形,心脏斑后部两侧各有淡黑色肌痕;腹面中央为一条
淡黄色纵带。其他特征近似于雄蛛。外雌器(见图18-2C、D)的后缘中央呈梯形凹陷;插入孔
位于外雌器的近底部两侧角处,半圆形;交配管中等长度,从插入孔先向两侧延伸,然后回折向
中央处相靠近;第1纳精囊大且分2室;第2纳精囊呈球形;阴门的背板小,后位,并遮盖交
配管。

检视标本:1♂,浙江临安清凉峰,2011-10-21,邹帆采;1♀,浙江临安清凉峰天池,2012-5-
22,金池采;1♂,浙江临安天目山古道方向,2013-6-28,查珊洁采。

分布:浙江、吉林、内蒙古、陕西、山东、江苏、湖北、湖南、福建、广东、四川、重庆、贵州。

18.1.3　双凹管巢蛛 *Clubiona duoconcava* Zhang & Hu，1991（浙江新记录种）（图 18-3 和图版 18-3）

雄蛛体长约 6.18mm。背甲淡红褐色，卵圆形，有几根长黑毛，其余部分被有微小的黑毛。中窝纵向，黑色细缝状。腹部长卵圆形，淡黄色，腹面色较淡。前侧纺器较粗，后侧纺器稍细，黄色。插入器尖细，在盾板顶端折向腹面并进入膜状引导器，引导器长约为盾板的 1/3。触肢（见图 18-3E～G）胫节突板状，外侧面观端部平截；插入器基部突起大，中部为一齿状突起，插入器基部膜状区条形；插入器中等长度，中部弯折向下面，端部到达盾板 1/3 处；膜状的引导器椭圆形；精管的卷曲程度较低。

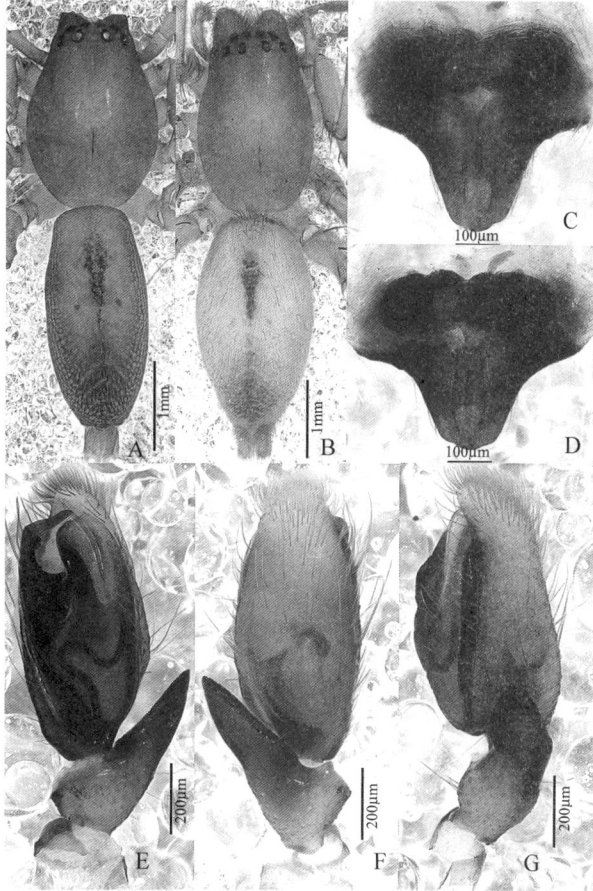

图 18-3　双凹管巢蛛 *Clubiona duoconcava* Zhang & Hu，1991
A. 雌蛛，背面观；B. 雄蛛，背面观；C. 雌蛛外雌器，腹面观；D. 雌蛛外雌器，背面观；
E. 雄蛛左触肢器，腹面观；F. 雄蛛左触肢器，背面观；G. 雄蛛左触肢器，外侧面观

雌蛛体长 6.18～6.80mm。背甲红褐色。腹部被有块状的淡墨绿色斑，前端具长且弯曲的毛丛，其余部分具浓密的细长毛；腹面色较淡。其余特征近似于雄蛛。外雌器强烈硬化，后缘向后突出呈三角形；插入孔 1 个，近乎圆形，位于外雌器的下端；交配管短，并行前伸，未到达纳精囊之前在外雌器（见图 18-3C、D）中部分开斜向上升，通入第 1、2 纳精囊之间；第 1、2 纳精囊横向排列；阴门具有一大且厚的硬化骨片，并遮盖交配管和几乎全部的纳精囊。

检视标本：1♀1♂，浙江临安天目山一里亭，2013-6-30，张付滨采；1♀，浙江遂昌九龙山保护区，2013-7-4，查珊洁采。

分布:浙江、安徽、湖南、贵州、重庆、江苏、福建、广西、云南。

18.1.4　异囊管巢蛛 *Clubiona heterosaca* Yin,*et al.*,1996(浙江新记录种)(**图 18-4 和图版 18-4**)

雌蛛体长约 7.92mm。背甲淡红褐色,卵圆形,前端平直。中窝纵向,黑色细缝状。8 眼 2 列,前中眼黑色,其余 6 眼珍珠白色,各眼均有黑色眼圈。螯肢深红褐色,侧结节大,螯牙长,前齿堤 8 齿,后齿堤 3 齿。颚叶淡黄色。下唇深黄褐色。胸板枣核状且前端平截,被满细毛。步足细长,黄色,2 爪,具毛簇。腹部长卵圆形,黄绿色,腹面色较淡。前侧纺器较粗,后侧纺器稍细,淡黄色。插入孔 2 个,位于外雌器的下端,远离。纳精囊分为 2 室,近乎左右排列;外侧纳精囊小,位于内侧纳精囊的斜上方(见图 18-4B、C)。

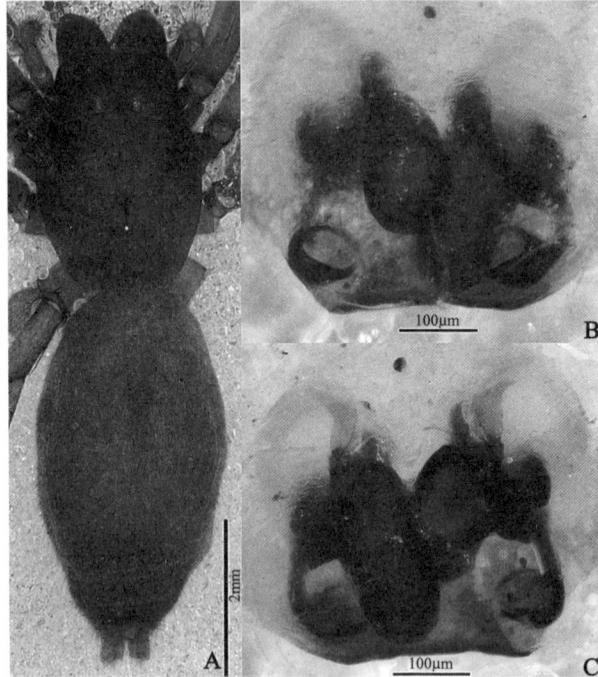

图 18-4　异囊管巢蛛 *Clubiona heterosaca* Yin, *et al.*, 1996
A. 雌蛛,背面观;B. 雌蛛外雌器,腹面观;C. 雌蛛外雌器,背面观

检视标本:1♀,浙江临安天目山仙人顶,2013-6-29,付丽娜采。

分布:浙江、云南。

18.1.5　欧德沙管巢蛛 *Clubiona odesanensis* Paik,1990(浙江新记录种)(**图 18-5 和图版 18-5**)

雄蛛体长 4.20～5.55mm。背甲淡红褐色,卵圆形。中窝纵向,黑色细缝状。8 眼 2 列,背面观前眼列微后凹,后眼列略前凹;各眼均有黑色眼圈。螯肢黄褐色,具长白毛,前齿堤 6 齿,后齿堤 4 齿,螯牙长。颚叶淡黄色,外缘凹陷,端部内侧具黑色毛丛。下唇淡黄色,长大于宽。胸板长椭圆形,边缘加厚。步足淡黄色。第Ⅲ、Ⅳ步足转节有浅的缺刻,在第Ⅰ、Ⅱ步足胫节和后跗节的腹面具刷状毛丛,4 列。步足 2 爪,具毛簇。腹部长卵圆形,红褐色,前端具长且弯曲的毛丛,后端具 5～6 个弧形纹;腹面色较淡,中央为 3 条淡黄色纵带。前侧纺器较粗,圆柱形;后侧纺器稍细,淡黄色。腹面观触肢器(见图 18-5E～G)的胫节突内面中央凹陷,背面观端部锤状;插入器中等长度,端部钝且弯折,基部具有大的板状突起,其上具有一列锯齿状突起;插入器基部的膜状区略呈斜向矩形;膜状的引导器叶状;精管为典型的管巢蛛属模式走向。

雌蛛体长 4.40～7.08mm。背甲淡褐色。腹部红褐色,前端具长且弯曲的毛丛,腹背两侧有细小的羽状纹;腹面色较淡。其余特征近似于雄蛛。外雌器淡黄褐色,后缘中央具有浅的梯形凹陷;插入孔 2 个,位于外雌器下部凹陷的两侧,远离;交配管短且粗,几乎平行;第 1 纳精囊呈管形,其背侧部分球形,而腹侧部分呈细长管形;第 2 纳精囊呈显著大球形;"纳精囊头"几乎不见(见图 18-5C、D)。

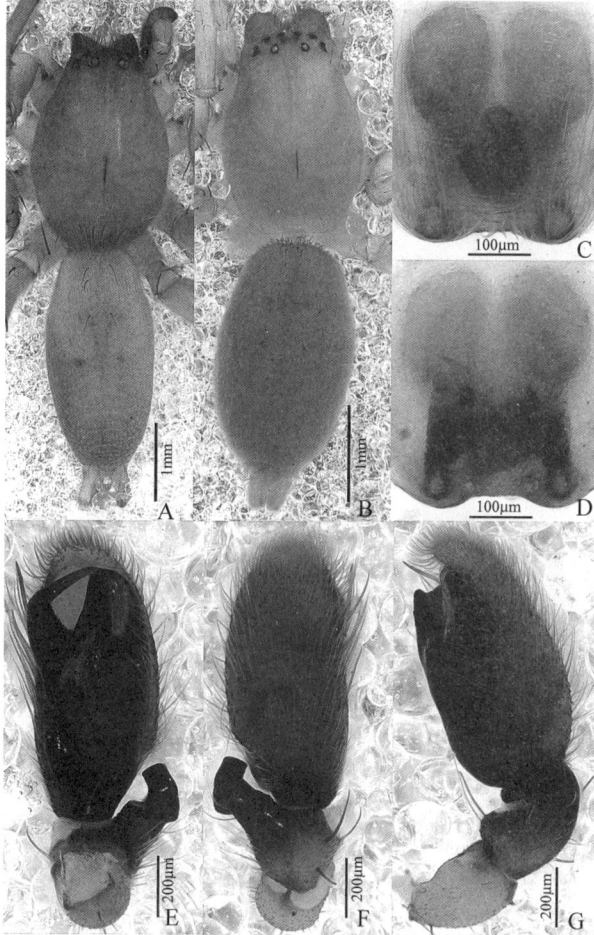

图 18-5　欧德沙管巢蛛 *Clubiona odesanensis* Paik,1990

A. 雄蛛,背面观;B. 雌蛛,背面观;C. 雌蛛外雌器,腹面观;D. 雌蛛外雌器,背面观;

E. 雄蛛左触肢器,腹面观;F. 雄蛛左触肢器,背面观;G. 雄蛛左触肢器,外侧面观

检视标本:1 ♂,浙江临安天目山仙人顶,2013-6-29,查珊洁采;1♀,浙江临安天目山千亩田,2013-7-1,张付滨采。

分布:浙江、吉林、黑龙江、内蒙古;韩国,俄罗斯。

18.1.6　通道管巢蛛 *Clubiona tongdaoensis* Zhang,et al.,1997(浙江新记录种)(**图18-6和图版 18-6**)

雌蛛体长 6.02~7.94mm。背甲淡红褐色,卵圆形。中窝纵向,黑色细缝状。中窝处为头胸部隆起之最高处。8眼2列。螯肢黄褐色,螯牙长,螯肢前齿堤 5 或 6 齿,后齿堤 2 齿。颚叶淡黄色。下唇淡黄色。胸板长椭圆形。步足细长,淡黄色,2 爪,具毛簇。腹部长卵圆形,背面红褐色;腹面色较淡,中央为 3 条淡黄色纵带。外雌器淡黄色,后缘中央具有浅的梯形凹陷;插入孔 2 个,孔口向内,位于外雌器的下端;交配管中等长度,开始段平直前伸后弯向内侧;第

1 纳精囊呈粗棒状,高度约为阴门高度的 3/4;第 2 纳精囊呈半透明球形,位于阴门的外上方;"纳精囊头"明显可见(见图 18-6B、C)。

检视标本:3♀,浙江临安天目山龙王山,2011-7-29,杨洁、金池采;3♀,浙江清凉峰马氏网捕,2012-5-15,金池、高志忠采;2♀,浙江临安清凉峰千倾塘,2012-5-16,金池、高志忠采;2♀,浙江临安天目山古道方向,2013-6-28,查珊洁、付丽娜采;1♀,浙江临安天目山千亩田,2013-7-2,张付滨采;2♀,浙江临安天目山仙人顶,2013-6-29,付丽娜采;1♀,安徽歙县竹铺,2013-6-9,查珊洁采。

分布:浙江(清凉峰)、湖南、四川、重庆、贵州。

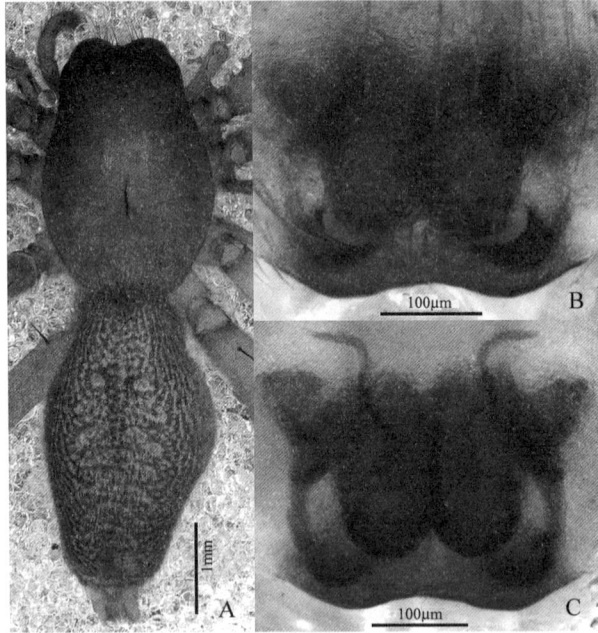

图 18-6　通道管巢蛛 *Clubiona tongdaoensis* Zhang, *et al.*, 1997
A. 雌蛛,背面观;B. 雌蛛外雌器,腹面观;C. 雌蛛外雌器,背面观

18.1.7　八木氏管巢蛛 *Clubiona yaginumai* Hayashi, 1989(浙江新记录种)(图 18-7 和图版 18-7)

雄蛛体长约 4.37mm。背甲淡红褐色,卵圆形。中窝纵向,黑色细缝状。8 眼 2 列。前中眼黑色,其余 6 眼珍珠白色,各眼均有黑色眼圈。螯肢黄褐色,具长白毛。颚叶淡黄色,略平行,外缘凹陷,端部内侧具黑色毛丛。下唇淡黄色,长大于宽,端部具黑色毛。胸板长椭圆形,边缘加厚,色略深,被满细长毛。步足细长,淡黄色,2 爪,具毛簇。腹部长卵圆形,红褐色,后端具 5~6 个弧形纹;腹面色较淡,中央为 3 条淡黄色纵带。触肢(见图 18-7B~D)胫节仅具侧突,而背突退化;插入器短,尖刺状,起源于盾板端部;无明显的引导器;生殖器明显膨胀且呈圆球形,腹面观未见输精管。

检视标本:1♂,浙江临安天目山仙人顶,2013-6-29,查珊洁采;1♂,浙江遂昌九龙山保护区,2013-7-4,付丽娜采。

分布:浙江、台湾、贵州;日本。

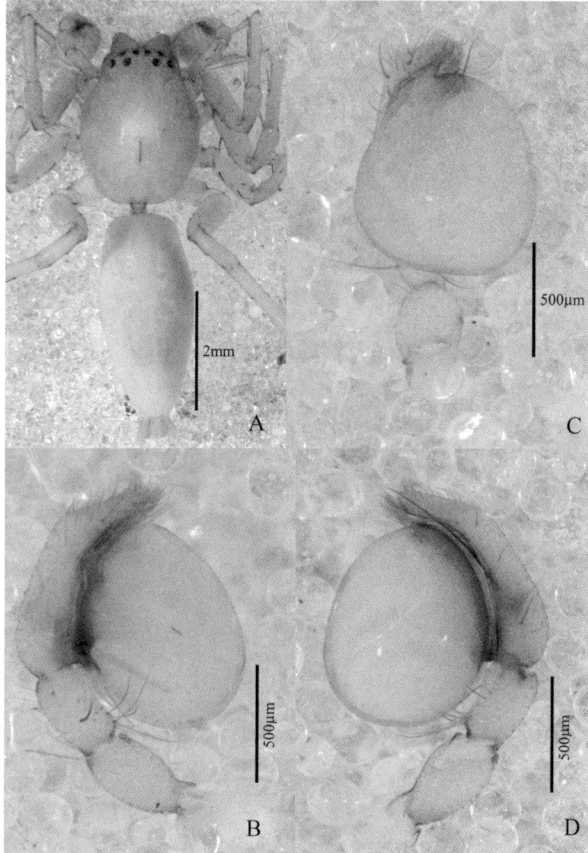

图 18-7 八木氏管巢蛛 *Clubiona yaginumai* Hayashi，1989
A. 雄蛛，背面观；B. 雄蛛左触肢器，内侧面观；
C. 雄蛛左触肢器，腹面观；D. 雄蛛左触肢器，外侧面观

19　刺足蛛科 Phrurolithidae Banks,1892

鉴别特征:小到中型蜘蛛。无筛器,游猎型蜘蛛。背甲深褐色,近乎卵圆形,斑纹明显。绝大多数颈沟和放射沟明显。中窝纵向缝状。8眼2列,稍后凹或平行。螯肢坚实且隆起,前面通常具1或2根刺,前、后齿堤具不同数量的齿。胸板近心形。步足黄褐色,2爪,有毛簇,毛丛不发达;第Ⅰ、Ⅱ步足的胫节和后跗节腹面具2行排列整齐的壮刺,第Ⅲ、Ⅳ步足基本无刺,且后跗节腹面末端具有毛刷。腹部卵圆形,背面后半部分具人字形斑纹;雄蛛腹部具大小不同的背盾。纺器黄褐色。雄蛛触肢腿节具瘤状突起,胫节具大小不同的胫节突,有时具基突和背突。插入器多为钩状、镰刀状或针状;输精管环状。雌蛛插入孔多为2个,外雌器内部管道形成"三通"结构,即交配管分别连接着黏液囊和纳精囊。黏液囊膜质、透明,位于纳精囊的前部;纳精囊位于后部,靠近生殖沟。

模式属:*Phrurolithus* C. L. Koch,1839

分布:全世界已知14属218种。中国记录4属52种。本书记述天目山1属2种。

19.1　刺足蛛属 *Phrurolithus* C. L. Koch,1839

鉴别特征:小型蜘蛛。背甲不骨质化,稍隆起。眼域窄,约占头区宽的1/2。前眼列稍前凹,后眼列平直或稍前凹,且稍长于前眼列。螯肢前侧具1根刺。下唇宽稍大于长。胸板后端尖并插入第Ⅳ步足基节之间。第Ⅰ、Ⅱ步足胫节腹面具2排壮刺(多数成对),第Ⅰ、Ⅱ后跗节腹面具3~4对刺(有时腹面前侧刺4根,后侧刺3根);第Ⅲ、Ⅳ步足基本无刺;步足Ⅲ、Ⅳ后跗节腹面末端具清理刷。跗爪无齿或具少数齿,无舌状体,毛簇稀疏。雌蛛具有膨大的后中纺器,上有2列非典型的柱状腺纺管。雄蛛触肢腿节腹面具腿节突;胫节突粗壮且变化多样(端部分支各异);生殖球比较简单,受精管通常限于盾板端部(部分伸至生殖球中下部);插入器起源于前侧端位,短且不卷曲;引导器、盾板突有或无。雌蛛外雌器插入孔有时位于单一或成对的浅凹槽内;交配管长度各不相同,一般较短;纳精囊通常为圆球状,后位,靠近生殖沟;黏液囊棒状或肾形,大小各不一样,一般前位。

模式种:*Macaria festiva* C.L. Koch,1835

分布:全世界已知81种。中国记录22种。本书记述天目山2种。

刺足蛛属分种检索表

1. 雄蛛胫节突1个,粗大且长;外雌器后缘硬化而向后突出 ·················· 快乐刺足蛛 *Phrurolithus festivus*

　　雄蛛胫节突2个,较短小;外雌器后缘非硬化而稍向前突出 ········· 灿烂刺足蛛 *Phrurolithus splendidus*

19.1.1　灿烂刺足蛛 *Phrurolithus splendidus* Song & Zheng,1992(图 19-1 和图版 19-1)

雌蛛体长约3.47mm。背甲卵圆形,黄棕色。中窝纵向,两侧缘具辐射状斑纹。8眼2列;中眼域宽小于长,后边宽大于前边宽。螯肢黄褐色,前面有2根刺;前齿堤3齿远离;后齿堤2齿相互靠近。下唇、颚叶黄褐色。胸板黄灰色,近心形。步足黄褐色。第Ⅰ步足胫节具9对腹刺,后跗节具5对腹刺;第Ⅱ步足胫节具7对腹刺,后跗节具5对腹刺。腹部灰黑色,卵圆形,前半段具一小背盾,中央具一条浅黄色横带。外雌器具2个浅凹陷,前位;插入孔不明显,分别位于凹陷的内边缘;纳精囊大,后位,圆球形;黏液囊退化为细管状,位于纳精囊内侧;短的交配管连接着纳精囊和黏液囊(见图 19-1C、D)。

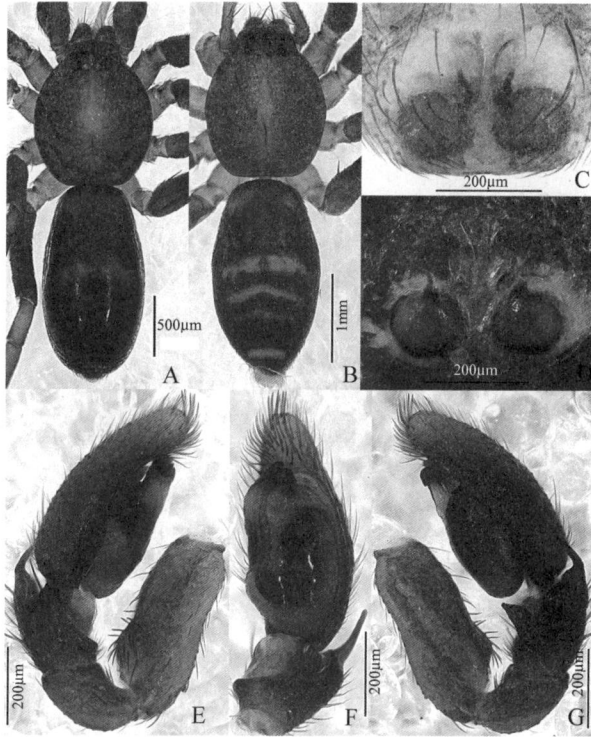

图 19-1　灿烂刺足蛛 *Phrurolithus splendidus* Song & Zheng, 1992

A. 雄蛛，背面观；B. 雌蛛，背面观；C. 雌蛛外雌器，腹面观；D. 雌蛛外雌器，背面观；

E. 雄蛛左触肢器，内侧面观；F. 雄蛛左触肢器，腹面观；G. 雄蛛左触肢器，外侧面观

雄蛛体长约 2.66mm。8 眼 2 列，背面观前眼列微平直；中眼域宽小于长，前边、后边宽相等。螯肢黄棕色，前齿堤 3 齿，远离；后齿堤 2 齿，相互靠近。腹部灰黑色，后半部分具几个八字形斑纹。其他特征同雌蛛相似。触肢器（见图 19-1E～G）腿节腹面具瘤状小突起；胫节背突细棒状，腹突指状，末端尖，短小；精管前部粗大，后渐细而呈环形入插入器；插入器短，基部有一侧突。

检视标本：1♀1♂，浙江临安天目山千亩田，2013-7-1，张付滨采。

分布：浙江、河北、辽宁、吉林、黑龙江、山西、河南、四川、重庆、北京、湖北、云南。

**19.1.2　快乐刺足蛛 *Phrurolithus festivus*（C. L. Koch，1835）（浙江新记录种）（图 19-2
和图版 19-2）**

雌蛛体长约 2.84mm。背甲淡黄褐色，卵圆形，颈沟和放射纹明显，两侧缘黑色。中窝纵向，黑色细缝状。8 眼 2 列，背面观两眼列微后凹，中眼域长大于宽，前边宽大于后边宽。螯肢黄褐色，前侧面有 2 根刺；前齿堤 2 齿，后齿堤 2 齿。颚叶、下唇灰褐色。胸板近心形，灰褐色。步足褐色，第Ⅰ步足胫节具 5 对腹刺，后跗节具 4 对腹刺；第Ⅱ步足胫节具 4 对腹刺，后跗节具 2 对腹刺；第Ⅲ、Ⅳ步足无刺。腹部长卵圆形，深灰色，前端色稍浅，近末端有几块浅黄色斑。纺器黄褐色。外雌器（见图 19-2C、D）具一个小的插入孔，圆孔状，后位；交配管短；纳精囊小，后位；黏液囊大，囊状，前位。

雄蛛体长约 2.07mm。背甲底色红褐色，颈沟和放射纹不太明显。中眼域长等于宽，前边宽小于后边宽。腹部卵圆形，棕褐色，腹部末端带有几个不明显的人字形斑纹。其他特征近似于雌蛛。触肢器（见图 19-2E～G）腿节远端腹面有腿节突；胫节短，胫节突起始于胫节中部，宽大，似弯刀；插入器短，端部伸向内侧，起源于盾板背面基部；精管短且明显硬化。

　　检视标本：1♂，浙江临安清凉峰百步岭，2012-5-20，金池，高志忠采；1♀，浙江临安天目山千亩田，2013-7-1，张付滨采。

　　分布：浙江、山西、河北、辽宁、吉林、黑龙江、陕西；古北区。

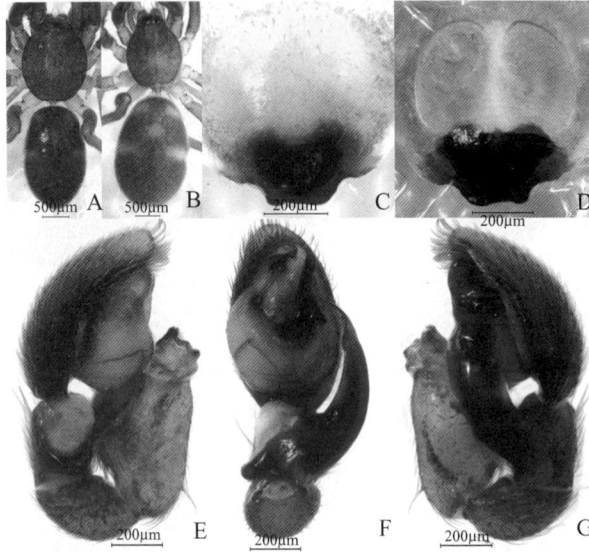

图 19-2　快乐刺足蛛 *Phrurolithus festivus*（C. L. Koch，1835）

A. 雄蛛，背面观；B. 雌蛛，背面观；C. 雌蛛外雌器，腹面观；D. 雌蛛外雌器，背面观；

E. 雄蛛左触肢器，内侧面观；F. 雄蛛左触肢器，腹面观；G. 雄蛛左触肢器，外侧面观

20 优列蛛科 Eutichuridae Lehtinen，1967

鉴别特征：小到中型蜘蛛。无筛器，游猎型蜘蛛。背甲浅黄色或褐色，近乎卵圆形，几乎无斑纹；绝大多数颈沟和放射沟不明显。无中窝或具浅的中窝。8眼2列，眼域宽，几乎占满整个头部的宽度；侧眼位于稍隆起的眼丘上。螯肢坚实，红棕色甚至黑色，前、后齿堤具不同数量的齿。胸板近心形。步足黄色，跗节2爪，有毛簇，毛丛发达。腹部卵圆形，背面前端无一簇长且弯曲的直立刚毛，背面一般无明显的斑纹；前侧纺器圆锥形且并列紧靠，没有雌雄二态性；后中纺器圆锥形，柱状腺纺管小且并列紧靠；后侧纺器2节，端节通常长圆锥形。雄蛛触肢胫节具有胫节突，有时具有背突；跗舟具有向外侧方延伸的突起。插入器多为丝状或鞭状；一般具弯钩状的中突和膜状的引导器。雌蛛外雌器多有前庭，插入孔位于其中；交配管直接连接到纳精囊；纳精囊形状多样。

模式属：*Eutichurus* Simon，1897

分布：全世界已知12属307种。中国记录1属38种。本书记述天目山1属2种。

20.1 红螯蛛属 *Cheiracanthium* C. L. Koch，1839

鉴别特征：小到中型蜘蛛。背甲近似长卵圆形，黄色到橙色，有时具红色或深褐色头部和口器。中窝退化或无。8眼2列，各眼几乎等大，前眼列微后凹，后眼列平直并稍长于前眼列，眼域略呈矩形并占据头区的大部分。螯肢深棕色至黄褐色，多变，通常粗壮，前、后齿堤具2或3齿，多数雄蛛或多或少伸长且具有修饰的齿。颚叶长明显大于宽，外侧缘中部凹陷。下唇长大于宽，端部圆钝。胸板黄色，心形，后缘不伸入第IV步足基节间。步足长，适度粗壮；第I步足最长；后跗节和跗节腹面具毛丛，跗节端部具有浓密的毛簇；转节具缺刻；有些种类雄蛛第II步足的腿节和胫节具有1根或多根非常粗壮的长刺。腹部淡黄色，心脏斑有时明显；腹面一般颜色稍淡。前侧纺器一般并拢排列并紧靠；后侧纺器的末节长度多变，多数种类末节和基节一样长，末节圆锥形，末节腹面具有许多小的葡萄状腺体。雄蛛触肢胫节长或短，胫节侧突发育良好，有时具背侧突和腹侧突；跗舟外侧具有跗舟沟，跗舟沟边缘一般无整齐排列的毛丛；跗舟基部具有跗舟距，形态各异；插入器长，丝状，起源于盾板内侧或外侧，端部、中部或基部，多数几乎环绕盾板一周；引导器膜状，一般位于盾板内侧端部，为盾板膜状区的延伸；中突扁形带状，端部一般弯钩状，有些种类无中突。外雌器具有前庭，前位、中位或后位，扁平或凹入，具有凹陷，漏斗状的插入孔位于外雌器的侧边缘，延伸到深色的交配管，交配管在进入纳精囊前通常沿着球形的、杆状的、肾形的或哑铃形的纳精囊曲折或盘旋。

模式种：*Aranea punctoria* Villers，1789

分布：全世界已知210种。中国记录38种。本书记述天目山2种。

红螯蛛属分种检索表

1. 雄蛛跗舟距非常长，约等于整个跗舟的长度；雌蛛交配管短，不卷曲 ……………………
……………………………………………… 浙江红螯蛛 *Cheiracanthium zhejiangense*
   雄蛛跗舟距较长，约为跗舟的一半；雌蛛交配管非常长，卷曲盘绕数圈 ………………
……………………………………………… 皮熊红螯蛛 *Cheiracanthium pichoni*

20.1.1 皮熊红螯蛛 *Cheiracanthium pichoni* Schenkel，1963（图 20-1 和图版 20-1）

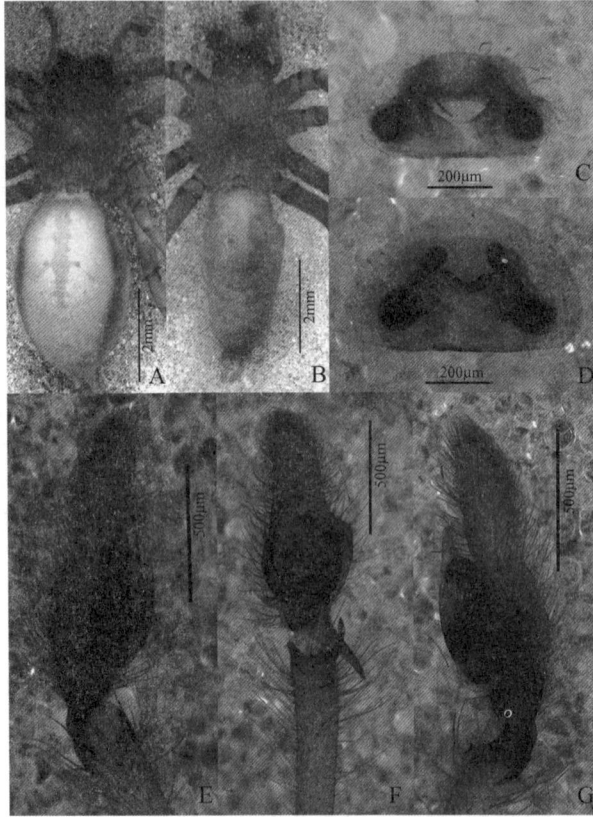

图 20-1 皮熊红螯蛛 *Cheiracanthium pichoni* Schenkel，1963

A. 雌蛛，背面观；B. 雄蛛，背面观；C. 雌蛛外雌器，腹面观；D. 雌蛛外雌器，背面观；

E. 雄蛛左触肢器，内侧面观；F. 雄蛛左触肢器，腹面观；G. 雄蛛左触肢器，外侧面观

雄蛛体长约 9.36mm。背甲卵圆形，黄色，被有软毛，步足较长，头区微隆起，颈沟和放射纹可见但不是十分清晰，无中窝。8 眼 2 列，均为圆形。螯肢深黄色，具侧结节，后齿堤具 3 微齿，前齿堤 3 齿。颚叶、下唇红褐色。胸板黄色，心形。步足黄色。腹部卵圆形，黄色，腹面颜色较浅。触肢(见图 20-1E～G)胫节细长，胫节侧突短，端部尖锐，背侧有极短的一小尖突；跗舟外侧的跗舟沟短，跗舟基部距短，端部尖锐；插入器起源于盾板外侧端部，半环绕盾板，端部位于膜状的引导器之后；中突长带状，端部弯向内侧面，盾板精管不甚明显。

雌蛛体长约 9.81mm。体色较雄蛛深。螯肢前齿堤 3 齿，后齿堤具 1 大齿。其余特征近似于雄蛛。外雌器前庭大，横向椭圆形；插入孔位于前庭两侧，交配管中等长度，从插入孔向前延伸一个回折后进入后位的纳精囊；纳精囊小球形(见图 20-1C、D)。

检视标本：1♀，浙江临安天目山，2011-7-25，金池采；1♀，浙江天目山龙王山，2011-7-29，杨洁采；1♀1♂，浙江临安天目大峡谷，2011-8-2，金池、杨洁采；1♀，浙江临安天目山管理局，2013-6-27，付丽娜采；1♀1♂，浙江临安天目山古道方向，2013-6-28，查珊洁、张付滨采；1♂，浙江临安天目山仙人顶，2013-6-29，张付滨采。

分布：浙江、四川。

20.1.2　浙江红螯蛛 *Cheiracanthium zhejiangense* Hu & Song，1982（图 20-2 和图版 20-2）

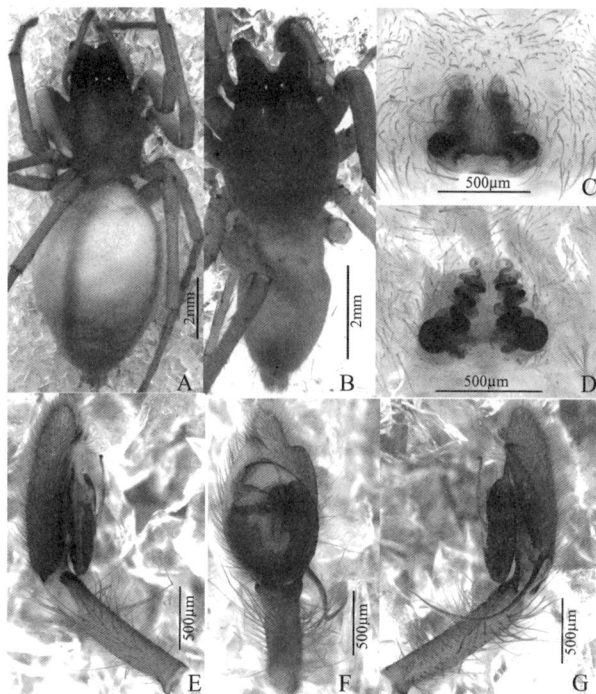

图 20-2　浙江红螯蛛 *Cheiracanthium zhejiangense* Hu & Song，1982

A. 雌蛛，背面观；B. 雄蛛，背面观；C. 雌蛛外雌器，腹面观；D. 雌蛛外雌器，背面观；

E. 雄蛛左触肢器，内侧面观；F. 雄蛛左触肢器，腹面观；G. 雄蛛左触肢器，外侧面观

雄蛛体长约 6.84mm。背甲卵圆形，红褐色，头区微隆起，颈沟和放射纹可见但不是十分清晰，中窝退化。8 眼 2 列，圆形。螯肢黑红色，具侧结节，后齿堤具 2 齿，前齿堤无齿。颚叶、下唇红褐色。胸板深黄色，心形。步足深黄色，转节腹面具有深的缺刻。腹部卵圆形，黄色，腹面颜色较浅。触肢（见图 20-2E～G）胫节细且长，外侧面观胫节突短而呈指状；跗舟外侧缘具有明显的跗舟沟，基部具有非常长而端部呈细丝状的跗舟距；插入器起源于盾板内侧端部，呈细长丝状，环绕盾板；引导器膜状，内侧端位；中突扁棒状，端部弯向内侧；盾板精管明显呈环形。

雌蛛体长约 6.17mm。螯肢前齿堤 3 齿，后齿堤具 6 微齿。颜色较雄蛛浅，其余特征近似于雄蛛。外雌器前庭后位，横向扁形凹陷；交配管非常长，从插入孔螺旋形上升后又螺旋形下延，最后进入肾形的纳精囊内；纳精囊后位且分离（见图 20-2C、D）。

检视标本：1♂，浙江临安清凉峰镇顺溪村小溪旁，2012-5-15，金池、高志忠采；3♀1♂，浙江临安清凉峰顺溪坞直源，2012-5-16，金池、高志忠采；1♀1♂，安徽歙县竹铺，2013-6-8，查珊洁采；1♀，浙江临安天目山仙人顶，2013-6-29，付丽娜采。

分布：浙江、安徽、贵州、湖南。

21　平腹蛛科 Gnaphosidae Pocock，1898

鉴别特征：小到中型蜘蛛(体长 3.00～17.00mm)，无筛器。背甲卵圆形，中窝、颈沟明显。8 眼 2 列，前中眼圆形，后中眼近乎三角形或不规则，有珍珠光泽。螯肢粗短；前齿堤有齿或无，或有 1 峰；后齿堤有 1 齿至多个齿，或 1 板齿。颚叶腹侧具明显斜向凹陷和锯齿列。步足粗短，被毛；2 爪，爪下具吸附作用的毛簇。第Ⅲ步足最短，第Ⅳ步足最长。腹部扁平，圆柱形，体色单一，但某些属有各色图案；成熟雄蛛的腹部常有背盾；腹部前端常具弯曲的刚毛。纺器不分节；前纺器大，柱形，左右平行，远离。雄蛛触肢胫节具粗壮的后侧胫节突；插入器细长，有引导器伴随；具中突和顶突。雌蛛外雌器具一凹陷；纳精囊的形状、交配管的长短因种各异。

模式属：*Gnaphosa* Latreille，1804

分布：全世界已知 124 属 2190 种。中国记录 32 属 204 种。本书记述天目山 3 属 3 种。

平腹蛛科分属检索表

1. 第Ⅲ、Ⅳ步足后跗节腹面端部不具清理梳 ……………………………………………… 希托蛛属 *Hitobia*
   第Ⅲ、Ⅳ步足后跗节腹面具清理梳 ……………………………………………………………………… 2
2. 雄蛛触肢有一居间骨片，外雌器具一鼻状凹陷 ……………………………………… 狂蛛属 *Zelotes*
   特征不如上述 …………………………………………………………………… 近狂蛛属 *Drassyllus*

21.1　近狂蛛属 *Drassyllus* Chamberlin，1922

鉴别特征：小到中型蜘蛛。体色暗。背甲红褐色，腹部深褐色或黑褐色。背甲卵圆形，头区前端窄。中窝明显，纵向。8 眼 2 列，前列眼后凹，后眼列前凹，后中眼为不规则的矩形。螯肢强壮，前齿堤 4 齿，后齿堤 3 齿。下唇宽，圆形，远端加厚。胸板前缘后凹。步足转节腹面无缺刻，第Ⅲ、Ⅳ后趾节端部腹面具清理梳。雄蛛触肢器顶突二叉，位于生殖球中央。雌蛛外雌器具中片，纳精囊后位，交配管长。

模式种：*Drassyllus fallens* Chamberlin，1922

分布：全世界已知 92 种。中国记录 8 种。本书记述天目山 1 种。

21.1.1　三门近狂蛛 *Drassyllus sanmenensis* Platnick & Song，1986(图 21-1 和图版 21-1)

雌蛛体长 6.00～7.10mm。背甲暗红褐色；中窝纵向，赤褐色细缝状；放射纹黑褐色。8 眼 2 列，背面观前眼列稍后凹，后列眼前凹。螯肢、颚叶和下唇均黄褐色，前齿堤 4 齿，后齿堤 2 齿。胸板黄褐色，被有褐色云斑，周缘呈缺刻状并具赤褐色宽边。腹部暗褐色，被有褐色长毛，中部有 2 对肌痕，腹面颜色较浅。纺器暗红褐色。外雌器(见图 21-1C、D)近乎方形，前缘宽，呈"m"状，前纳精囊管侧面有直的延伸部。

雄蛛体长约 6.30mm。腹部背面有暗红褐色背盾。触肢器(见图 21-1E～G)的终把持器的突出物有端凹陷，终把持器有侧突出物。

检视标本：1♀，浙江临安天目山老殿，2011-7-26，金池采；1♀，浙江临安清凉峰顺溪村小溪旁，2012-5-15，金池采；1♀，浙江临安清凉峰顺溪村顺溪坞桥，2012-5-17，金池采；1♀，浙江临安清凉峰保护区恶狼谷，2012-5-21，高志忠采；1 ♂，浙江临安清凉峰天池，2012-5-22，高志忠采；1♀，浙江清凉峰天池乐利山，2012-5-23，金池采；1♀，浙江临安天目山一里亭，2013-6-30，付丽娜采；1♀，浙江临安天目山千亩田，2013-7-2，张付滨采；1♀，浙江临安黄头坞，2014-6-

2,伍盘龙采；1♀,浙江临安天目山禅源寺,2014-6-9,张付滨采；1♀,浙江临安天目山管理局,2014-6-12,查珊洁采。

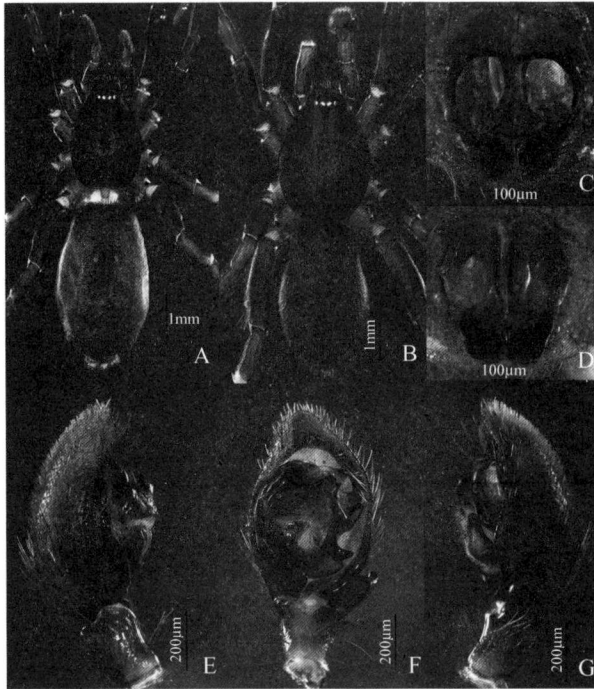

图 21-1　三门近狂蛛 *Drassyllus sanmenensis* Platnick & Song, 1986

A. 雌蛛,背面观；B. 雄蛛,背面观；C. 雌蛛外雌器,腹面观；D. 雌蛛外雌器,背面观；

E. 雄蛛左触肢器,内侧面观；F. 雄蛛左触肢器,腹面观；G. 雄蛛左触肢器,外侧面观

分布：浙江、安徽、湖北、湖南、四川、重庆。

21.2　希托蛛属 *Hitobia* Kamura，1992

鉴别特征：背甲梨形,颈沟不明显。8眼2列,前眼列后凹,后眼列前凹。中眼域梯形,长大于宽。螯肢强,前齿堤具 2～3 齿,后齿堤具 1 齿。颚叶外缘中间部分凹入,远端向内靠拢。步足跗节和后跗节均具毛丛,但第Ⅲ、Ⅳ步足稍稀疏。足式：4123 或 4213。中纺器长,纺管仅着生于远端部分。雌蛛外雌器中的纳精囊长卵圆形。雄蛛触肢器插入器短,后侧胫节突明显,中突缺失。

模式种：*Micaria unifascigera* Bösenberg & Strand，1906

分布：全世界已知 16 种。中国记录 14 种。本书记述天目山 1 种。

21.2.1　安之辅希托蛛 *Hitobia yasunosukei* Kamura，1992（图 21-2 和图版 21-2）

雌蛛体长 7.95～9.68mm。背甲长卵圆形,淡褐色。中窝可见,颈沟不明显,放射纹浅褐色。螯肢、颚叶以及下唇均为浅褐色,前齿堤 3 齿,后齿堤 1 小齿。胸板深褐色。步足腿节黑褐色,胫节和后跗节灰褐色,其余节黄褐色；跗节具 2 爪。腹部卵圆形,黑褐色,被稀疏的黑毛,背面肩部和后部有 2 条由白色细毛组成的横向白斑；腹面色较淡,密被褐色细毛。纺器圆柱状,深褐色。外雌器(见图 21-2C、D)中由两侧缘围成的前庭较大,前缘向后方凹入,插入孔明显；纳精囊略呈肾形。

雄蛛体长 5.05～5.70mm。背甲深棕色,头区黑棕色。中窝清晰,放射沟隐约可见。腹部

圆筒状,背面呈灰黑色,具背盾,背面中央有 2 条横向白带,腹部腹面灰褐色。纺器黑褐色。触肢器(见图 21-2E～G)胫节突宽大、粗壮,末端腹面观钝圆,侧面观钩状;无中突;插入器非常短,像一根针;输精管呈"U"形。

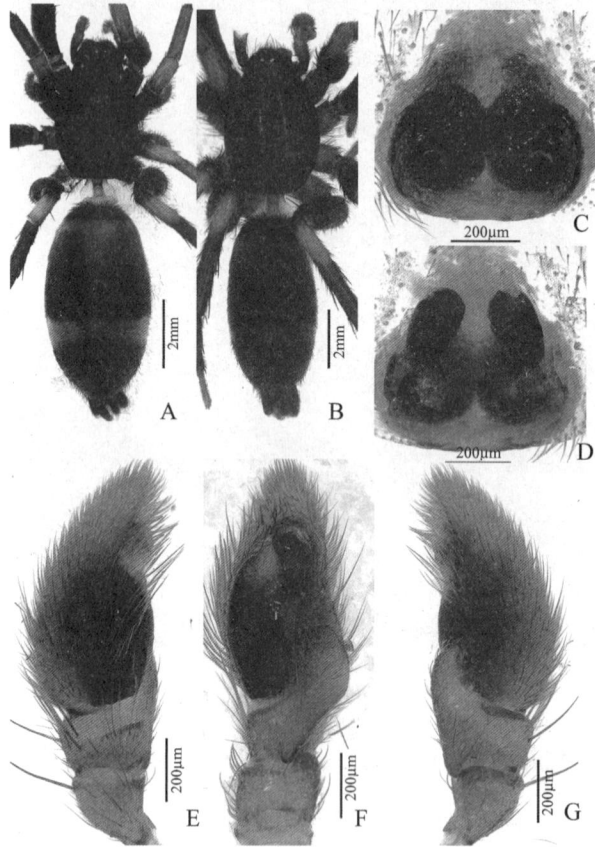

图 21-2 安之辅希托蛛 *Hitobia yasunosukei* Kamura,1992

A. 雌蛛,背面观;B. 雄蛛,背面观;C. 雌蛛外雌器,腹面观;D. 雌蛛外雌器,背面观;

E. 雄蛛左触肢器,内侧面观;F. 雄蛛左触肢器,腹面观;G. 雄蛛左触肢器,外侧面观

检视标本:2♀,浙江临安天目山老殿,2011-7-26,杨洁、金池采;1♂,浙江临安天目山千亩田,2013-7-2,付丽娜采;1♀,安徽休宁岭南村,2014-6-6,查珊洁采。

分布:浙江、安徽、福建、江西、湖南、重庆。

21.3 狂蛛属 *Zelotes* Gistel,1848

鉴别特征:背甲卵圆形,具黑色的网纹,后部边缘具有直立的黑色长刚毛。中窝长,纵向。前眼列后凹,后眼列平直;后中眼为不规则三角形。螯肢黑褐色,前齿堤具 3 齿和 1 刺,后齿堤具 1 齿和 1 刺。胸板边缘具刚毛刷。步足黑褐色;第Ⅲ、Ⅳ步足后跗节具有清理梳;后跗节和跗节的后半部具毛丛;跗节 2 爪,具稀疏的毛簇。腹部灰褐色;雄蛛腹部前端具盾片。雄蛛触肢具端突,插入器基部宽大,具中突,引导器膜质。外雌器形状各异,具成对的副中盲管。

模式种:*Melanophora subterranean* C. L. Koch,1833

分布:全世界已知 400 种。中国记录 36 种。本书记述天目山 1 种。

21.3.1　三门狂蛛 *Zelotes sanmen* Platnick & Song，1986（图 21-3 和图版 21-3）

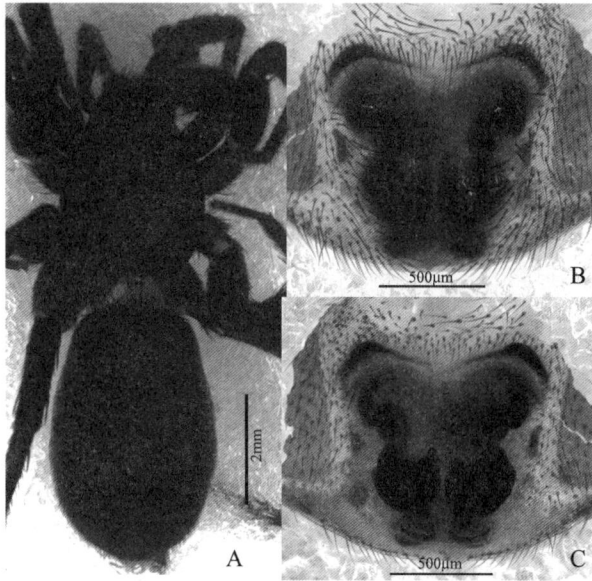

图 21-3　三门狂蛛 *Zelotes sanmen* Platnick & Song，1986
A. 雌蛛，背面观；B. 外雌器，腹面观；C. 外雌器，背面观

雌蛛体长约 5.68mm。背甲深褐色，侧缘色深；头区隆起不明显；颈沟、放射沟黑褐色。螯肢棕褐色，具侧结节，前齿堤 3 齿，后齿堤 4 齿。颚叶肾形，浅黄褐色。下唇浅黄褐色。胸板心形，浅黄褐色被毛。各步足腿节颜色同胸板，跗节颜色加深至棕褐色。腹部近似于梨形，背面黑褐色，肌痕 3 对；腹部腹面黑灰色。外雌器（见图 21-3B、C）前缘长，中央略向后方突出；中纳精囊窄长，位于中纳精囊管上方。

检视标本：1♀，浙江临安天目山千亩田，2013-7-1，张付滨采；1♀，浙江临安天目山千亩田，2013-7-2，付丽娜采；1♀，浙江遂昌九龙山，2013-7-5，张付滨采；1♀，浙江临安天目山禅源寺，2014-6-10，张付滨采；1♀，浙江临安天目山开山老殿，2014-6-11，张付滨采；2♀，浙江临安天目山管理局，2014-6-12，伍盘龙采；1♀，浙江临安天目山禅源寺，2014-6-13，张付滨采。

分布：浙江、安徽、福建、湖南。

22　拟扁蛛科 Selenopidae Simon，1897

鉴别特征：小到大型蜘蛛(体长 6.00～23.00mm)。背腹扁平,体色暗。背甲宽大于长,中窝和放射沟明显。8眼异型,2列,后中眼位于前侧眼的两侧,呈6-2排列,第2列眼相互远离。螯肢具侧结节,前、后齿堤均具齿。步足细长,两侧伸展,横行性,步足具斑纹;2爪;第Ⅰ步足后跗节、跗节腹面具毛丛。无舌状体。雌蛛外雌器具一正中隔或中央腔,周围白色膜。雄蛛触肢具明显的胫节突,插入器长,具引导器。

模式属：*Selenops* Latreille，1819

分布：全世界已知 10 属 257 种。中国记录 2 属 4 种。本书记述天目山 1 属 1 种。

22.1　拟扁蛛属 *Selenops* Latreille，1819

鉴别特征：本属蜘蛛体型大小悬殊(体长 6.00～23.00mm)。背腹扁平,体色暗;步足具斑纹。背甲宽大于长,中窝和放射沟明显。8眼异型,2列,后中眼位于前侧眼的两侧,呈6-2排列,第2列眼相互远离。螯肢具侧结节,前、后齿堤均具齿。步足细长,两侧伸展,横行性;2爪;第Ⅰ步足后跗节、跗节腹面具毛丛。无舌状体。雌蛛外雌器具一正中隔或中央腔,周围白色膜。雄蛛触肢具明显的胫节突,插入器长,具引导器。

模式种：*Selenops radiatus* Latreille，1819

分布：全世界已知 129 种。中国记录 3 种。本书记述天目山 1 种。

22.1.1　袋拟扁蛛 *Selenops bursarius* **Karsch，1879**(图 22-1 和图版 22-1)

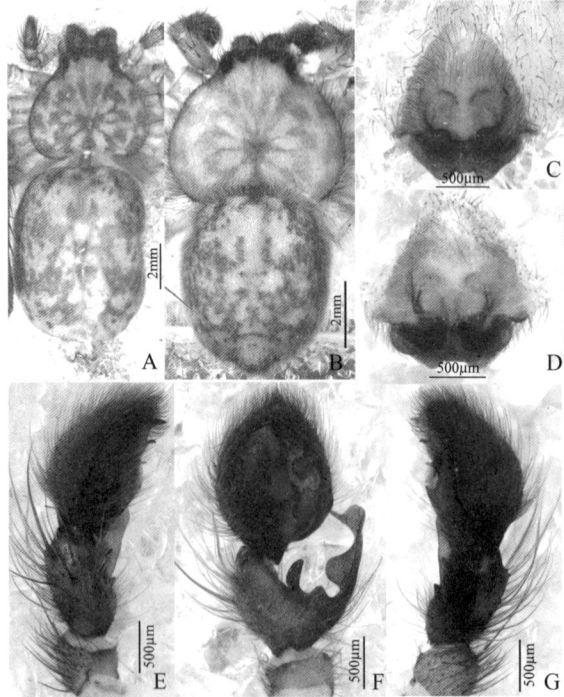

图 22-1　袋拟扁蛛 *Selenops bursarius* Karsch，1879

A. 雌蛛,背面观;B. 雄蛛,背面观;C. 雌蛛外雌器,腹面观;D. 雌蛛外雌器,背面观;
E. 雄蛛左触肢器,内侧面观;F. 雄蛛左触肢器,腹面观;G. 雄蛛左触肢器,外侧面观

　　雌蛛体长约 11.00mm。头胸部黄褐色,宽大于长,头部狭窄并稍稍隆起,胸部宽圆,周缘生有长的棕色刚毛。颈沟、放射沟明显。中窝宽,纵向。前列 6 眼较小,后中眼最小。螯肢褐色,前齿堤 3 齿,后齿堤 2 齿。下唇呈铲状,基部褐色,端部黄色。颚叶淡褐色。胸板略呈圆形,黄色并镶有褐色窄边,前端两侧较平,中间颇凸出,后端有一“V”形凹陷。触肢黄色,跗节有爪。步足黄色,具灰褐色轮纹。腹部背面灰褐色,心脏斑灰白色,其两侧及后方显有羽状或水纹状灰色斑纹;腹部腹面淡褐色。纺器褐色,前纺器粗短,后纺器稍长、细弱。外雌器(见图 22-1C、D)中央具有前庭,前庭的前边两侧具有 2 个小的前缘,侧缘明显,插入孔非明显可见。纳精囊小,囊状;交配管短。

　　雄蛛体长约 9.00mm。触肢器(见图 22-1E～G)胫节有 1 个长突起。长突起的基部有 1 个拇指状小突起,中部有 1 个钝齿状小突起,末端有 2 个半圆形小突起,其中最末端的小突起上又有 1 个小的指状突起。

　　检视标本:1♀(幼),浙江临安天目山禅源寺,2011-7-31,金池、杨洁采;1♂,浙江临安天目山千亩田,2013-7-2,付丽娜采;1♀,安徽休宁岭南大坞,2013-7-31,李志月采。

　　分布:浙江、台湾、江苏、安徽、四川、河南、贵州;韩国,日本。

23　巨蟹蛛科 Sparassidae Bertkau，1872

鉴别特征：小到大型蜘蛛(体长 3.00～50.00mm)。背甲卵圆形，头区窄。8 眼 2 列。螯肢具侧结节，前齿堤 1～4 齿，后齿堤 1～9 齿；某些类群在前、后齿堤间具小齿。步足粗壮，通常以第 Ⅱ 步足为最长；后跗节的关节远端具三裂片状膜；后跗节和跗节腹面具浓密毛丛；跗节 2 爪，具单列梳状栉齿。腹部卵圆形，中部具黑色心形斑。不具舌状体、筛器。雌蛛触肢具 1 爪。外雌器骨化。雄蛛的触肢胫节具强壮的突起，具引导器。

模式属：*Micrommata* Latreille，1804

分布：全世界已知 87 属 1215 种。中国记录 11 属 99 种。本书记述天目山 1 属 3 种。

23.1　中遁蛛属 *Sinopoda* Jäger，1999

鉴别特征：小到中型蜘蛛。体色从浅黄色到浅褐色，穴居种类为黑褐色，有或无斑纹。背甲的最宽处在第 Ⅱ、Ⅲ 基节之间。8 眼 2 列，前后眼列均后凹。螯肢前齿堤 3 齿，后齿堤 4 齿，两齿堤之间、靠近前齿堤有一些小齿。足式通常为 2413。腹部卵圆形。触肢器的盾板卵圆形，从腹面可见亚盾板的一部分，插入器呈"S"形，不同种类弯曲强度不同，基部连接于盾板面上六点钟到八点钟的位置，并深陷入盾板边缘，端部接近于扁平的膜状引导器；插入器突起扁长，连接于插入器的基半部；胫节突二分叉，背肢最长。雌性插入孔被 2 条从前部中央至后部侧面横行的边所遮盖，交配管展开，受精囊分成一个头部和基部。

模式种：*Sarotes forcipata* Karsch，1881

分布：全世界已知 29 种，主要分布于亚洲。中国记录 21 种。本书记述天目山 3 种。

中遁蛛属分种检索表

1. 雄蛛插入器及插入器突起呈"S"形弯曲，插入器稍长于插入器突起 ………… 彭氏中遁蛛 *Sinopoda pengi*
   特征不如上述 ……………………………………………………………………………………… 2
2. 雌蛛后侧眼＞后中眼＞前侧眼＞前中眼，纳精囊前部稍宽于后部………… 弓形中遁蛛 *Sinopoda fornicata*
   雌蛛后侧眼＞前侧眼＞后中眼＞前中眼，纳精囊宽度几乎不变……………… 钳中遁蛛 *Sinopoda forcipata*

23.1.1　弓形中遁蛛 *Sinopoda fornicata* Liu，Li & Jäger，2008(浙江新记录种)(图 23-1 和图版 23-1)

雌蛛体长约 17.50mm。8 眼 2 列，后侧眼＞后中眼＞前侧眼＞前中眼，前中眼间距大于前中、前侧眼间距，后中眼间距小于后中、后侧眼间距。足式：2143。外雌器(见图 23-1B、C)后缘轻微两裂，且正中裂达到外雌器的中间部分；纳精囊走向与中线平行，前部稍宽于后部，后部有一囊状结构。

检视标本：1♀，浙江临安天目山古道方向，2013-6-28，付丽娜采。

分布：浙江、云南。

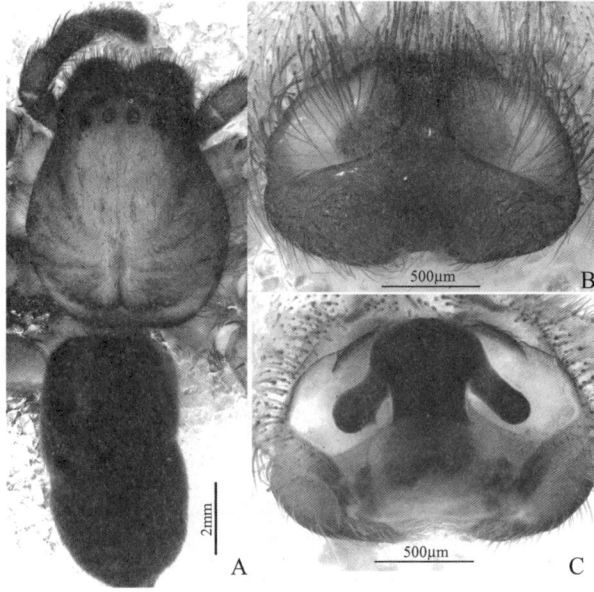

图 23-1　弓形中遁蛛 *Sinopoda fornicata* Liu, Li & Jäger, 2008
A. 雌蛛，背面观；B. 外雌器，腹面观；C. 外雌器，背面观

23.1.2　钳中遁蛛 *Sinopoda forcipata*（**Karsch，1881**）（浙江新记录种）（图 23-2 和图版 23-2）

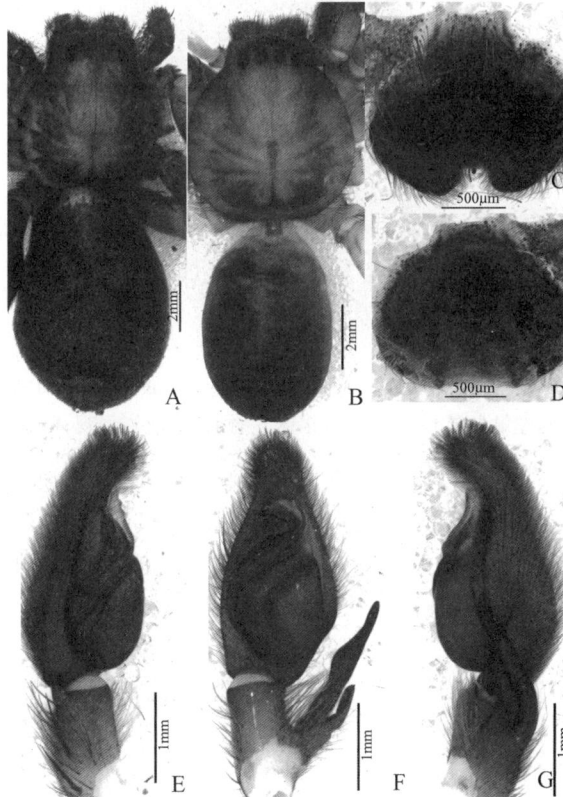

图 23-2　钳中遁蛛 *Sinopoda forcipata*（Karsch，1881）
A. 雌蛛，背面观；B. 雄蛛，背面观；C. 雌蛛外雌器，腹面观；D. 雌蛛外雌器，背面观；
E. 雄蛛左触肢器，内侧面观；F. 雄蛛左触肢器，腹面观；G. 雄蛛左触肢器，外侧面观

雄蛛体长约19.30mm。体微黄褐色,没有明显的斑。两眼列均后凹,后侧眼＞前侧眼＞后中眼＞前中眼,前中眼间距大于前中、前侧眼间距,后中眼间距小于后中、后侧眼间距。足式:2143。插入器末端的突起弯成锐角;胫节突背支宽,端部尖细(见图23-2E～G)。

雌蛛体长约19.30mm。触肢爪具7～8齿。其余特征似雄蛛。外雌器(见图23-2C、D)的侧叶后部指向中线,两者之间最近的距离约为外雌器宽度的1/9;纳精囊头部长约为宽的2倍,宽度前后相同。

检视标本:1♂1♀,浙江临安天目山禅源寺,2011-7-27,金池采。

分布:浙江、台湾、云南、四川。

23.1.3　彭氏中遁蛛 *Sinopoda pengi* Song & Zhu, 1999 (浙江新记录种)(图23-3和图版23-3)

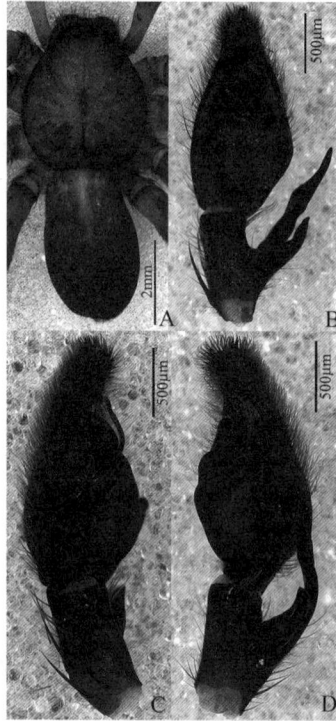

图23-3　彭氏中遁蛛 *Sinopoda pengi* Song & Zhu, 1999

A 雄蛛,背面观;B. 雄蛛左触肢器,腹面观;C. 雄蛛左触肢器,内侧面观;D. 雄蛛左触肢器,外侧面观

雄蛛体长约14.40mm。背甲褐色,密被白色和黑褐色毛,后部具一白色横带斑。颈沟、放射沟和中窝深褐色。额具有浓密的白毛。螯肢褐色,侧缘具浓密的褐色毛,前齿堤2齿,后齿堤4齿。颚叶椭圆形,长大于宽,末端色浅,具浓密的毛。下唇褐色,几乎方形,末端色浅且具褐色毛。胸板浅褐色,边缘色深,具褐色的毛。步足褐色,足式:2143。腹部背面黄色,具深褐色毛,2对肌斑,3个"V"形斑,第3个深褐色;腹面褐色。纺器褐色。插入器及插入器突起呈"S"形弯曲,中部和基部较宽,端部细,插入器稍长于插入器突起,插入器在盾板面七点半钟方向的位置发生;胫节突起源于胫节的中部,背支粗壮,末端细长,其内侧缘波纹状;腹支粗壮,末端钝(见图23-3B～D)。

检视标本:1♂,浙江临安天目山古道方向,2013-6-28,付丽娜采。

分布:浙江、新疆。

24 蟹蛛科 Thomisidae Sundevall，1833

鉴别特征：小到中型蜘蛛（体长 3.00～23.00mm）。步足强壮，向两侧伸展，可横行，形似螃蟹。背甲半圆形或卵圆形，部分种类具强大的突起或眼丘。8 眼 2 列，前眼列后凹，后眼列强烈后凹；侧眼通常长在眼丘上，直径比中眼大。步足胫节及后跗节腹面常具数对粗短的刺。跗节具 2 爪。腹部扁，后端宽圆，密被细毛。具舌状体。雄蛛触肢胫节具后侧突和腹突；盾板较平，部分种类具钩状突；输精管顺时针弯曲伸入插入器。雌蛛外雌器变化较大，一般具兜，且具中隔；纳精囊常具皱褶，其形状因种而各异。

模式属：*Thomisus* Walckenaer，1805

分布：全世界已知 175 属 2155 种。中国记录 47 属 285 种。本书记述天目山 6 属 11 种。

蟹蛛科分属检索表

1. 额宽，后侧眼丘大于前侧眼丘 ··· 峭腹蛛属 *Tmarus*
   额窄，后侧眼丘小于前侧眼丘 ··· 2
2. 体型一般，前体部的胸部有刚毛，雄蛛后体部长大于宽 ···················· 花蟹蛛属 *Xysticus*
   特征不如上述 ··· 3
3. 前体部的胸部有长刚毛；雄蛛触肢胫节的后侧突简单而且骨化；体和足的色泽相对较暗 ···········
   ·· 微蟹蛛属 *Lysiteles*
   前体部的胸区刚毛短，长刚毛罕见；雄蛛触肢胫节的后侧突十分发达，通常有间突；后侧突仅顶端骨化，通常有一背齿 ·· 4
4. 前后侧眼之间有圆锥形突起；雄蛛较雌蛛体型小得多 ·························· 蟹蛛属 *Thomisus*
   头部在前后侧眼之间无突起；雄蛛体型小于雌蛛，但不悬殊 ······································· 5
5. 前后侧眼的眼丘相接但不相连成一片；中眼域长大于宽；雄蛛触肢的插入器部位围绕于盾板盘区；外雌器有柔软的突起，中兜在突起上 ··· 狩蛛属 *Diaea*
   前后侧眼的眼丘常连成一片，中眼域宽大于长，插入器部位围绕于盾板盘区，或非常短且基部有结构；外雌器有中兜，罕见不发达的突起 ······································· 艾奇蛛属 *Ebrechtella*

24.1 狩蛛属 *Diaea* Thorell，1869

鉴别特征：中型蜘蛛，雄蛛较雌蛛弱小。头胸部长宽大致相等，具刚毛。侧眼丘发达；前侧眼最大，前中眼最小；中眼域呈梯形。步足具发达的刺。腹部卵圆形，长大于宽，背部具不规则的斑纹。雄蛛的触肢胫节具腹突和后侧突；后侧突具一端齿；生殖球简单；插入器细长。雌蛛外雌器具一柔软的中隔，具兜；交配管扁长、扭曲；纳精囊肾形或管形。

模式种：*Aranea dorsata* Fabricius，1777

分布：全世界已知 44 种。中国记录 4 种。本书记述天目山 1 种。

24.1.1 陷狩蛛 *Diaea subdola* O. P. -Cambridge，1885（图 24-1 和图版 24-1）

雌蛛体长 3.70～7.93mm。活体时背甲及步足腿节嫩绿色。背甲浅黄绿色，头胸部长大于宽。体黄色，有长毛。侧眼丘相连，侧眼远大于中眼。胸板浅黄绿色，四周着生长毛。下唇和胸板均长大于宽。螯肢有 2 个极小的齿。腹部卵圆形，长大于宽，有长毛；背面色斑有不同，从黄色、黄褐色、米色到淡褐色，夹杂白色斑，偶见 2 或 3 对点斑，常有一暗色的不规则形大斑。外雌器（见图 24-1C、D）有一圆形骨化板，板上有一中兜；交配管在初段细，在末段粗且软;纳精囊管状。

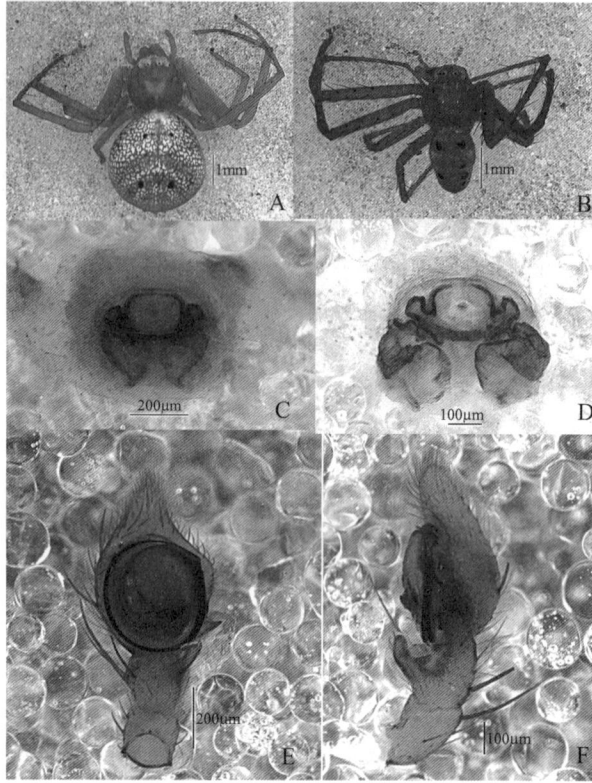

图 24-1 陷狩蛛 *Diaea subdola* O. P.-Cambridge, 1885

A. 雌蛛,背面观;B. 雄蛛,背面观;C. 雌蛛外雌器,腹面观;D. 雌蛛外雌器,背面观;

E. 雄蛛左触肢器,腹面观;F. 雄蛛左触肢器,外侧面观

雄蛛体长 3.26～4.07mm。头胸部及其附肢黄色或黄褐色,少数第Ⅰ步足腿节黑褐色。触肢(见图 24-1E、F)胫节有腹突、后侧突和间突;腹突指状,末端较宽;间突齿状;后侧突发达,结构复杂,端部有一齿,腹缘有一列短毛。插入器部位绕盾板一圈半;插入器长,丝状,端部向背面弯曲。腹部背面黄色或黄白色,有一对不明显的淡红褐色纵斑纹,有时纵斑断开,而为 2 对点斑。

检视标本:1♀1♂,浙江临安天目大峡谷,2011-8-2,金池、杨洁采;2♀,浙江临安清凉峰顺溪坞直源,2012-5-16,金池、高志忠采;1♂,浙江临安清凉峰百步岭,2012-5-20,金池、高志忠采;1♀,浙江临安天目山古道方向,2013-6-28,查珊洁采;2♀2♂,浙江临安天目山仙人顶,2013-6-29,查珊洁采;2♀,浙江临安天目山千亩田,2013-7-2,查珊洁采。

分布:浙江、安徽、台湾、四川、重庆、陕西、山西、山东、贵州、海南。

24.2　艾奇蛛属 *Ebrechtella* Dahl,1907

鉴别特征:小到中型蜘蛛,雄蛛较雌蛛小。前体部长宽约相当,略扁平,有刚毛。前后侧眼眼丘相连,侧眼远大于中眼。中眼域宽大于长,后边大于前边。螯肢无齿或仅 1 微齿。下唇和胸板均长大于宽。爪有 2～5 个齿。步足的刺发达,第Ⅰ、Ⅱ足胫节通常无侧刺。雄蛛触肢胫节具腹突和后侧突;后侧突常呈叉状;盾板无突起;插入器常短,呈丝状或刺状,端部常弯曲。

后体部梨形,具长毛,在雌蛛中长宽相当,在雄蛛中长大于宽。外雌器有中兜,插入孔在兜的两侧;交配管常弯曲。

生物学:生活于灌木和草丛中。

模式种:*Diaea concinna* Thorell,1877

分布:全世界已知 12 种,主要分布于亚洲。中国记录 6 种。本书记述天目山 1 种。

24.2.1　三突艾奇蛛 *Ebrechtella tricuspidata*(Fabricius,1775)(图 24-2 和图版 24-2)

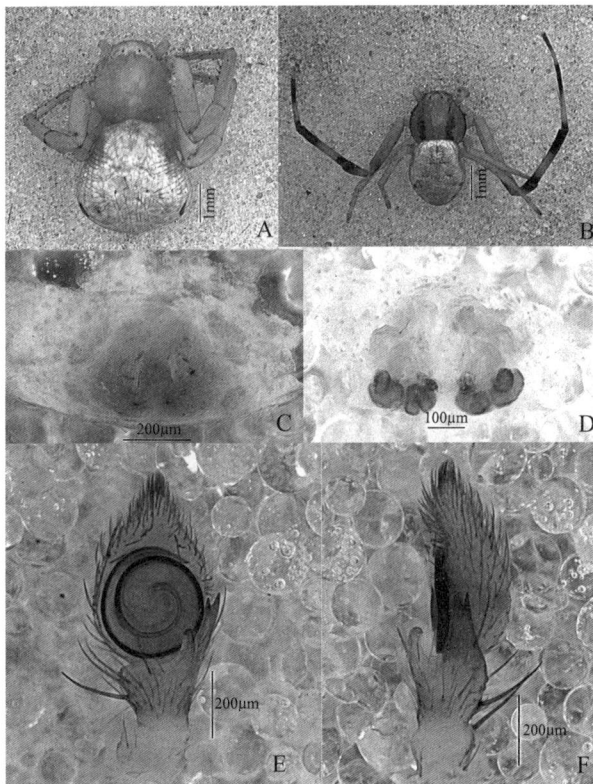

图 24-2　三突艾奇蛛 *Ebrechtella tricuspidata*(Fabricius,1775)
A. 雌蛛,背面观;B. 雄蛛,背面观;C. 雌蛛外雌器,腹面观;D. 雌蛛外雌器,背面观;
E. 雄蛛左触肢器,腹面观;F. 雄蛛左触肢器,外侧面观

雌蛛体长约 4.70mm。头胸部通常绿色,眼丘及眼域黄白色。背甲浅黄褐色,无斑纹。颈沟、放射沟不明显。前列眼大致等距离排列。两侧眼丘隆起,基部相连。前侧眼及其眼丘最大。胸板心形,黄色。螯肢较长,螯爪较小。颚叶前端有毛丛。前两对步足显著长于后两对。步足的基节、转节、腿节通常绿色,膝节以下黄橙色或带一些棕色环。腹部梨形,背面黄白色或金黄色,并有红棕色斑纹。外雌器(见图 24-2C、D)淡黄色,外构可见褐色双括弧形生殖腔;交配管迂回弯曲;纳精囊为多个梨形状排列。

雄蛛体长 2.70～4.00mm。头胸部近两侧有时可见一条深棕色带,头胸部的边缘亦呈深棕色。前两对步足的膝节、胫节、后跗节、跗节上有深棕色斑纹。腹部后端不像雌蛛那样加宽;背面为黄白色的鳞状斑纹,正中有一枝杈状的黄橙色纹;腹部后缘上有的也有红棕色条纹。触肢器(见图 24-2E、F)胫节有 2 个突起,其中 1 个大突起尖端分裂;插入器为螺旋形弯曲。

检视标本:1♂,浙江临安天目山,2011-7-25,金池、杨洁采;2♀,浙江临安清凉峰镇顺溪村小溪旁,2012-5-15,金池、高志忠采;1♀,浙江临安清凉峰顺溪坞直源,2012-5-16,金池、高志忠采;2♂,浙江临安清凉峰天池,2012-5-22,金池、高志忠采。

分布:浙江、安徽、河北、北京、天津、黑龙江、吉林、辽宁、内蒙古、宁夏、甘肃、青海、新疆、山西、陕西、河南、山东、江苏、江西、湖南、四川、重庆、台湾、福建、云南、贵州、海南。

24.3　微蟹蛛属 *Lysiteles* Simon,1895

鉴别特征:小型蜘蛛。头胸部长大于宽;稍隆起,具长刚毛。颈沟、放射沟和中窝均不明显。8眼2列,两眼列均后凹,几乎等长;眼发达;中眼域梯形。螯肢仅具1齿。爪下毛簇不发达,步足刺发达。腹部长大于宽,具明显的斑纹。雄蛛触肢胫节具腹突和后侧突;生殖球简单且扁平,有些种类具盾板突;插入器形状多变。雌蛛外雌器具一角质化褶;插入孔藏于褶内;交配管短;纳精囊大,呈球形。

模式种:*Lysiteles catulus* Simon,1895

分布:全世界已知57种。中国记录41种。本书记述天目山1种。

24.3.1　邱氏微蟹蛛 *Lysiteles qiuae* Song & Wang,1991(浙江新记录种)(图24-3和图版24-3)

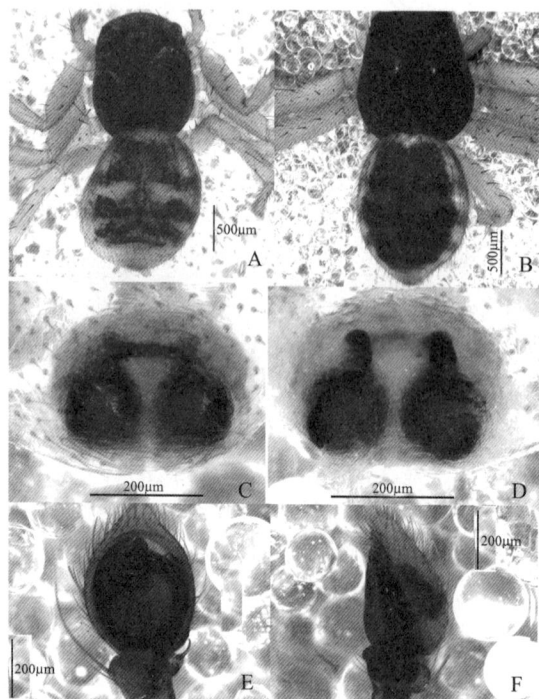

图 24-3　邱氏微蟹蛛 *Lysiteles qiuae* Song & Wang,1991
A. 雌蛛,背面观;B. 雄蛛,背面观;C. 雌蛛外雌器,腹面观;D. 雌蛛外雌器,背面观;
E. 雄蛛左触肢器,腹面观;F. 雄蛛左触肢器,外侧面观

雌蛛体长约3.20mm。背甲黑褐色,其上有数根长刚毛,背甲中部隆起,颈沟、放射沟隐约可见。两眼列均后凹,眼丘土褐色。胸板黑褐色,倒三角形。螯肢黑褐色,前齿堤具1列长毛。下唇、颚叶均较长。步足淡黄色,刺多,无斑纹。腹部近圆形,淡黄褐色,密被细毛,斑纹黑褐色,背面中部两侧有1对银白色的碎斑;腹面浅黄色。外雌器(见图24-3C、D)前缘为横片状,下方凹入有开口,腹面观可见交配管呈"U"形弯曲并连接于生殖腔两侧。

雄蛛体长 2.60～2.78mm。螯肢相对粗壮,两螯肢相对面稍内凹,前齿堤具 1 列长毛。触肢器(见图 24-3E、F)插入器卷曲成弯钩状,胫节突 2 个,其中外侧突内弯,末端具一尖且弯的刺状突。

检视标本:2 ♂,浙江临安天目山仙人顶,2013-6-29,查珊洁采;1♀1 ♂,浙江临安天目山千亩田,2013-7-1,查珊洁采。

分布:浙江、安徽、陕西、贵州。

24.4　蟹蛛属 *Thomisus* Walckenaer,1805

鉴别特征:中到大型蜘蛛,雄蛛较雌蛛体型明显小且体色暗。头胸部长宽大致相等;头区在前、后侧眼之间有大的角状突起。眼不发达,大小相近。步足的刺不发达;跗节爪下具数枚小齿。雄蛛触肢器胫节具腹突、间突和后侧突,腹突不发达,后侧突长,间突向外后方突出;插入器较短。雌蛛外雌器无兜,纳精囊球形,交配管短。

模式种:*Thomisus onustus* Walckenaer,1805

分布:全世界已知 145 种。中国记录 16 种。本书记述天目山 2 种。

蟹蛛属分种检索表

1. 雄蛛插入器起源于盾板内侧近基部,较细;胫节腹突呈乳头状 ····················· **角红蟹蛛 *Thomisus labefactus***

雄蛛插入器起源于盾板内侧中部,较粗大;胫节腹突呈拇指状 ····················· **胡氏蟹蛛 *Thomisus hui***

24.4.1　角红蟹蛛 *Thomisus labefactus* Karsch,1881(浙江新记录种)(图 24-4 和图版 24-4)

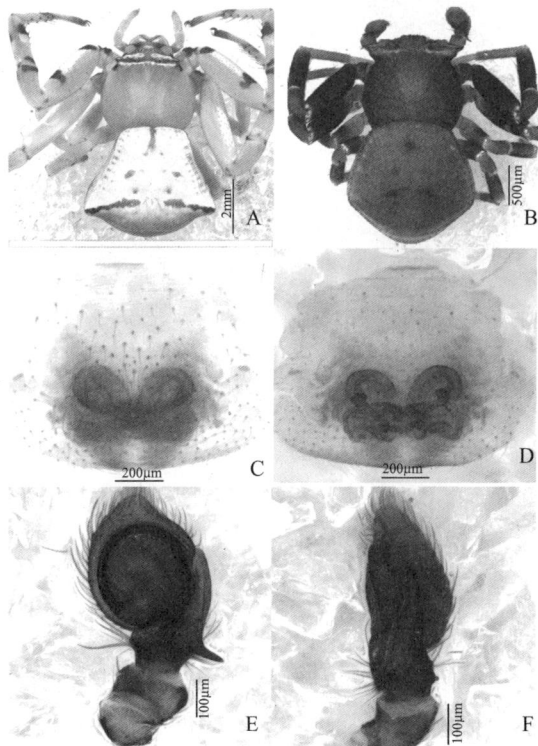

图 24-4　角红蟹蛛 *Thomisus labefactus* Karsch,1881

A. 雌蛛,背面观;B. 雄蛛,背面观;C. 雌蛛外雌器,腹面观;D. 雌蛛外雌器,背面观;
E. 雄蛛左触肢器,腹面观;F. 雄蛛左触肢器,外侧面观雌蛛体长约5.32mm。头胸部长宽相当,活体时呈白色、黄色或淡绿色,固定标本呈黄褐色,上有许多小突起。头区和额白色。背甲浅黄褐色,无斑纹。颈沟、放射沟不明显。头区及额部有白色斑。胸板长宽相当,或长稍大于宽。腹部土黄色,后部两边突出,背面有褐色斑纹,前端有5个明显肌痕,腹部末端三角形;腹面淡黄色,正中有白色或黄色斑纹,长宽相当。外雌器(见图24-4C、D)无骨化板,可见2个插入孔,弯曲;纳精囊卵形。

雄蛛体长2.22～3.41mm,较雌蛛小很多。螯肢无任何突起,但有1～2根短刚毛。触肢器(见图24-4E、F)胫节的腹突小,后侧突十分发达,间突往后下方突出。插入器弯曲,近圆形。

检视标本:3♀(幼)1♂,浙江临安天目山,2011-7-25,金池、杨洁采;2♂,浙江临安天目山老殿,2011-7-26,金池、杨洁采;1♂,浙江临安天目大峡谷,2011-8-2,金池、杨洁采。

分布:浙江、安徽、湖北、台湾、广东、福建、云南、四川、重庆、河南、山西、河北、山东、甘肃、新疆、贵州、海南。

24.4.2　胡氏蟹蛛 *Thomisus hui* Song & Zhu,1995(浙江新记录种)(图24-5和图版24-5)

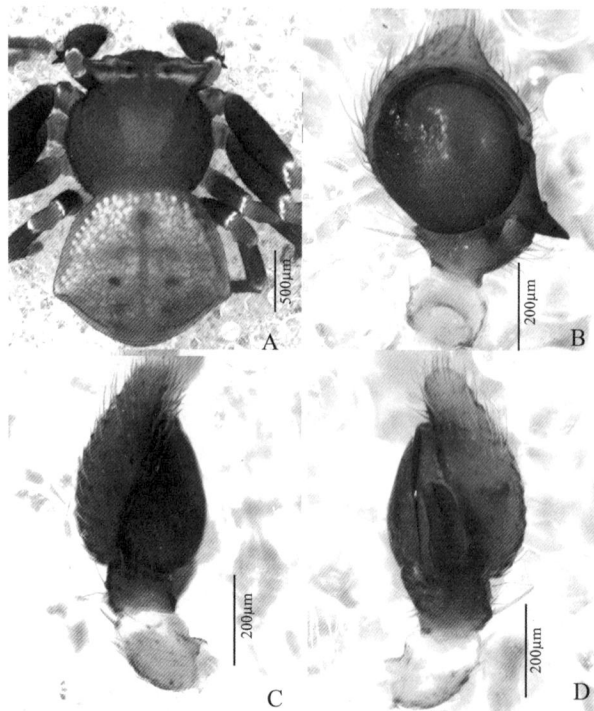

图24-5　胡氏蟹蛛 *Thomisus hui* Song & Zhu,1995

A. 雄蛛,背面观;B. 雄蛛左触肢器,腹面观;C. 雄蛛左触肢器,内侧面观;D. 雄蛛左触肢器,外侧面观

雄蛛体长约2.40mm。背甲宽大于长,淡黄褐色,中窝位置的前方有一梯形黄色区域。整个背甲的中、后部密布黄褐色短刚毛,边缘呈锯齿状。后中眼的前、后方至左右两侧突的边缘各有一对白色横条纹;额部中央呈黄褐色,左右具白色细边;两眼列均后凹,后眼列长于前眼列。前列各眼呈等距排列,后中眼间距大于后中侧眼间距。中眼域长小于宽,前边小于后边。螯肢黄褐色。颚叶、下唇淡黄褐色。胸板黄色,疏生棕色短刚毛。腹部略扁,近乎菱形;背面黄色,具5个褐色肌斑,中央有一十字形黄褐色斑,腹背周缘呈黄褐色;腹部腹面黄色,中央色较深。触肢器(见图24-5B～D)的护器为一大且下垂的骨片,胫节腹突短指状,后侧突与护器交叉呈"X"形。

检视标本：1♂，浙江临安天目山千亩田，2013-7-1，查珊洁采。

分布：浙江、安徽、山东。

24.5　峭腹蛛属 *Tmarus* Simon，1875

鉴别特征：中型蜘蛛，雄蛛体窄。头胸部长大于宽，额向前伸，前端具长刚毛。背甲具稀疏的刚毛和红色的小斑点。中窝不明显。眼域和背甲中央灰白色。前中眼最小，侧眼丘大，灰黑色，中眼域梯形。螯肢向前下方伸展，齿堤无齿。腹部长大于宽，梨形，后端有时超出纺器之后。雄蛛触肢胫节具腹突和后侧突，通常有间突和端突；生殖球简单，无任何突起；插入器常短粗。外雌器常有一中兜，插入孔无覆盖，交配管短粗；纳精囊小，球形、卵形或肾形。

模式种：*Aranea pigra* Walckenaer，1802

分布：全世界已知 222 种。中国记录 26 种。本书记述天目山 1 种。

24.5.1　东方峭腹蛛 *Tmarus orientalis* Schenkel，1963（浙江新记录种）（图 24-6 和图版 24-6）

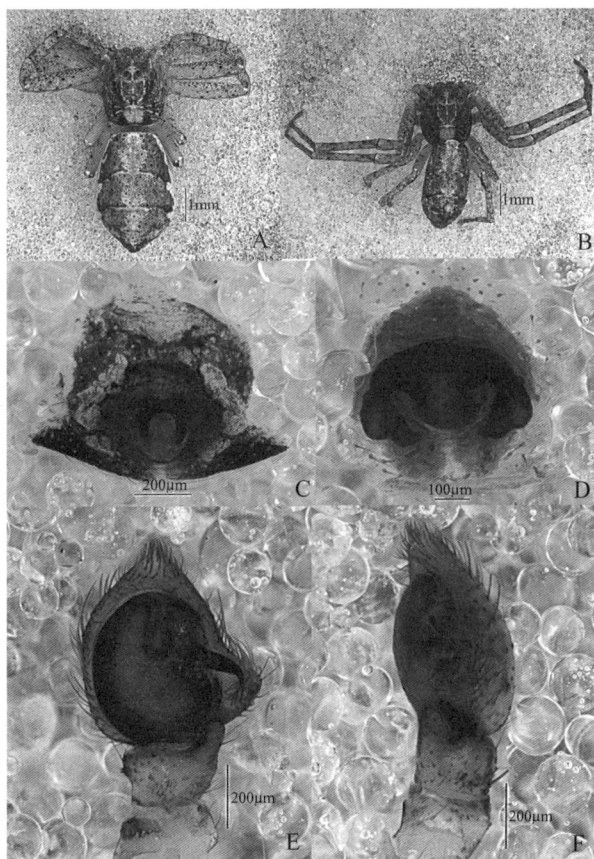

图 24-6　东方峭腹蛛 *Tmarus orientalis* Schenkel，1963
A. 雌蛛，背面观；B. 雄蛛，背面观；C. 雌蛛外雌器，腹面观；D. 雌蛛外雌器，背面观；
E. 雄蛛左触肢器，腹面观；F. 雄蛛左触肢器，外侧面观

雌蛛体长约 5.60mm。头胸部近乎长方形，褐色，夹杂白色斑纹，有对称排列的长刺状毛。前眼列平直，后眼列微后凹。前、后眼丘的基部相连。前中眼间距大于前中侧眼距，后中眼间距小于后、中侧眼距。中眼域宽略大于长，后边显著大于前边。额甚长，斜坡状。胸板长椭圆形，生有长毛，毛基有褐色斑。腹部长，后部宽，后端突出，在此突下方的腹部后缘垂直，腹部后

端高;腹部背面黄白色,有褐色斑点,并在背甲中线两侧有 3 对左右对称的褐色横线。外雌器后方有一黄色纵带。外雌器(见图 24-6C、D)中央有一圆孔或中兜;插入孔无覆盖;交配管短粗;纳精囊小,卵形。

　　雄蛛体长约 3.90mm。头胸部的长度略大于宽度。背中部色较淡,两侧色较深。腹部窄长,两侧缘基本平直;后部的高度与前部相仿,后缘不垂直,而是向后方倾斜;腹部背面灰白色,有长刺,刺基有棕色斑。触肢(见图 24-6E、F)胫节具腹突和后侧突,盾板简单,无任何突起,精管明显;插入器常短粗。

　　检视标本:1♀1♂,浙江临安天目大峡谷,2011-8-2,金池、杨洁采。

　　分布:浙江、陕西、山西、河南、河北、山东。

24.6　花蟹蛛属 *Xysticus* C. L. Koch,1835

　　鉴别特征:中型蜘蛛,雄蛛较雌蛛体型小且体色暗。头胸部长约等于宽,具短刚毛。侧眼眼丘相接,中眼域宽大于长。螯肢不具齿。胸板盾形。步足具发达的刺,毛丛和爪簇不发达。雌蛛腹部长宽相当,雄蛛腹部长大于宽,不扁平,上有明显的斑纹。雄蛛触肢通常具腹突及后侧突;生殖球简单,盾板无或有 2~3 个突起;插入器刺状。外雌器骨化程度高,无兜而具中隔;交配管短;纳精囊较大,呈球形或肾形。

　　生物学:生活于低矮植物上、石下或落叶层中。

　　模式种:*Aranea audax* Schrank,1803

　　分布:全世界已知约 370 种。中国记录 60 种。本书记述天目山 5 种。

花蟹蛛属分种检索表

　　24.6.1　嵯峨花蟹蛛 *Xysticus saganus* Bösenberg & Strand,1906(浙江新记录种)(图 24-7和图版 24-7)

　　雌蛛体长 5.78~8.21mm。背甲黄褐色及具一对暗褐色纵纹,侧缘褐色。胸板深褐色,盾形,周围长有较密黑毛。螯肢、颚叶、下唇、胸板和触肢黄褐色。前两对步足粗长,斑纹色深;后两对步足颜色浅,各节末端有褐色斑点。腹部梨形,腹背深褐色,着生许多黑毛,侧缘有灰白色斑点;腹面颜色浅。外雌器(见图 24-7C、D)隆起,生殖腔下端呈半透明皱纹状,中隔宽,插入孔角质化;交配管粗短;纳精囊小,肾形。

　　雄蛛体长约 3.58mm。触肢器(见图 24-7E~F)胫节有腹突和后侧突,后侧突钝。生殖球有 2 个盾板突,顶突起短,基部突简单。插入器长,丝状。

　　检视标本:1♀2♂,浙江临安天目山仙人顶,2013-6-29,查珊洁采;3♀3♂,浙江临安天目山千亩田,2013-7-1,查珊洁采;2♂,浙江临安天目山千亩田,2013-7-2,查珊洁采。

分布：浙江、安徽、四川、内蒙古。

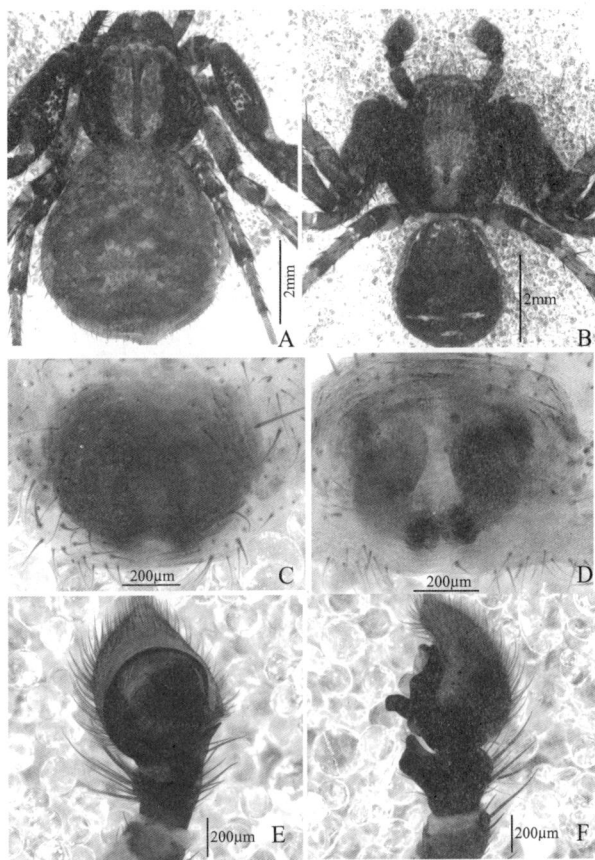

图 24-7　嵯峨花蟹蛛 *Xysticus saganus* Bösenberg & Strand，1906

A. 雌蛛，背面观；B. 雄蛛，背面观；C. 雌蛛外雌器，腹面观；D. 雌蛛外雌器，背面观；

E. 雄蛛左触肢器，腹面观；F. 雄蛛左触肢器，外侧面观

24.6.2　朱氏花蟹蛛 *Xysticus chui* Ono，1992（浙江新记录种）（图 24-8 和图版 24-8）

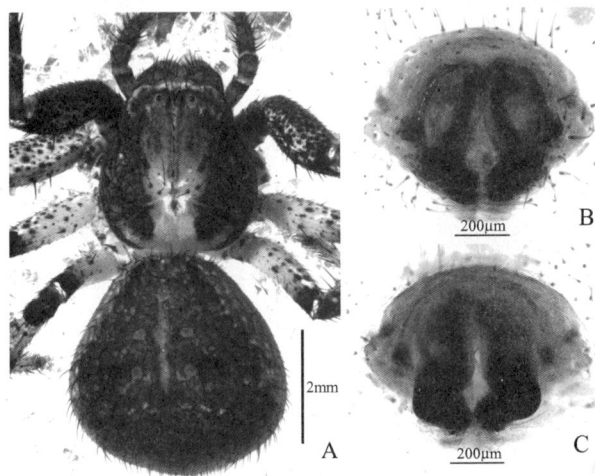

图 24-8　朱氏花蟹蛛 *Xysticus chui* Ono，1992

A. 雌蛛，背面观；B. 雌蛛外雌器，腹面观；C. 雌蛛外雌器，背面观

　　雌蛛体长约 5.67mm。头胸部前端白色,中部暗黄色至黄褐色,侧部暗褐色。前侧眼＞后侧眼＞后中眼＞前中眼。螯肢、颚叶和下唇皆黄褐色至褐色。胸板黄褐色,且有褐斑和白斑。触肢深黄色。步足淡褐色。腹部黄褐色至褐色。外雌器(见图 24-8B、C)无中隔,前庭大,边缘骨化弱。插入孔很大,卵圆形,强烈骨化。插入管很短,纳精囊肾形。

　　检视标本:1♀,浙江临安天目山,2011-7-25,金池、杨洁采。

　　分布:浙江、安徽、台湾。

24.6.3　波纹花蟹蛛 *Xysticus croceus* Fox,1937(图 24-9 和图版 24-9)

　　雌蛛体长 5.50～10.00mm。背甲中央色泽较淡,两侧各有一深棕色宽带。颈沟及放射沟不明显。8 眼 2 列,两眼列均后凹,前眼列短于后眼列。前、后侧眼均具眼丘,但互相不愈合。前、后侧眼均明显大于前、后中眼。胸板黄色,布有棕色斑点。前两对步足显著长于后两对步足。各步足腿节的末端均有大的褐色斑,胫节和后跗节多刺。腹部后半部较前半部宽,背面灰褐色并具特殊形式的黑棕色斑。外雌器(见图 24-9B、C)前缘不是圆形,中部凹入,开口呈扁圆形,前庭的横径在整个腹部所占的比例较大;插入管在中线处汇合,粗短;纳精囊肾形。

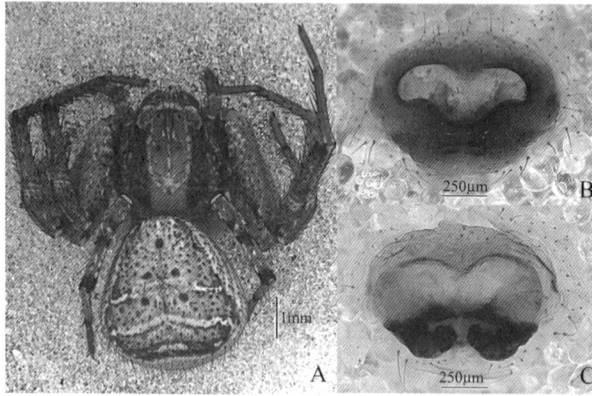

图 24-9　波纹花蟹蛛 *Xysticus croceus* Fox,1937
A. 雌蛛,背面观;B. 雌蛛外雌器,腹面观;C. 雌蛛外雌器,背面观

　　检视标本:1♀,浙江临安天目山,2011-7-25,金池、杨洁采;1♀,浙江临安天目山禅源寺,2011-7-31,金池、杨洁采;1♀,浙江临安天目山千亩坪,2011-8-1,金池、杨洁采;3♀,浙江临安天目山古道方向,2013-6-28,查珊洁采;5♀,浙江临安天目山仙人顶,2013-6-29,查珊洁采;2♀,浙江临安天目山一里亭,2013-6-30,查珊洁采。

　　分布:浙江、安徽、台湾、广东、福建、云南、江西、湖南、湖北、四川、重庆、贵州、陕西、山西、山东。

24.6.4　鞍形花蟹蛛 *Xysticus ephippiatus* Simon,1880(图 24-10 和图版 24-10)

　　雌蛛体长约 5.50mm。体淡黄褐色。背甲两侧有红棕色的纵行宽纹,头胸部的长与宽相近。眼的周围尤其是侧眼丘的部位白色,两前侧眼之间有一条白色横带,穿过中眼域。两眼列均后凹,两侧眼丘愈合。中眼域基本上呈方形,但前边略长于后边。无颈沟及放射沟。下唇长大于宽,下唇和颚叶的末端青灰色。胸板盾形,前缘宽且后凹,后端尖。前两对步足较长且粗壮,色泽也较后两对为深,有黄白色斑点。腹部的长度略大于宽度,后半部较宽,后端圆形;腹部背面有黄白色条纹及红棕色斑纹。外雌器(见图 24-10C、D)褐色,前缘圆形;纳精囊管状,肘状弯曲;交配管在中线处汇合。

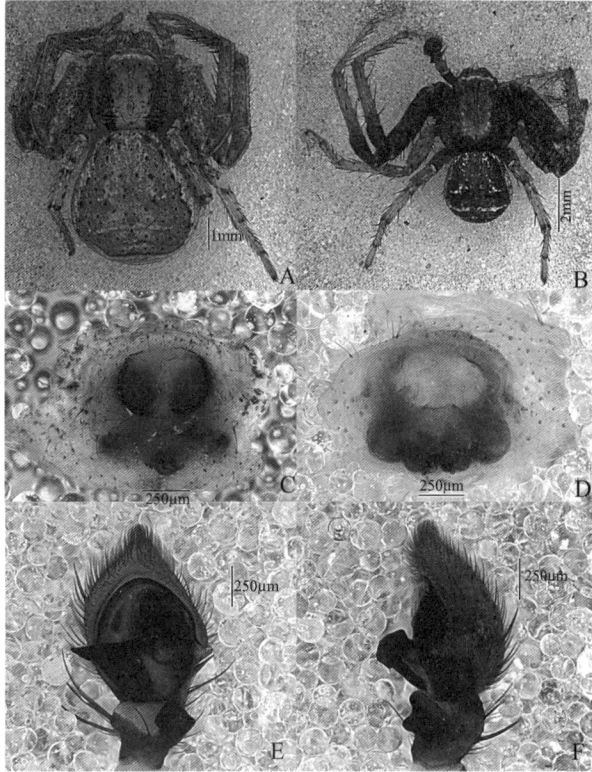

图 24-10　鞍形花蟹蛛 *Xysticus ephippiatus* Simon，1880

A. 雌蛛，背面观；B. 雄蛛，背面观；C. 雌蛛外雌器，腹面观；D. 雌蛛外雌器，背面观；

E. 雄蛛左触肢器，腹面观；F. 雄蛛左触肢器，外侧面观

雄蛛体长 4.60～5.30mm。背甲深红棕色。前两对步足较细长，腿节和膝节亦呈深棕色，与雌蛛有明显的区别。腹部背面有红棕色斑纹。腹面观胸板、各足的基节、腹部的腹面亦为红棕色。触肢器（见图 24-10E、F）的胫节短，具有腹突和外侧突；插入器较长，端部达到护器附近；盾板有 2 个大的突起。

检视标本：1♀，浙江临安天目山，2011-7-25，金池、杨洁采；2 ♂，浙江临安天目山一里亭，2013-6-30，查珊洁采；1♀，浙江临安天目山千亩田，2013-7-1，查珊洁采。

分布：浙江、安徽、河北、北京、天津、吉林、辽宁、内蒙古、甘肃、新疆、山西、陕西、山东、江苏、江西、湖南、湖北、西藏、重庆。

24.6.5　千岛花蟹蛛 *Xysticus kurilensis* Strand，1907（图 24-11 和图版 24-11）

雌蛛体长 5.67～6.32mm。背甲淡黄色，夹杂着棕色和白色的斑纹。头胸部背面两侧有较宽的红棕色纵斑，近侧缘也有不规则的棕色斑。颈沟、放射沟不明显。两眼列均为后凹。前中眼间距大于前、中侧眼间距，后眼列各眼距离约相等。中眼域宽大于长，后边略大于前边。胸板心形，较小，密布黑色细毛。腹部灰色，梨形，腹末端稍宽；腹面灰色，少毛，密布黑色毛，腹面正中有一大块灰褐色斑。外雌器（见图 24-11C、D）褐色，具 2 个大的卵圆形前庭凹陷；纳精囊深褐色，呈不规则袋形。

雄蛛体长 5.00～6.32mm。头胸部的棕色斑色泽深，范围大。触肢（见图 24-11E、F）胫节的腹突和后侧突较粗壮。生殖球有 2 个盾板突，顶突近似锄头状，基突弯刀状。插入器细长，丝状。

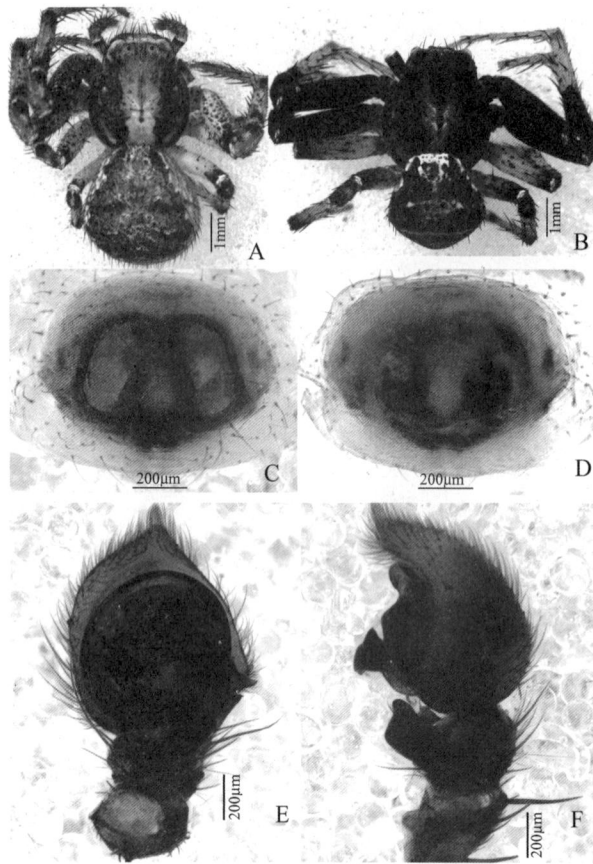

图 24-11　千岛花蟹蛛 *Xysticus kurilensis* Strand，1907

A. 雌蛛，背面观；B. 雄蛛，背面观；C. 雌蛛外雌器，腹面观；D. 雌蛛外雌器，背面观；

E. 雄蛛左触肢器，腹面观；F. 雄蛛左触肢器，外侧面观

检视标本：1 ♂，浙江临安天目山，2011-7-25，金池、杨洁采；1 ♂，浙江临安天目山老殿，2011-7-26，金池、杨洁采；1 ♀，浙江临安天目山禅源寺，2011-7-31，金池、杨洁采；1♀3 ♂，浙江临安天目山千亩田，2011-8-1，金池、杨洁采；1 ♂，浙江临安天目大峡谷，2011-8-2，金池、杨洁采；1 ♀，浙江临安天目山一里亭，2013-6-30，查珊洁采；1 ♀，浙江临安天目山千亩田，2013-7-1，查珊洁采；3 ♀，浙江临安天目山千亩田，2013-7-2，查珊洁采。

分布：浙江、安徽、福建、四川、重庆、贵州、甘肃。

25　跳蛛科 Salticidae Blackwall，1841

鉴别特征：小型蜘蛛，无筛器。活体时色彩艳丽。背甲前端方形。8 眼 3 列，呈 4-2-2 排列；前列 4 眼，平直，前中眼大，似汽车灯；第 2 列眼最小；第 3 列眼较大，位于背甲背面；眼域常有成簇刚毛。螯肢后齿堤具单齿、复齿和裂齿 3 种类型的齿。步足粗壮，善跳跃；跗节 2 爪，末端具毛丛。腹部形状从近乎方形到长方形。雌蛛外雌器形状各异。雄蛛触肢具胫节突；插入器形状不一。

模式属：*Salticus* Latreille，1804

分布：全世界已知 598 属 5908 种。中国记录 95 属 473 种。本书记述天目山 19 属 30 种。

跳蛛科分属检索表

14. 眼域前边较后边宽,第 2 眼列偏前 ·· 猎蛛属 *Evarcha*

眼域后边较前边宽 ·· 猫跳蛛属 *Carrhotus*

15. 雄蛛触肢的插入器盘旋成一圆圈状;雌蛛外雌器交配孔小且远离 ·············· 亚尼蛛属 *Asianellus*

特征不如上述 ··· **16**

16. 外雌器交配管缠绕;附舟后部外侧有一突起,外雌器交配管不特别长,较简单;雄蛛触肢插入器多数始自

生殖球中上部,较短粗·· 门蛛属 *Mendoza*

特征不如上述 ··· **17**

17. 趾舟侧面近胫节突处有粗硬且直立的毛丛 ································· 纽蛛属 *Telamonia*

趾舟侧面无上述毛丛 ··· **18**

18. 胫节突内侧有细齿 ··· 金蝉蛛属 *Phintella*

胫节突内侧无细齿 ··· 绯蛛属 *Phlegra*

25.1 亚尼蛛属 *Asianellus* Logunov & Heciak，1996

鉴别特征:雌雄蛛体型大小相当,雄蛛体色暗。背甲具鳞毛。眼域部分有棒状毛,其后背面有明显的 2 条纵纹。前齿堤 2 齿,后齿堤 1 齿。雌蛛外雌器有兜,交配孔小;后缘中央有一袋;交配管弯曲;纳精囊袋状。雄蛛触肢器具胫节突 2 个;插入器细,螺旋状,端部膨大。

模式种:*Asianellus festivus* (C. L. Koch, 1834)

分布:全世界已知 5 种。中国记录 3 种。本书记述天目山 1 种。

25.1.1 丽亚尼蛛 *Asianellus festivus* (C. L. Koch, 1834)(图 25-1 和图版 25-1)

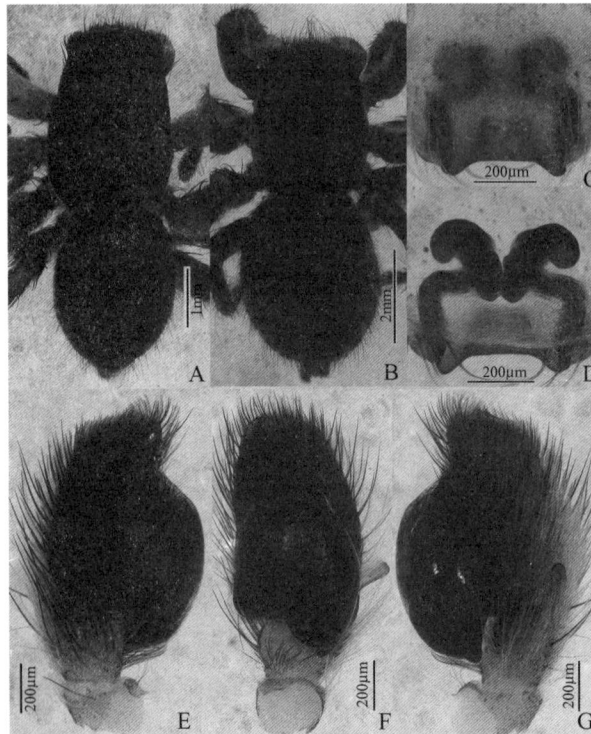

图 25-1 丽亚尼蛛 *Asianellus festivus* (C. L. Koch, 1834)

A. 雌蛛,背面观;B. 雄蛛,背面观;C. 雌蛛外雌器,腹面观;D. 雌蛛外雌器,背面观;

E. 雄蛛左触肢器,内侧面观;F. 雄蛛左触肢器,腹面观;G. 雄蛛左触肢器,外侧面观

雄蛛体长约 5.00mm。头胸部黄褐色,第 3 眼列后方有 2 条浅色纵带,直达头胸部末端。眼域方形。螯肢前齿堤 2 齿,后齿堤 1 齿。腹部背面灰黑色,被有稀疏的白毛,后端有 4~5 个浅色山形纹。触肢器(见图 25-1E~G)具胫节突 2 个,第 1 胫节突宽,呈板状;第 2 胫节突细长,膜质,指状。插入器不易见。生殖球基部中间有一凹陷。

雌蛛体长约 6.00mm。体色及斑纹同雄蛛。心脏斑棒状,灰黑色,两侧各有 2 个白色圆斑。外雌器(见图 25-1C、D)中央有 1 个大的钟形兜,其两侧上方隐约可见纳精囊及交配管。插入孔位于外雌器后缘两侧,纳精囊倒靴状。

检视标本:1 ♂,浙江临安清凉峰,2012-5-15,高志忠采;1♀,浙江临安天目山千亩田,2013-7-1,张付滨采。

分布:浙江、安徽、广西、湖南、湖北、四川、重庆、贵州、陕西、山西、甘肃、西藏、河北、北京、山东、吉林、黑龙江。

25.2　猫跳蛛属 *Carrhotus* Thorell,1891

鉴别特征:中型蜘蛛。头胸部前方平坦,后端极度倾斜,无斑纹但两侧多被白毛。眼域方形,占头胸部的 1/2 左右。步足多刺和毛。雌蛛外雌器结构相似:交配管绕过纳精囊,开口于两凹陷内。雄蛛触肢器的插入器起点、长短及其上的胫节突与雌蛛有不同。

模式种:*Carrhotus viduus*(C. L. Koch,1846)

分布:全世界已知 28 种。中国记录 4 种。本书记述天目山 1 种。

25.2.1　黑猫跳蛛 *Carrhotus xanthogramma*(Latreille,1819)(图 25-2 和图版 25-2)

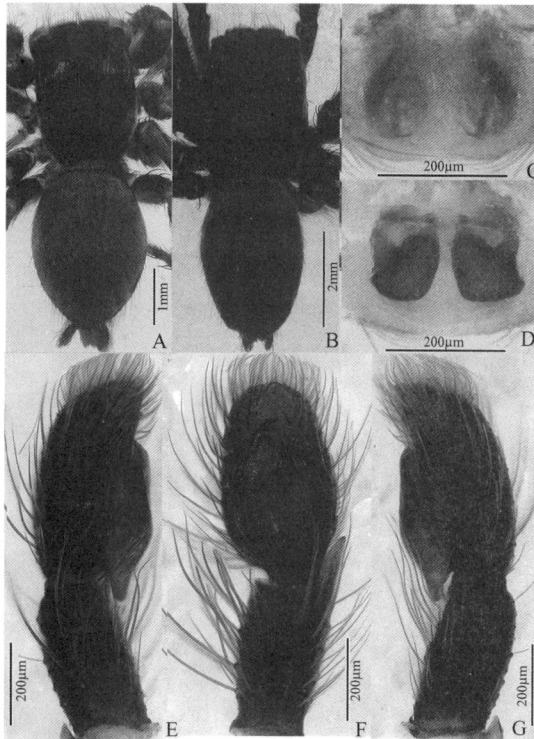

图 25-2　黑猫跳蛛 *Carrhotus xanthogramma*(Latreille,1819)
A. 雌蛛,背面观;B. 雄蛛,背面观;C. 雌蛛外雌器,腹面观;D. 雌蛛外雌器,背面观;
E. 雄蛛左触肢器,内侧面观;F. 雄蛛左触肢器,腹面观;G. 雄蛛左触肢器,外侧面观

雌蛛体长约 5.70mm。背甲红褐色,被白毛。8 眼 3 列,第 1 列 4 眼,第 2、3 列均 2 眼,前中眼最大,第 2 列眼最小。螯肢赤褐色,前齿堤 2 齿,后齿堤 1 齿。步足黄色。腹部背面黄色底上有灰色条纹;腹部腹面中央有一宽的灰黑色纵带,其上有 4 条由前述小点形成的纵条纹。外雌器(见图 25-2C、D)插入孔狭长,纵向;中隔长,带状;交配管长。

雄蛛体长约 5.20mm。胸板橄榄形,暗褐色。步足褐色,密被长毛,足刺多且长。腹部背面灰黑色,有长且密的白色细毛;腹部腹面灰黑色。胫节突长度适中;生殖球盾板长大于宽;插入器短,位于盾板端部;盾板后缘有一突出,向后延伸超过胫节的端部(见图 25-2E~G)。

检视标本:1♀1♂,浙江临安天目山千亩田,2013-7-1,张付滨采。

分布:浙江、台湾、西藏、广东、广西、福建、四川、重庆、湖南、湖北、河北、贵州、陕西、山东、辽宁、吉林。

25.3　斑蛛属 *Euophrys* C. L. Koch,1834

鉴别特征:小型蜘蛛。头胸部中部隆起。眼域黑色,前半部夹有白毛。额部密被黑长毛。眼域长度不及头胸部的 1/2,宽为长的 2 倍。前齿堤 2 齿,后齿堤 1 齿或无齿。下唇长宽相当。胸板心形,上着生有许多毛。步足腹面有强刺;胫节 I 具有 2~3 对腹刺;胫节 II 具 2 对腹刺。雄蛛触肢器生殖球表面的输精管明显且弯曲;插入器长,环形缠绕。雌蛛纳精囊卵圆形,交配管长度因种各异。

模式种:*Euophrys frontalis*(Walckenaer,1802)

分布:全世界已知 177 种,主要分布于古北区。中国记录 16 种。本书记述天目山 1 种。

25.3.1　前斑蛛 *Euophrys frontalis*(**Walckenaer,1802**)(**浙江新记录种**)(**图 25-3 和图版 25-3**)

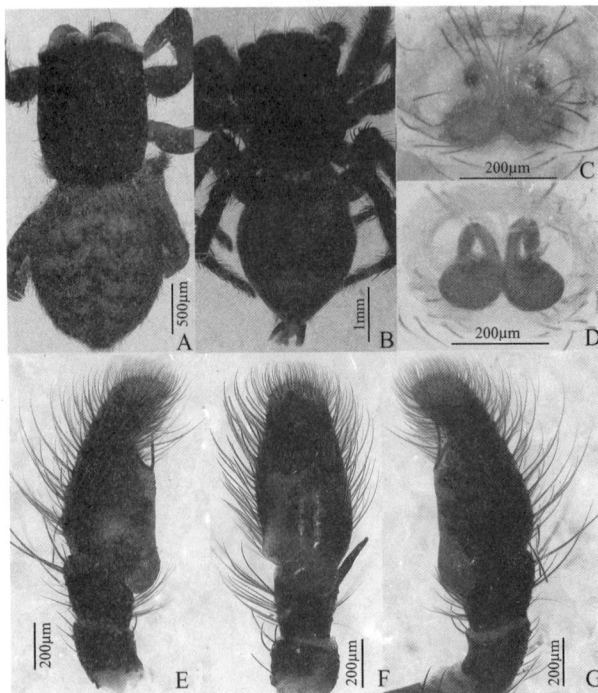

图 25-3　前斑蛛 *Euophrys frontalis*(Walckenaer,1802)
A. 雌蛛,背面观;B. 雄蛛,背面观;C. 雌蛛外雌器,腹面观;D. 雌蛛外雌器,背面观;
E. 雄蛛左触肢器,内侧面观;F. 雄蛛左触肢器,腹面观;G. 雄蛛左触肢器,外侧面观

雌蛛体长 5.00～5.50mm。头胸部黄褐色,中部隆起。眼域黑色,前半部夹有稀疏白毛。额部密被黑长毛。胸板黄褐色,心形,上着生有许多毛。步足黄色。第一胫节腹面有 3 对刺。腹部卵圆形,背面黄色,具黑色条纹;两侧有许多不规则的斜纹;腹部腹面黄色,中央有 3 条灰黑色纵带。纺器褐色。外雌器(见图 25-3C、D)结构简单,纳精囊卵圆形;交配管细长,环绕。

雄蛛体长 3.00～3.10mm。步足黄色,后跗节和胫节以及离体端 2/3 处的腹面、侧面呈黑色。触肢器(图 25-3E～G)胫节外侧有一细长突起;插入器细长,环绕。

检视标本:2♀,浙江临安天目山禅源寺,2011-7-27,金池、杨洁采;4 ♂,浙江临安天目山一里亭,2013-6-30,张付滨采。

分布:浙江、新疆、西藏、北京、陕西、河南。

25.4　猎蛛属 *Evarcha* Simon,1902

鉴别特征:中型蜘蛛。眼域宽大于长,第 2 眼列偏前,第 3 眼列不宽于第 1 眼列。后齿堤具一不分叉的齿。步足强壮。第Ⅲ步足的膝节与胫节的长度之和等于第Ⅳ步足膝节与胫节长度之和。外雌器具有 2 个前庭,纳精囊形状各异,交配管短。触肢器胫节突复杂,生殖球膨胀。

模式种:*Evarcha falcatus*(Clerck,1757)

分布:全世界已知 89 种。中国记录 24 种。本书记述天目山 1 种。

25.4.1　白斑猎蛛 *Evarcha albaria*(L. Koch,1878)(图 25-4 和图版 25-4)

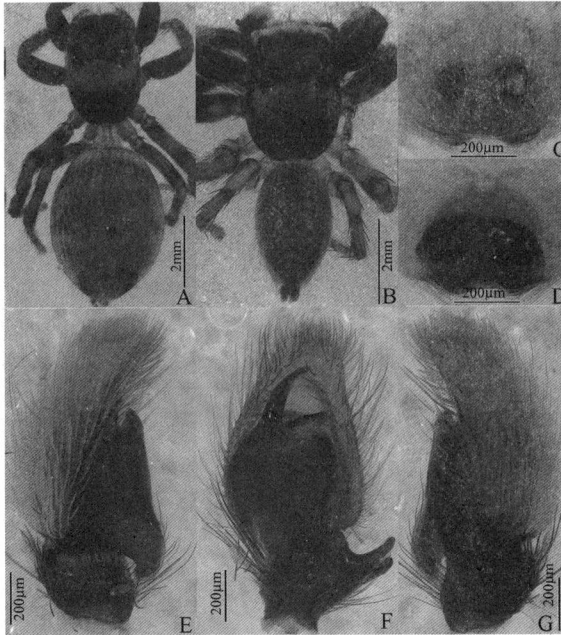

图 25-4　白斑猎蛛 *Evarcha albaria*(L. Koch,1878)
A 雌蛛,背面观;B. 雄蛛,背面观;C. 雌蛛外雌器,腹面观;D. 雌蛛外雌器,背面观;
E 雄蛛左触肢器,内侧面观;F. 雄蛛左触肢器,腹面观;G. 雄蛛左触肢器,外侧面观

雌蛛体长 6.00～8.00mm。眼域几乎占头胸部的一半,黑褐色,后边等于或短于前边,后边向前凹入。额部有白色长毛。胸板黄橙色,或有黑褐色细斑。步足有淡或深褐色斑纹。腹部背面有 3～4 条黑褐色弧形横纹,心脏斑不明显,相当于心脏斑后端的部位有 1 个黑斑;背部后端有 1 对椭圆形大黑斑,在最后端近纺器处有 1 个黑斑;腹面黄橙色,有少数黑斑;但也有些

个体腹部背面和腹面呈现暗褐色,见不到上述排列的斑点。外雌器(见图 25-4C、D)的交配管不明显,插入孔宽。

雄蛛体长 4.50～5.69mm。眼域的前边密生白色短毛,呈一白色横纹,在眼域的后面有 1 对近乎椭圆形的斜置的白斑,但有些个体无横纹和白斑。步足上黑褐色毛较多。腹部背面有近似雌蛛的斑纹,或呈现暗褐色。触肢胫节外侧有 3 根突起。跗节背面有白色毛。触肢器(见图 25-4E～G)的生殖球向后突出;插入器及引导器共同组成钳状结构;胫节突 3 个,后侧突宽大,端部有数小齿。

检视标本:5♀4 ♂,浙江临安天目山,2011-7-25,金池、杨洁采;7♀3 ♂,浙江临安天目山禅源寺,2011-7-27,金池、杨洁采;1 ♂,浙江临安天目山禅源寺,2011-7-31,杨洁采;1 ♂,浙江临安天目大峡谷,2011-8-2,杨洁采;1 ♂,浙江临安天目山古道方向,2013-6-28,查珊洁采;4♀,浙江临安天目山千亩田,2013-7-1,张付滨采;1♀,浙江临安天目山千亩田,2013-7-2,付丽娜采。

分布:浙江、安徽、广东、广西、甘肃、福建、江苏、湖南、湖北、云南、四川、重庆、河南、陕西、山西、河北、山东、新疆、辽宁、吉林、贵州。

25.5　蛤莫蛛属 *Harmochirus* Simon,1885

鉴别特征:小型蜘蛛。头胸部背面菱形。眼域梯形。螯肢前齿堤 2 齿,后齿堤 1 齿,分叉或不分叉。第 Ⅰ 步足特别强大,其腿节、膝节上具扁平的鳞片状毛。雄蛛触肢器结构简单,胫节突粗大,插入器长。雌蛛外雌器中央具一大兜。

模式种:*Harmochirus brachiatus*(Thorell,1877)

分布:全世界已知 9 种。中国记录 3 种。本书记述天目山 1 种。

25.5.1　鳃蛤莫蛛 *Harmochirus brachiatus*(Thorell,1877)(图 25-5 和图版 25-5)

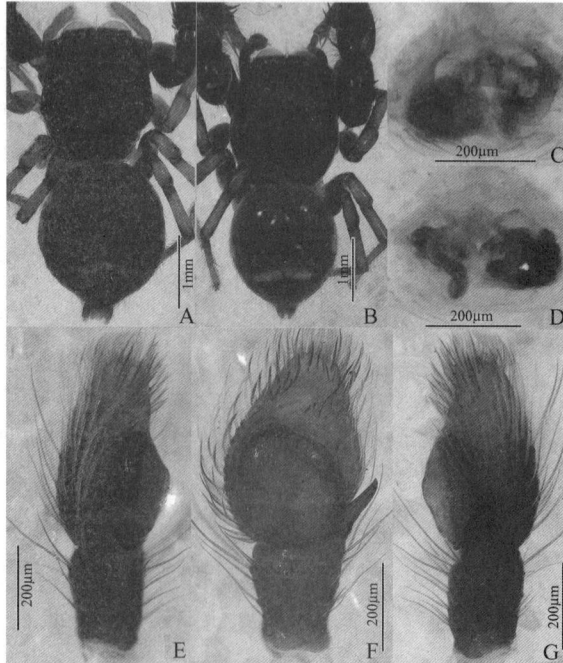

图 25-5　鳃蛤莫蛛 *Harmochirus brachiatus*(Thorell,1877)

A. 雌蛛,背面观;B. 雄蛛,背面观;C. 雌蛛外雌器,腹面观;D. 雌蛛外雌器,背面观;
E. 雄蛛左触肢器,内侧面观;F. 雄蛛左触肢器,腹面观;G. 雄蛛左触肢器,外侧面观

　　雌蛛体长约 2.30mm。头胸部黑褐色，密被细毛。眼周围黑色，眼域平坦。螯肢、颚叶及下唇皆呈黑褐色；前齿堤 2 齿，较长、大；后齿堤 1 齿，较短、小，基部相连。胸板中部褐色，周围黑褐色。第 I 步足粗大，深褐色，约为体长的 2 倍，各关节处有黑褐色环纹。腹部卵圆形，黑褐色，被细毛，背面中央有 2 对肌痕，在前对肌痕之间有一圆白斑，腹部弧形白斑后方有 1～4 个褐色弧形细纹。外雌器（见图 25-5C、D）的钟形兜及交配管的绕曲方式有个体差异。

　　雄蛛体长约 3.90mm。体色、斑纹与雌蛛相似。触肢器（见图 25-5E～G）结构简单，盾板扁平圆形；插入器长，绕生殖球 1 周；胫节突粗长，端部略弯曲。

　　检视标本：1♀，浙江临安天目山禅源寺，2011-7-27，金池、杨洁采；8♀1♂，浙江临安天目山一里亭，2013-6-30，张付滨采。

　　分布：浙江、安徽、台湾、广东、广西、福建、云南、重庆、湖南、贵州。

25.6　门蛛属 *Mendoza* Peckham & Peckham，1894

　　鉴别特征：中型蜘蛛。背甲长卵圆形。体色较深。眼域方形，后中眼下方具成簇的笔状毛。螯肢前齿堤 2 齿，后齿堤 1 齿。腹部背面一般具横向斑纹。雄蛛触肢器跗舟正常；插入器起始于生殖球的前侧，稍弯曲。雌蛛外雌器具中隔，交配管短，纳精囊管状。

　　模式种：*Mendoza canestrinii*（Ninni，1868）

　　分布：全世界已知 9 种。中国记录 4 种。本书记述天目山 1 种。

25.6.1　长腹门蛛 *Mendoza elongata*（Karsch，1879）（图 25-6 和图版 25-6）

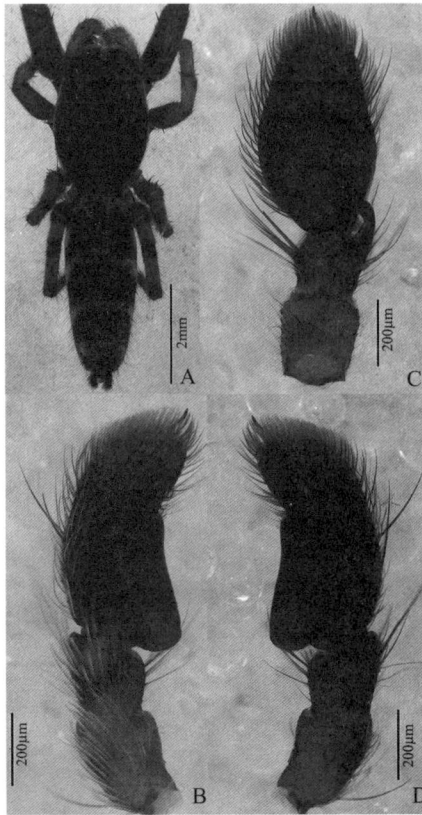

图 25-6　长腹门蛛 *Mendoza elongata*（Karsch，1879）

A. 雄蛛，背面观；B. 雄蛛左触肢器，内侧面观；C. 雄蛛左触肢器，腹面观；D. 雄蛛左触肢器，外侧面观

雄蛛体长7.20～8.00mm。头胸板边缘黑色,紧靠边缘内侧为白色细纹。背甲中部黑褐色,两侧金色。眼域黑色,两侧眼间有1列白毛。8眼3列,第1列4眼,第2、3列均2眼;前中眼最大,第2列眼最小。胸板边缘黑褐色,中央黄色。螯肢、颚叶、下唇皆黄褐色。腹部背面黑褐色闪金光,4对白斑等距排列;腹部腹面褐色。触肢器(见图25-6B～D)较短且瘦,插入器短粗,胫节突较直,尖端钝,略弯向内侧。

检视标本:1♂,浙江临安天目山千亩田,2011-8-1,金池、杨洁采;1♂,浙江临安天目山千亩田,2013-7-2,付丽娜采。

分布:浙江、安徽、台湾、福建、江苏、湖南、湖北、四川、贵州、陕西、山西、北京、黑龙江、甘肃。

25.7 蚁蛛属 *Myrmarachne* MacLeay,1839

鉴别特征:中小型蜘蛛。本属蜘蛛体型与蚂蚁相似。头胸部细长,颈沟明显。背甲黑褐色至黑色,具颗粒状突起。腹柄明显。雄蛛螯肢发达,螯牙长,螯牙及齿为本属的重要分类依据;雌蛛螯肢不发达,具数枚小齿。步足细长。雄蛛触肢器胫节具一弯的小突起;插入器细长,盘绕生殖球2圈;储精囊隐约可见。雌蛛因触肢器末端扁平而易被误认为雄蛛。外雌器结构简单,具彼此分离的2个插入孔。纳精囊位于开孔的前方,形状多变。

模式种:*Myrmarachne melanocephala* MacLeay,1839

分布:全世界已知229种,全球性分布。中国记录28种。本书记述天目山3种。

蚁蛛属分种检索表

1. 外雌器前庭几乎呈上宽下窄的梯形 ………………………………………… 吉蚁蛛 *Myrmarachne gisti*
   外雌器前庭几乎呈上窄下宽的梯形 ………………………………………………………………… 2
2. 雄蛛触肢胫节突腹面观向外弯曲……………………… 无刺蚁蛛 *Myrmarachne innermichelis*
   雄蛛触肢胫节突腹面观端部向内扭曲 ……………………… 美丽蚁蛛 *Myrmarachne formicaria*

25.7.1 美丽蚁蛛 *Myrmarachne formicaria*(De Geer,1778)(图25-7和图版25-7)

雌蛛体长约6.00mm。眼后白斑粗且明显。螯肢前齿堤7齿,后齿堤6齿。触肢器红褐色,胫节、跗节较宽扁,具长毛。胸板灰褐色,长约为宽的3倍。各步足胫节、转节黄白色,除第Ⅳ对步足膝节仍为黄白色外,其余各节为红褐色。整个腹部被有白毛,腹部腹面灰黄色,后半部两侧黑色。外雌器(见图25-7C、D)有一对耳状凹陷,交配管扭曲成麻花状。

雄蛛体长约6.40mm。头胸板隆起,深褐色。眼后与胸部相连处有一浅色横缢,上被白色细毛。螯肢、颚叶红褐色,下唇黑褐色,中段较宽。螯肢前齿堤7～10齿,近螯爪处2齿较大;后齿堤4～10齿。腹部背面前半部灰黄色,有一对不明显的三角形黑斑;后半部黑褐色。腹部腹面有宽灰黄带,两侧后半部黑褐色。触肢器(见图25-7E～G)胫节突基部宽,其上的鞭状部分先向背侧然后转向前。

检视标本:1♂,浙江临安天目山管理局,2013-6-27,付丽娜采;1♀,浙江临安天目山千亩田,2013-7-1,张付滨采。

分布:浙江、安徽、广东、湖南、湖北、四川、贵州、山西、山东、北京、吉林、青海、新疆、陕西。

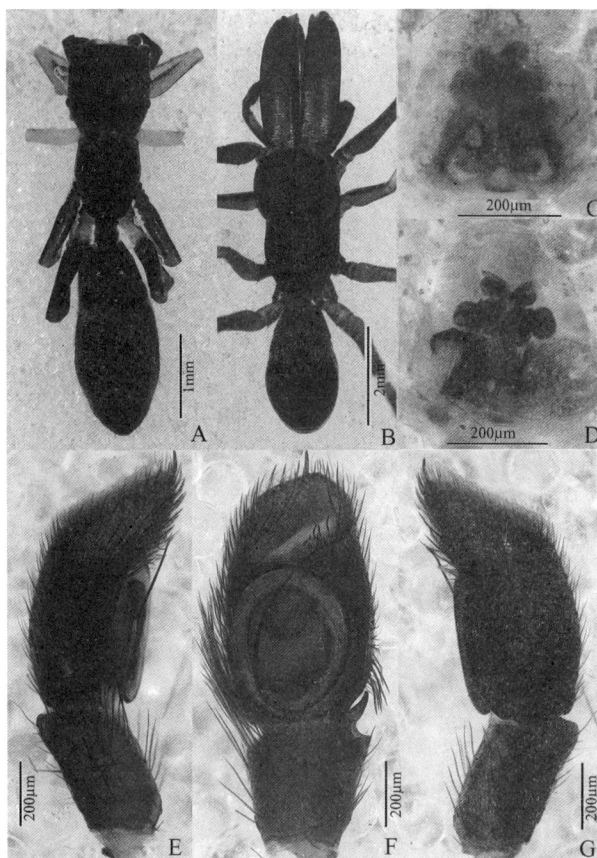

图 25-7　美丽蚁蛛 *Myrmarachne formicaria*（De Geer，1778）

A. 雌蛛，背面观；B. 雄蛛，背面观；C. 雌蛛外雌器，腹面观；D. 雌蛛外雌器，背面观；

E. 雄蛛左触肢器，内侧面观；F. 雄蛛左触肢器，腹面观；G. 雄蛛左触肢器，外侧面观

25.7.2　吉蚁蛛 *Myrmarachne gisti* Fox，1937（图 25-8 和图版 25-8）

雌蛛体长约 6.80mm。背甲隆起，黑色，前缘有白毛。眼域近方形，后边稍长于前边。螯肢红褐色，前齿堤 6～7 齿，前 4 齿较大，后齿堤 7～9 齿，紧密排列。触肢红褐色，上有白色细毛，末端宽扁。腹部腹面灰黑色，生殖区为灰黄色，生殖沟至纺器前有一正中宽纵带。插入孔较大；纳精囊瓮状，交配管作双绳结扭曲后，紧靠并行向下延伸，至插入孔处再向两侧分开（见图 25-8C、D）。

雄蛛体长约 6.00mm。头胸板隆起，黑色，前缘有白毛。眼域近方形，后边稍宽于前边，宽略大于长。胸板红褐色，倒卵圆形。头部与胸部之间两侧横缢处各有一被白毛的三角形斑。螯肢前齿堤 10 齿，近螯爪处 2 齿较大，其中 1 齿向前，1 齿向前偏外；后齿堤 8 小齿。颚叶、下唇黄褐色。胸板深红色，长约为宽的 3 倍。腹部灰黑色，有 2 条浅色横带，前狭后宽。触肢器（见图 25-8E～G）的胫节突呈"S"形，插入器绕盾板近乎 2 圈。

检视标本：1♀1♂，浙江临安天目山古道方向，2013-6-28，查珊洁采。

分布：浙江、江苏、安徽、广东、福建、湖南、云南、四川、重庆、河南、陕西、山西、河北、山东、吉林、贵州。

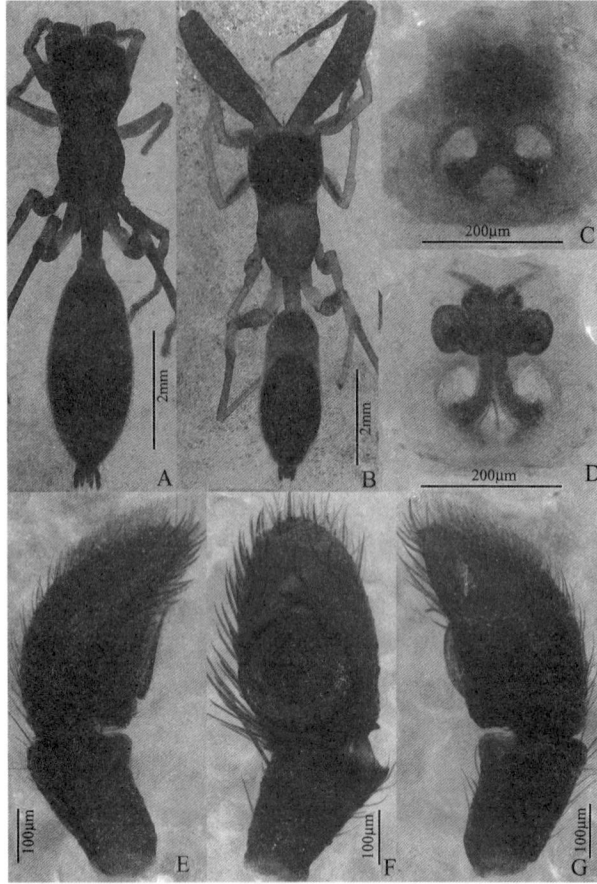

图 25-8 吉蚁蛛 *Myrmarachne gisti* Fox，1937

A. 雌蛛，背面观；B. 雄蛛，背面观；C. 雌蛛外雌器，腹面观；D. 雌蛛外雌器，背面观；

E. 雄蛛左触肢器，内侧面观；F. 雄蛛左触肢器，腹面观；G. 雄蛛左触肢器，外侧面观

25.7.3 无刺蚁蛛 *Myrmarachne innermichelis* Bösenberg & Strand，1906（浙江新记录种）（图 25-9 和图版 25-9）

雄蛛体长约 4.10mm。头部高，深褐色，边缘色深，有金属光泽，眼后与胸部相连处有一浅色横缢。眼域占头胸部长的 2/5 左右，宽略大于长。第 2 眼列居中。螯肢、颚叶红褐色，前齿堤 5～6 齿，后齿堤 8～9 齿。螯牙略弯曲，中部下缘锯齿状。触肢红褐色，胫节、跗节较宽扁。胸板灰黑色。前两对步足基节黄白色，第 I 步足腿节至后跗节具黑色纵侧斑；后两对步足基节、腿节黑褐色。腹部背面灰黄色，上有黑色横带，被白色细毛；腹面灰黄色，侧面褐色。触肢（见图 25-9E～G）胫节的外末角有一弯刺。

雌蛛体长约 4.00mm。外形特征同雄蛛。外雌器（见图 25-9C、D）后端具一梯形前庭凹陷，交配管长且盘绕；纳精囊几乎球形。

检视标本：1♂1♀，浙江临安天目山千亩田，2013-7-2，付丽娜采。

分布：浙江、安徽、台湾；韩国，日本，俄罗斯。

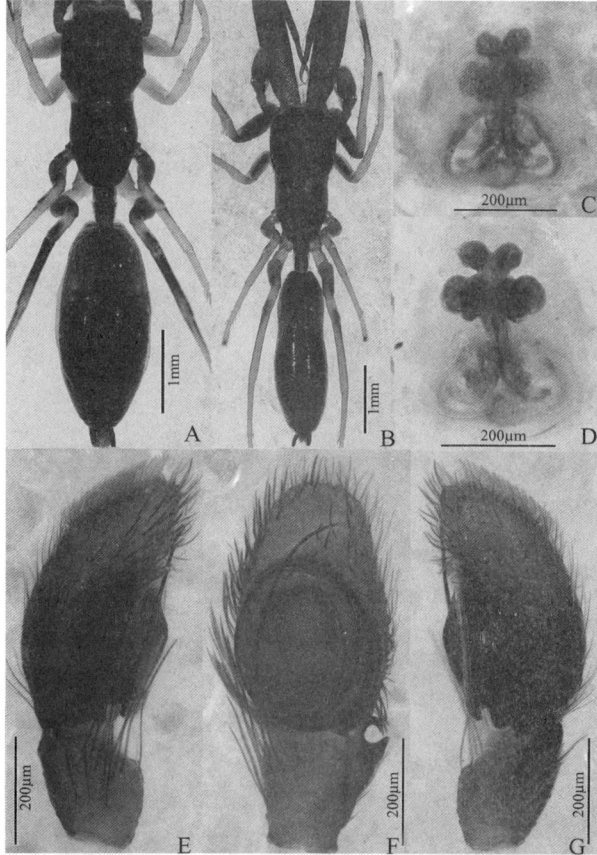

图 25-9　无刺蚁蛛 *Myrmarachne innermichelis* Böesenberg & Strand，1906

A. 雌蛛，背面观；B. 雄蛛，背面观；C. 雌蛛外雌器，腹面观；D. 雌蛛外雌器，背面观；

E. 雄蛛左触肢器，内侧面观；F. 雄蛛左触肢器，腹面观；G. 雄蛛左触肢器，外侧面观

25.8　金蝉蛛属 *Phintella* Strand，1906

鉴别特征：小型蜘蛛。体色较浅，常具金属光泽。眼域方形，约占头胸部的一半。腹部背面一般为浅黄色或黄色，具灰褐色线状斑纹，或明暗相间的横带。雄蛛螯肢基部延长；螯爪长且弯曲，末端背面具缺刻。雄蛛触肢器的插入器较短，通常伴有片状突起。雌蛛外雌器纳精囊呈梨形或球形，交配管较短。

模式种：*Phintella bifurcilinea*（Bösenberg & Strand，1906）

分布：全世界已知 62 种。中国记录 25 种。本书记述天目山 6 种。

金蝉蛛属分种检索表

4. 外雌器后缘中央凹陷显著 ……………………………………… 异金蝉蛛 *Phintella abnormis*
   外雌器后缘中央凹陷不那么显著 …………………………………………………………… **5**
5. 插入孔明显前于纳精囊前缘 ……………………………… 卡氏金蝉蛛 *Phintella cavaleriei*
   插入孔与纳精囊前缘几乎平齐 ……………………………… 波氏金蝉蛛 *Phintella popovi*

25.8.1　异金蝉蛛 *Phintella abnormis*（Bösenberg & Strand，1906）（图 25-10 和图版 25-10）

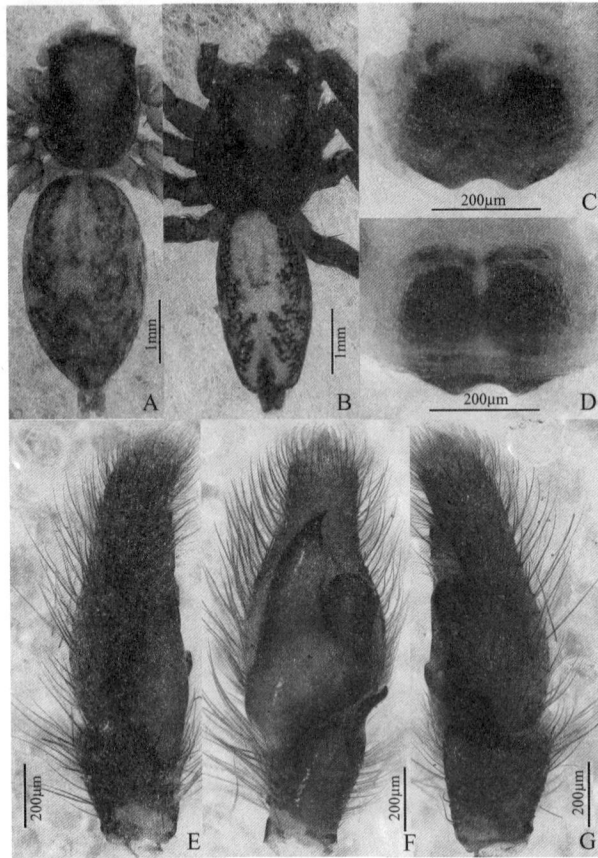

图 25-10　异金蝉蛛 *Phintella abnormis*（Bösenberg & Strand，1906）
A. 雌蛛,背面观;B. 雄蛛,背面观;C. 雌蛛外雌器,腹面观;D. 雌蛛外雌器,背面观;
E. 雄蛛左触肢器,内侧面观;F. 雄蛛左触肢器,腹面观;G. 雄蛛左触肢器,外侧面观

雄蛛体长约 4.80mm。背甲卵圆形,棕黄褐色,背甲之侧带淡黑色。胸板黄色,中央可见深红色斑。颚叶、下唇淡黄褐色。步足腿节的端部及膝节、胫节、跗节为褐色,其余各节为橘黄色。足式:1423。腹部背面黄棕色,2 条断断续续的黑色带纵贯背部,后端具人字形斑纹。腹面灰黄色,3 条纵向的黑色带在后端愈合。触肢器(见图 25-10E～G)的跗舟褐色;胫节突短,顶端细且呈鸟喙状;插入器腹面观企鹅状;外侧的精管明显呈半椭圆形。

雌蛛体长约 5.00mm。外形特征同雄蛛,但颜色较淡。足式:4312。外雌器(见图 25-10C、D)后缘中央凹陷,插入孔位于中部两侧;纳精囊几乎球形;交配管短。

检视标本:1♂1♀,浙江临安天目山千亩田,2013-7-1,张付滨采。

分布:浙江、台湾、安徽;日本,俄罗斯,韩国。

25.8.2　双带金蝉蛛 *Phintella aequipeiformis* Zabka，1985（浙江新记录种）（图 25-11 和图版 25-11）

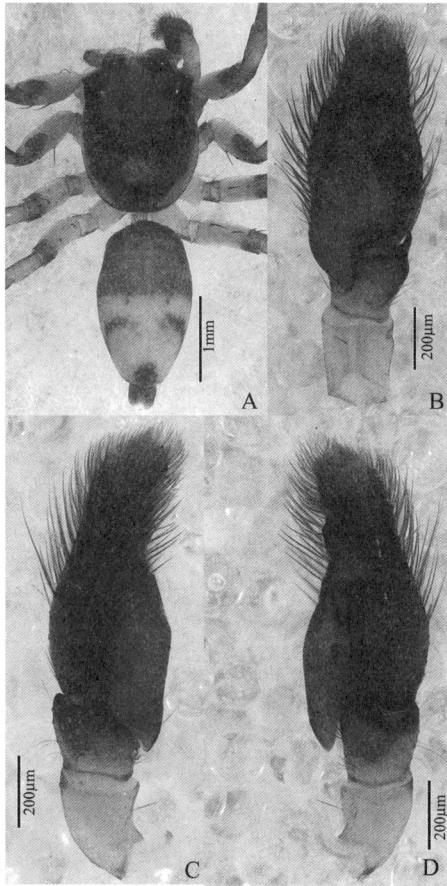

图 25-11　双带金蝉蛛 *Phintella aequipeiformis* Zabka，1985

A. 雄蛛，背面观；B. 雄蛛左触肢器，腹面观；C. 雄蛛左触肢器，内侧面观；D. 雄蛛左触肢器，外侧面观

雄蛛体长 5.34～5.66mm。背甲近方圆形，深黄褐色，背甲之后侧缘具浅色斑。眼域周围黑色。螯基细长，螯爪尖端背面有一缺刻，前齿堤 2 齿，后齿堤 1 齿。胸板深黄色。颚叶、下唇淡黄褐色。步足腿节的端部及膝节、胫节、跗节为褐色，其余各节为橘黄色。腹部卵圆形，背面前端淡灰褐色，其后排列有灰黄色、黄白色明暗相间的横带，腹末端有一黑褐色圆斑；腹面灰黄色。触肢器（见图 25-11B～D）跗舟褐色；胫节突短，顶端细且尖；生殖球上方有一圆形片状突起，与短且弯曲的插入器伴行。

检视标本：2 ♂，浙江临安天目山龙王山，2011-7-29，金池、杨洁采。

分布：浙江、安徽、湖南、贵州；越南。

25.8.3　花腹金蝉蛛 *Phintella bifurcilinea*（Bösenberg & Strand，1906）（图 25-12 和图版 25-12）

雌蛛体长约 3.45mm。头胸部棕色。眼域宽大于长，有黑褐色斑。眼域后散布黑色毛，在与腹部相邻的斜面上还有白色毛。背甲侧缘有细黑边，其内侧各有 1 条长的黄白纹。螯肢前齿堤 2 齿，后齿堤 1 齿。胸板褐色。触肢与步足橙黄色。腹部背面黑褐色，沿背中线有纵形的黄斑，中间有一长椭圆形黑斑；侧面前半部有一淡黄色纵斑，后半部有斜行斑；腹面在外雌器（见图 25-12C、D）后方黑褐色。纵斑的两侧各有 1 条平行的淡黄纵斑。

雄蛛体长 2.60～3.50mm。头胸部背面褐色。第 3 列眼前方及眼域后边的中部可见 3 个白斑,眼域后方的背甲也有 3 个白斑,排列成前凹的弧形。螯肢强大,红棕色。各步足的后跗节、跗节及第Ⅳ步足的腿节大部分为淡黄色,其余各节为棕褐色。

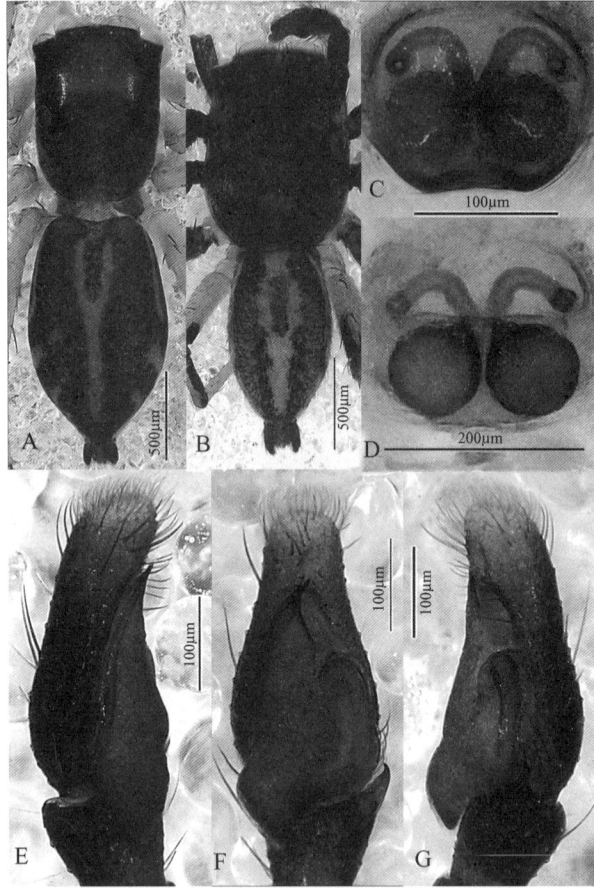

图 25-12　花腹金蝉蛛 *Phintella bifurcilinea* (Bösenberg & Strand, 1906)

A. 雌蛛,背面观;B. 雄蛛,背面观;C. 雌蛛外雌器,腹面观;D. 雌蛛外雌器,背面观;

E. 雄蛛左触肢器,内侧面观;F. 雄蛛左触肢器,腹面观;G. 雄蛛左触肢器,外侧面观

检视标本:6♂,浙江临安清凉峰保护区恶狼谷,2012-5-21,金池,高志忠采;1♀,浙江临安天目山一里亭,2011-6-30,张付滨采。

分布:浙江、广东、福建、湖南、四川、重庆、云南、贵州;日本,韩国,越南。

25.8.4　卡氏金蝉蛛 *Phintella cavaleriei* (Schenkel, 1963)(图 25-13 和图版 25-13)

雌蛛体长 4.00~5.00mm。背甲橙色。第 2 列眼约在前列眼与第 3 列眼的中间位置上,眼域色淡,但眼周围有黑斑。胸部斜坡处有些黑纹。背甲边缘略为黑灰色。螯肢前齿堤 2 齿,后齿堤 1 齿,较大。胸板淡黄色。触肢上生有白毛。步足纤细,淡黄色。腹部背面淡黄色,散生褐色斑,后端有一圆形黑斑;腹面淡黄色。纳精囊梨形;交配管短,向内侧弯曲呈弧形(见图 25-13C、D)。

雄蛛体长 4.50~4.80mm。背甲色较红,近乎褐色。步足较雌蛛粗长,第Ⅰ步足自腿节至后跗节两侧面黑褐色;第Ⅱ、Ⅲ步足腿节前侧面及胫节前后侧面有黑色边。触肢(见图 25-13E~G)胫节突的尖端朝向内侧,并略朝向腹侧。腹部背面色较雌蛛深,后半部中央有 2 个弧形斑,末端有 1 个黑圆斑。

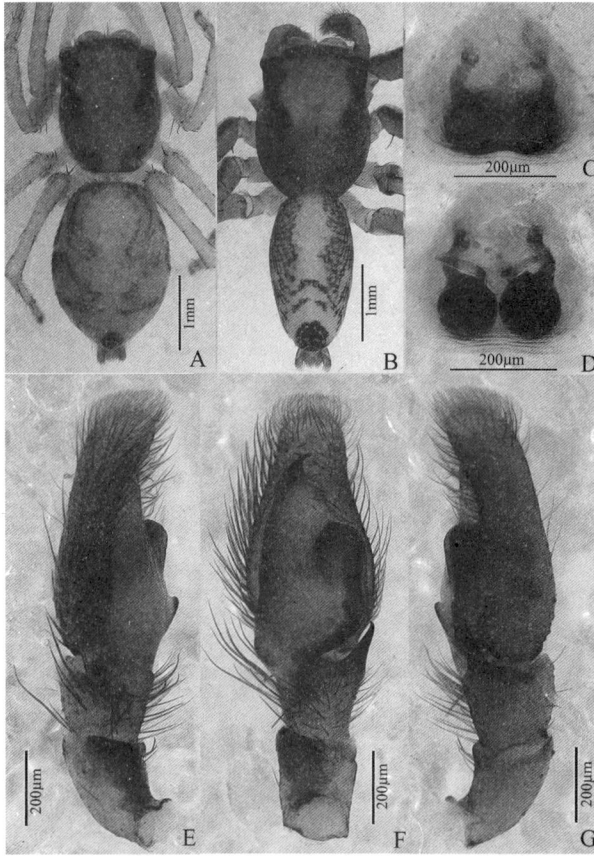

图 25-13 卡氏金蝉蛛 *Phintella cavaleriei* (Schenkel, 1963)

A. 雌蛛, 背面观; B. 雄蛛, 背面观; C. 雌蛛外雌器, 腹面观; D. 雌蛛外雌器, 背面观;

E. 雄蛛左触肢器, 内侧面观; F. 雄蛛左触肢器, 腹面观; G. 雄蛛左触肢器, 外侧面观

检视标本: 1♀, 浙江临安天目山老殿, 2011-7-26, 金池、杨洁采; 3♀, 浙江临安天目山禅源寺, 2011-7-31, 金池、杨洁采; 2♂, 浙江临安清凉峰顺溪坞直源, 2012-5-16, 金池、高志忠采; 2♀, 浙江临安清凉峰镇鸠甫村龙塘寺, 2012-5-18, 金池、高志忠采; 2♀, 浙江清凉峰百步岭, 2012-5-20, 金池、高志忠采; 17♀10♂, 浙江临安清凉峰天池, 2012-5-22, 金池, 高志忠采; 2♀4♂, 浙江清凉峰天池乐利山, 2012-5-23, 金池, 高志忠采; 1♀, 浙江临安天目山管理局, 2013-6-27, 付丽娜采; 1♀2♂, 浙江临安天目山仙人顶, 2013-6-29, 付丽娜采; 1♀, 浙江临安天目山古道方向, 2013-6-28, 查珊洁采; 1♀2♂, 浙江临安天目山一里亭, 2013-6-30, 张付滨采; 3♂, 浙江临安天目山千亩田, 2013-7-1, 张付滨采; 10♀, 浙江临安天目山千亩田, 2013-7-2, 付丽娜采。

分布: 浙江、安徽、福建、江西、湖南、湖北、广西、四川、重庆、贵州、甘肃。

25.8.5 利氏金蝉蛛 *Phintella linea* Karsch, 1879(图 25-14 和图版 25-14)

雌蛛体长约 4.50mm。背甲黄棕色, 胸部有棕褐色毛形成的前凹弧形斑。除前中眼外, 其余各眼周围黑色; 第 2 列眼内侧每边具有白色毛组成的斑。螯肢前齿堤 2 齿, 后齿堤 1 齿。足式: 4312。腹部近乎卵圆形, 背面黄棕色, 两侧的黑色纵带断断续续, 纺器前具有近乎圆形的黑斑; 腹面浅黄棕色, 中央具一纵向黑色带。外雌器(见图 25-14B、C)插入孔与纳精囊前缘几乎平齐; 纳精囊梨形; 交配管短, 皆向内弯曲。

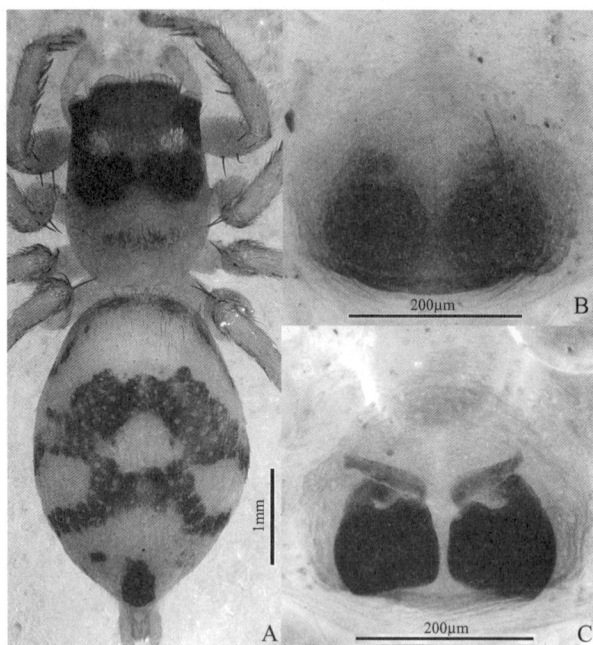

图 25-14 利氏金蝉蛛 *Phintella linea* Karsch，1879

A. 雌蛛，背面观；B. 雌蛛外雌器，腹面观；C. 雌蛛外雌器，背面观

检视标本：1♀，浙江临安天目山千亩田，2013-7-1，张付滨采。

分布：浙江、安徽、台湾、湖南、湖北、四川、山西；日本，俄罗斯，韩国。

25.8.6 波氏金蝉蛛 *Phintella popovi*（Prószynski，1979）（浙江新记录种）（图 25-15 和图版 25-14）

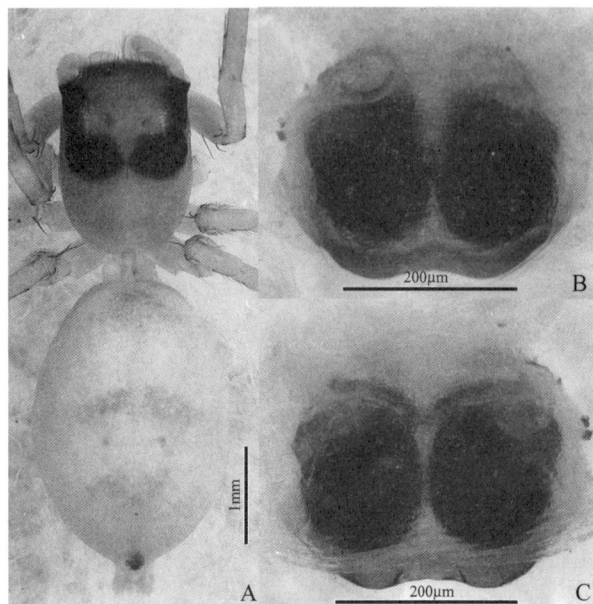

图 25-15 波氏金蝉蛛 *Phintella popovi*（Prószynski，1979）

A. 雌蛛，背面观；B. 雌蛛外雌器，腹面观；C. 雌蛛外雌器，背面观

雌蛛体长约 5.10mm。头胸部黄棕色,中部具有横向的中间断开的黑色带,中窝向后发出辐射状黑色带斑;除前中眼外,其余各眼周围黑色。足式:4312。腹部长椭圆形,背面黄棕色,具有许多点斑且布满整个腹部;腹面黄色,纺器前方具有一横向的黑线斑。外雌器(见图 25-15B、C)插入孔小,外雌器后缘中央略凹;纳精囊梨形;2 条交配管较短,向内弯曲;插入孔略前于纳精囊前缘。

检视标本:1♀,浙江临安天目大峡谷,2011-8-2,金池采。

分布:浙江、北京、辽宁、吉林。

25.9　绯蛛属 *Phlegra* Simon,1876

鉴别特征:小型蜘蛛。头胸部长且狭,胸部长为头部长的 2 倍。眼域长为宽的一半,约占头胸部的 1/3。前齿堤具 1 板齿,后齿堤 1 齿较长。第 Ⅰ、Ⅱ 步足跗节腹面具毛丛,至少为跗节长度的一半。雄蛛的胫节突 2 个,外侧 1 个成膜状;生殖球长,插入器细丝状,裸露可见。雌蛛外雌器的交配管很长,有时缠绕成环形。

模式种:*Aranea elegans* Fabricius,1793

分布:全世界已知 79 种。中国记录 7 种。本书记述天目山 1 种。

25.9.1　带绯蛛 *Phlegra fasciata*(Hahn,1826)(浙江新记录种)(图 25-16 和图版 25-16)

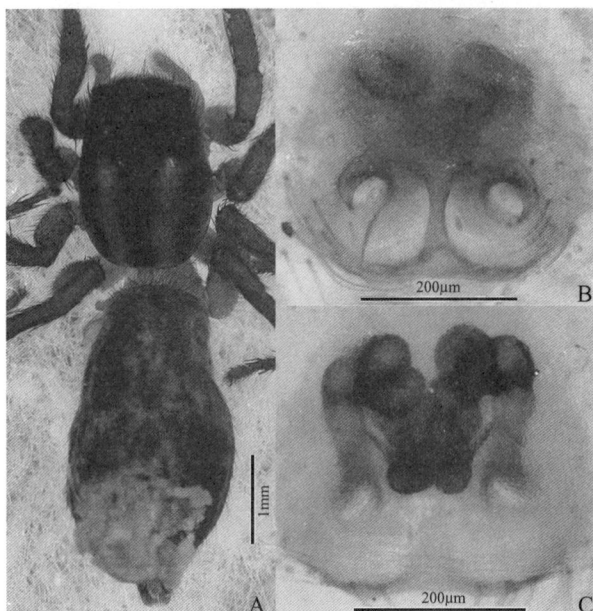

图 25-16　带绯蛛 *Phlegra fasciata*(Hahn,1826)
A. 雌蛛,背面观;B. 雌蛛外雌器,腹面观;C. 雌蛛外雌器,背面观

雌蛛体长约 6.50mm。头胸部黑褐色,边缘及眼域黑色,边缘具白毛覆盖而成的缘带。眼域后端有 2 条浅色纵带。胸板橄榄形,褐色,边缘黑色。螯肢灰黑色,前齿堤 2 板齿,后齿堤 1 齿。颚叶、下唇深褐色。步足褐色。腹部背面灰黑色,正中及两侧共有 3 条浅色纵带,贯穿前后端;腹部腹面灰黑色。外雌器(见图 25-16B、C)的后部中央具有 2 个近乎圆形的陷腔,插入孔位于其中。交配管管状,曲折盘绕。

雄蛛头胸部黑棕色,边缘具白毛。腹部背面灰黑色,正中及两侧共有 3 条浅色纵带,贯穿前后端。外雌器的交配管缠绕成环状,开孔很大。

检视标本：1♀，浙江临安天目山，2011-7-25，金池、杨洁采。

分布：浙江、新疆、吉林。

25.10　拟蝇虎蛛属 *Plexippoides* Prószynski，1984

鉴别特征：中型蜘蛛。背甲两侧边缘具浅色斑纹。眼域占头胸部比例不及一半。螯肢前齿堤2齿，后齿堤1齿。腹部背面具有2条褐色或深褐色纵带。雄蛛触肢器跗舟扁且宽于生殖球，并向后部膨大；生殖球远端具一耳状突起；插入器细长，环绕生殖球。雌蛛外雌器强烈角质化，透过半透明体壁可清晰见到交配管。

模式种：*Plexippoides flavescens*（O. Pickard-Cambridge，1872）

分布：全世界已知21种。中国记录14种。本书记述天目山1种。

25.10.1　盘触拟蝇虎 *Plexippoides discifer*（Schenkel，1953）（图25-17和图版25-17）

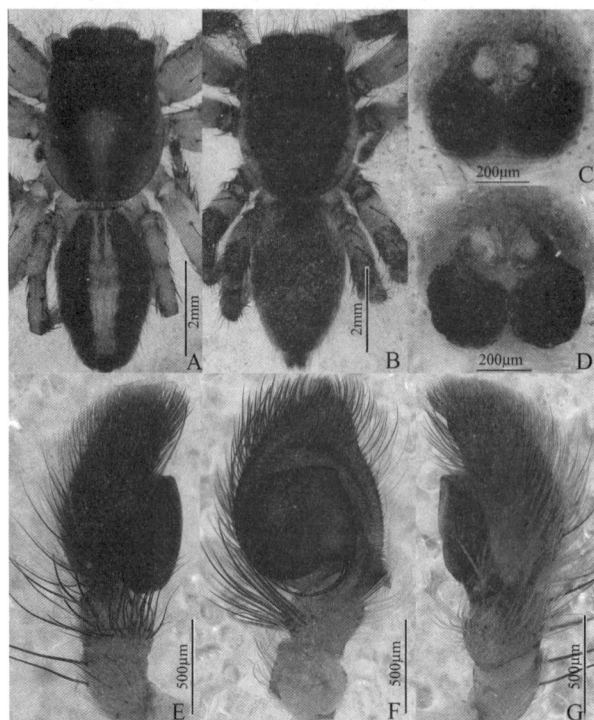

图25-17　盘触拟蝇虎 *Plexippoides discifer*（Schenkel，1953）

A. 雌蛛，背面观；B. 雄蛛，背面观；C. 雌蛛外雌器，腹面观；D. 雌蛛外雌器，背面观；

E. 雄蛛左触肢器，内侧面观；F. 雄蛛左触肢器，腹面观；G. 雄蛛左触肢器，外侧面观

雌蛛体长约9.82mm。头胸板黄褐色，背甲边缘黑褐色。眼域黑褐色，胸部有一很宽的红褐色正中条斑，侧缘带赤褐色，密被白色鳞状毛。螯肢红褐色，前齿堤2齿，后齿堤1齿。颚叶、下唇褐色，胸板橘黄色，无斑纹。步足黄褐色，各节相关连接处有褐色环纹。腹部卵圆形，背面黄褐色，有2条褐色纵带，隐约可见淡褐色正中线。腹面黄褐色，正中带褐色，较宽，两侧有数条黑褐色线纹。外雌器（见图25-17C、D）结构复杂，交配管很长，呈螺旋状或"S"形不规则扭曲数圈；两侧交配管不对称。

雄蛛体长约6.73mm。体型、斑纹与雌蛛相似。触肢器（见图25-17E～G）的生殖球呈倒肾形，插入器起始于生殖球的基部，胫节突较细，端部渐尖。

检视标本：6♀,浙江临安清凉峰镇鸠甫村龙塘寺,2012-5-18,金池、高志忠采;3♂,浙江清凉峰百步岭,2012-5-20,金池、高志忠采;1♀5♂,浙江临安清凉峰保护区恶狼谷,2012-5-21,金池、高志忠采;1♂,浙江临安清凉峰天池,2012-5-22,金池、高志忠采;1♂,浙江临安清凉峰天池乐利山,2012-5-23,金池、高志忠采;2♀5♂,浙江临安天目山一里亭,2013-6-30,张付滨采。

分布：浙江、安徽、湖南、山西、河北、北京、山东。

25.11　孔蛛属 *Portia* Karsch, 1878

鉴别特征：中到大型蜘蛛,雌雄个体外形相近。头胸部高且隆起,全身密被细毛,具彩色斑纹,极易脱落。螯肢前齿堤 3 齿,后齿堤 3～6 齿。雄蛛触肢器生殖球卵圆形,具膜质缘及小沟,插入器细长,跗舟背面具一明显的突起(跗舟翼)。胫节突较多。外雌器密被毛,角质化不明显;纳精囊卵形。

模式种：*Portia schultzi* Karsch, 1878

分布：全世界已知 17 种。中国记录 10 种。本书记述天目山 2 种。

孔蛛属分种检索表

1. 雄蛛触肢外侧胫节突细长且弯曲,末端较尖 ……………………………………… 昆孔蛛 *Portia quei*

   雄蛛触肢外侧胫节突端部平截 …………………………………………………… 毛边孔蛛 *Portia fimbriata*

25.11.1　毛边孔蛛 *Portia fimbriata* Doleschall, 1859(浙江新记录种)(图 25-18 和图版 25-18)

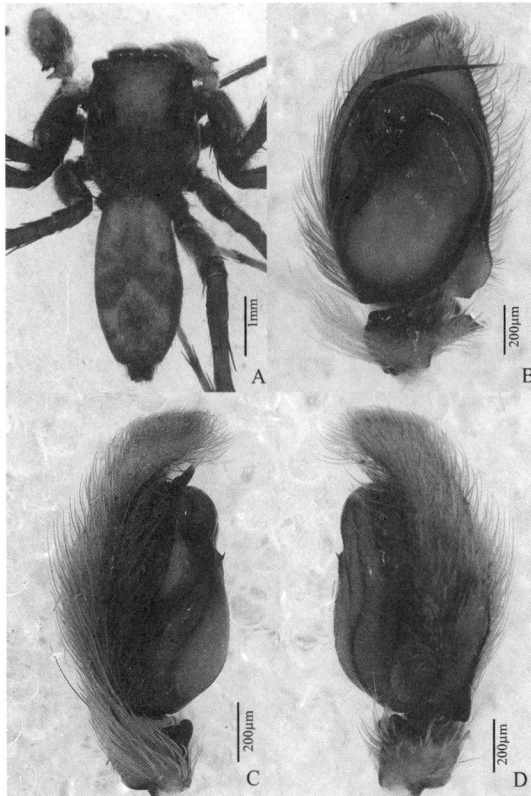

图 25-18　毛边孔蛛 *Portia fimbriata* Doleschall, 1859

A. 雄蛛,背面观;B. 雄蛛左触肢器,腹面观;C. 雄蛛左触肢器,内侧面观;D. 雄蛛左触肢器,外侧面观

雄蛛体长 7.90～8.00mm。头胸部高且隆起,背甲深褐色,头区色较浅。螯肢红棕色,螯肢前齿堤 3 齿,后齿堤 4 齿。颚叶和下唇红棕色。胸板深棕色。步足细长,深棕色。腹部背面浅棕色,具有白斑;腹面深褐色。触肢器(见图 25-18B～D)胫节短,具胫节突 3 个,后侧胫节突腹面观端部平截;插入器细长,起源于内侧端部,其端部指向外侧。跗舟外侧具一突起。

检视标本:1 ♂,浙江临安天目大峡谷,2011-7-12,金池采;1 ♂,浙江临安天目山禅源寺,2011-7-27,杨洁采;1 ♂,浙江临安天目山禅源寺,2011-7-31,金池采。

分布:浙江、台湾。

25.11.2　昆孔蛛 *Portia quei* Zabka,1985(图 25-19 和图版 25-19)

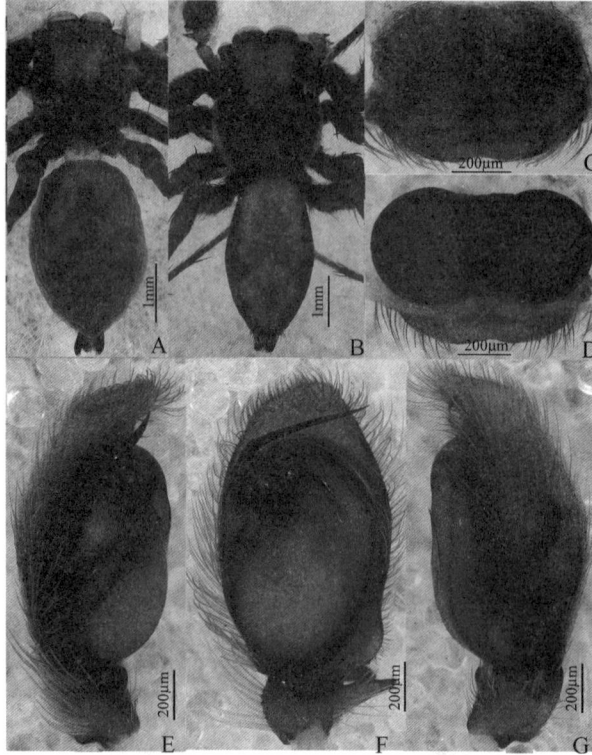

图 25-19　昆孔蛛 *Portia quei* Zabka,1985

A. 雌蛛,背面观;B. 雄蛛,背面观;C. 雌蛛外雌器,腹面观;D. 雌蛛外雌器,背面观;

E. 雄蛛左触肢器,内侧面观;F. 雄蛛左触肢器,腹面观;G. 雄蛛左触肢器,外侧面观

雄蛛体长 6.00～6.50mm。头胸部高且隆起,背甲褐色,眼域黄褐色,被稀疏黄褐色毛。前中眼周围褐色,其余眼周围黑褐色。背甲腹侧缘密被白色鳞毛,形成 2 条侧缘毛带。胸板黄褐色,颚叶褐色,下唇灰褐色。步足细长,褐色。腹部背面黄褐色,密被褐色毛,腹部背面之前、中、后部共有 5 个白色毛斑;腹面正中带褐色,密被褐色、灰白色毛。触肢器(见图 25-19E～G)胫节突 3 个,后侧胫节突细长且弯曲,末端较尖;插入器细长,超出跗舟侧缘部分约为插入器长的 1/3。

雌蛛体长 6.60～7.70mm。体色及斑纹与雄蛛相似。外雌器(见图 25-19C、D)密被毛,插入孔呈横裂缝状,交配后常有栓塞现象;纳精囊梨形。

检视标本:1 ♂,浙江临安天目山古道方向,2013-6-28,查珊洁采;1♀1 ♂,浙江临安天目山仙人顶,2013-6-29,付丽娜采;2♀,浙江临安天目山一里亭,2013-6-30,张付滨采;1 ♂,浙江临安天目山千亩田,2013-7-1,张付滨采。

分布:浙江、广西、湖南、湖北、云南、四川、贵州。

25.12 兜跳蛛属 *Ptocasius* Simon,1885

鉴别特征:小型蜘蛛,体色较暗。腹部灰褐色或灰色,具深色斑纹。雄蛛触肢器的跗舟宽且扁,插入器细长,末端位于跗舟端部的一条浅沟内。雌性外雌器具 2 个特殊的角质化兜,远离生殖沟。插入孔通常呈裂缝状,交配管宽大呈袋状。

模式种:*Ptocasius weyersi* Simon,1885

分布:全世界已知 13 种。中国记录 8 种。本书记述天目山 1 种。

25.12.1 毛垛兜跳蛛 *Ptocasius strupifer* Simon,1901(图 25-20 和图版 25-20)

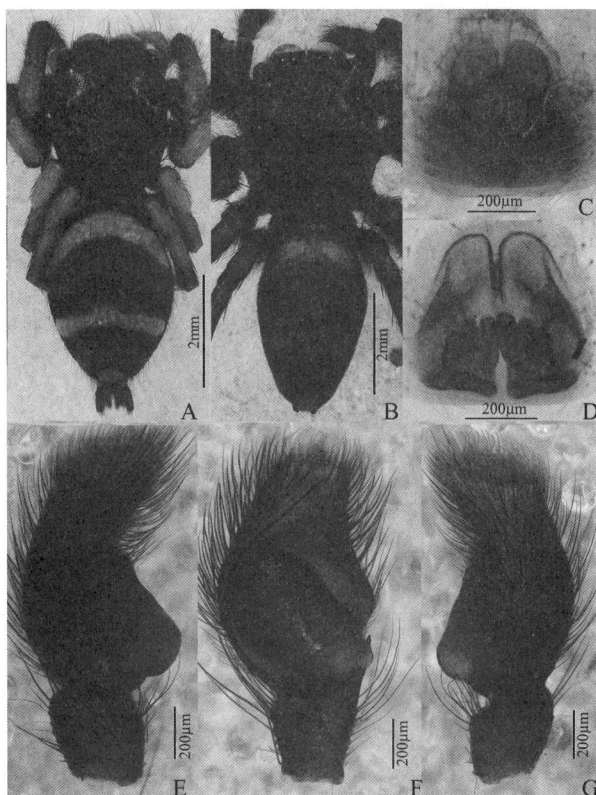

图 25-20 毛垛兜跳蛛 *Ptocasius strupifer* Simon,1901

A. 雌蛛,背面观;B. 雄蛛,背面观;C. 雌蛛外雌器,腹面观;D. 雌蛛外雌器,背面观;

E. 雄蛛左触肢器,内侧面观;F. 雄蛛左触肢器,腹面观;G. 雄蛛左触肢器,外侧面观

雄蛛体长约 6.70mm。头胸部隆起,背甲暗褐色,除前中眼外,其余各眼周围黑色。中窝附近及背甲侧缘被灰白色毛丛。螯肢红褐色,前齿堤 2 齿,后齿堤具 1 板齿。颚叶、下唇红褐色,胸板褐色。步足褐色至暗褐色。腹部背面灰褐色,前后端各有 1 条黄褐色横带,末端有 1 个黄白色圆斑,被灰白色毛。腹面褐色,两侧有线纹状斑点。纺器褐色。触肢器(见图 25-20E~G)的跗舟密被长毛;外侧胫节突较为短小;生殖球呈倒拖鞋形;插入器起始于生殖球的基部,较长,端部依附于跗舟端部的浅沟内。

雌蛛体长约 7.95mm。外部形态、特征基本同雄蛛。外雌器(见图 25-20C、D)有 2 个典型的钟形兜状陷腔,交配孔位于其中;交配管长,纵向缠绕数圈。

　　检视标本:1♀1♂,浙江临安天目大峡谷,2011-8-2,金池采。

　　分布:浙江、安徽、香港、台湾、广西、福建、湖南、云南、重庆。

25.13　宽胸蝇虎属 *Rhene* Thorell,1869

　　鉴别特征:中型蜘蛛。头胸部前部较平坦,呈梯形或方形;后部收缩并急剧倾斜。眼域梯形,第 3 列眼明显宽于第 1 列,第 2 列眼紧接前侧眼基部。雄蛛螯肢内侧具缺刻;体被白色鳞片,具明显白斑。雄蛛胫节具有外侧胫节突 1 个;生殖球大,袋状;引导器与插入器伴行。雌蛛外雌器的交配管弯曲程度因种变化较大。

　　模式种:*Rhene flavigera*（C. L. Koch,1846）

　　分布:全世界已知 63 种。中国记录 12 种。本书记述天目山 2 种。

宽胸蝇虎属分种检索表

1. 触肢器的引导器较短,交配管较长且缠绕复杂 …………………………… 黄宽胸蝇虎 *Rhene flavigera*

　 触肢器的引导器长弯月形,交配管较短且缠绕简单 …………………………… 暗宽胸蝇虎 *Rhene atrata*

25.13.1　暗宽胸蝇虎 *Rhene atrata*（Karsch,1881）（图 25-21 和图版 25-21）

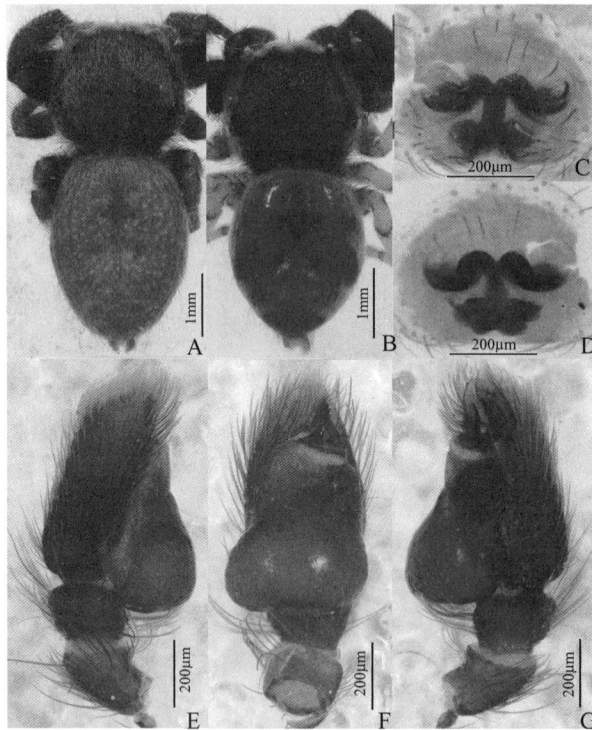

图 25-21　暗宽胸蝇虎 *Rhene atrata*（Karsch,1881）

A. 雌蛛,背面观;B. 雄蛛,背面观;C. 雌蛛外雌器,腹面观;D. 雌蛛外雌器,背面观;

E. 雄蛛左触肢器,内侧面观;F. 雄蛛左触肢器,腹面观;G. 雄蛛左触肢器,外侧面观

　　雌蛛体长 6.80～8.00mm。背甲黑褐色,眼域及胸部两侧黑色且被白毛。后中眼位于前侧眼基部。胸板狭长,长约为宽的 2 倍,赤褐色,被长毛。螯肢黑褐色,被白毛,前齿堤 2 齿,后齿堤有 1 大齿,齿堤具毛丛。颚叶、下唇黑褐色,端部颜色较浅,具毛丛。步足褐色至黑褐色,

被白毛,刺少且短。腹部背面黄褐色,肌痕 3 对,深褐色,心脏斑呈长条形;腹部腹面浅灰色,有 4 条由深褐色小点形成的细纹,有的末端有 2 个大的黑斑。纺器灰褐色,基部有一黑色圆环。外雌器后部中央靠近外雌沟具一钟形兜;插入孔呈宽裂缝状,位于外雌器中部两侧;交配管较长,从中部折向后方然后盘绕着延伸向两侧(见图 25-21C、D)。

雄蛛体长约 4.90mm。外部形态、特征基本同雌蛛。触肢器(见图 25-21E～G)跗舟被毛较多,外侧胫节突短小;生殖球纵向,基部极度膨胀;插入器较细,与弯月形的引导器并行,两者均位于生殖球端部。

检视标本:1♀,浙江临安天目山仙人顶,2013-6-29,付丽娜采;1♀2♂,浙江临安天目山一里亭,2013-6-30,张付滨采。

分布:浙江、安徽、台湾、广东、广西、福建、云南、四川、湖南、山东、贵州。

25.13.2　黄宽胸蝇虎 *Rhene flavigera* (C. L. Koch, 1848)(图 25-22 和图版 25-22)

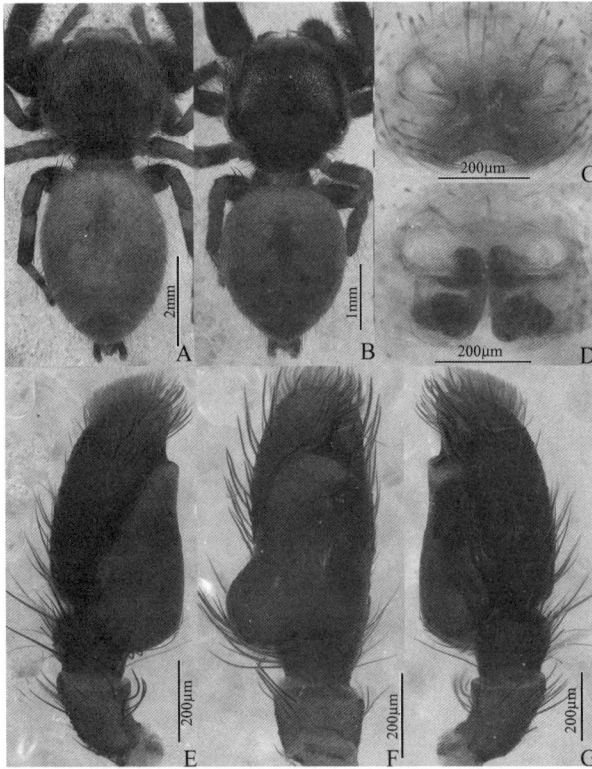

图 25-22　黄宽胸蝇虎 *Rhene flavigera* (C. L. Koch, 1848)
A. 雌蛛,背面观;B. 雄蛛,背面观;C. 雌蛛外雌器,腹面观;D. 雌蛛外雌器,背面观;
E. 雄蛛左触肢器,内侧面观;F. 雄蛛左触肢器,腹面观;G. 雄蛛左触肢器,外侧面观

雌蛛体长约 6.75mm。背甲赤褐色,密被白色绒毛,前部梯形,后部变窄并极度倾斜,眼域及眼丘黑色。胸板长约为宽的 2 倍,褐色,被白色长毛。螯肢赤褐色,背面被白毛,前齿堤 2 齿,后齿堤具 1 大齿。颚叶、下唇黑褐色。步足赤褐色,被白毛。腹部背面灰色,肌痕 3 对,赤褐色,后端有 3 条白色斜纹;腹部腹面灰黑色,有 4 条由深褐色的小点形成的细纹。

雄蛛体长约 5.30mm。外部形态、特征基本同雌蛛,但头胸部被毛较雌蛛少。触肢器(见图 25-22E～G)的跗舟被毛不多,但端部具一簇细毛。外侧胫节突短小,弯钩形;生殖球纵向,基部极度膨胀;插入器较细;引导器粗、短。

检视标本：1♀1♂，浙江临安天目山，2011-7-25，金池采。

分布：浙江、安徽、福建、广西、云南、湖南。

25.14　西菱头蛛属 *Sibianor* Logunov，2001

鉴别特征：小型蜘蛛（体长 2.40～4.70mm），雌雄体型相似。背甲稍隆起，网状斑明显，密被白色叶状鳞片。前眼列宽小于后眼列宽。额高小于前中眼直径。螯肢前齿堤 2 齿，后齿堤 1 齿。颚叶方形或长方形，雄蛛通常具一细小颚叶齿。下唇近三角形。第 I 步足强大，腿节膨大程度不一；腿节、膝节和胫节均被黑色鳞状毛，形成典型的毛刷。胸板椭圆形，细长，前缘直或微凹。腹部长大于宽，不具成对的白斑和条纹；雄蛛具一细长背盾和一小腹盾；雄蛛腹部密被鳞片，雌蛛无鳞片。雄蛛触肢器具发达的盾板结节。雌蛛外雌器具发达的中央兜；中央的陷腔发达；交配口隐藏于陷腔边缘；纳精囊分两叶，受精管和导管发达可见。

模式种：*Heliophanus aurocinctus* Ohlert，1865

分布：全世界已知 15 种。中国记录 5 种。本书记述天目山 2 种。

西菱头蛛属分种检索表

1. 外雌器兜近乎方形，宽和高几乎相等 ………………………………… 斜纹西菱头蛛 *Sibianor aurocinctus*

外雌器兜近乎矩形，宽明显大于高 …………………………………… 暗色西菱头蛛 *Sibianor pullus*

25.14.1　斜纹西菱头蛛 *Sibianor aurocinctus*（Ohlert，1865）（图 25-23 和图版 25-23）

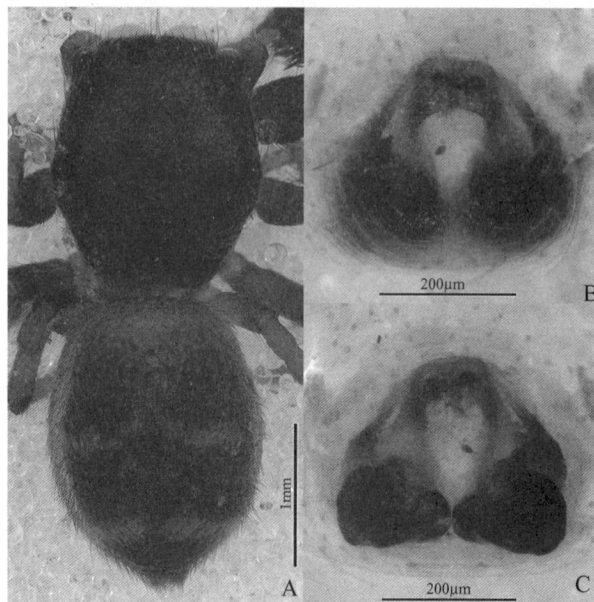

图 25-23　斜纹西菱头蛛 *Sibianor aurocinctus*（Ohlert，1865）

A. 雌蛛，背面观；B. 雌蛛外雌器，腹面观；C. 雌蛛外雌器，背面观

雌蛛体长约 3.74mm。头胸部黑褐色，有金属光泽。前中、侧眼间及前侧眼外侧被有白毛。螯肢前齿堤 2 齿，后齿堤 1 齿。胸板枣核状，闪金属光泽，外缘为黄色细边，其内灰褐色，并有黑色网纹。腹部背面灰色，后端有山形纹。腹面灰色，两侧被有白色细毛。外雌器（见图 25-23B、C）兜钟形，端部圆滑；生殖腔较宽扁；交配管缠绕复杂。

检视标本：3♀，浙江临安天目山禅源寺，2011-7-31，金池、杨洁采。

分布：浙江、安徽、湖南、西藏、四川、陕西、湖北、江苏、广东、福建、贵州、河南、山东。

25.14.2　暗色西菱头蛛 *Sibianor pullus* Bösenberg & Strand，1906（浙江新记录种）（图 25-24 和图版 25-24）

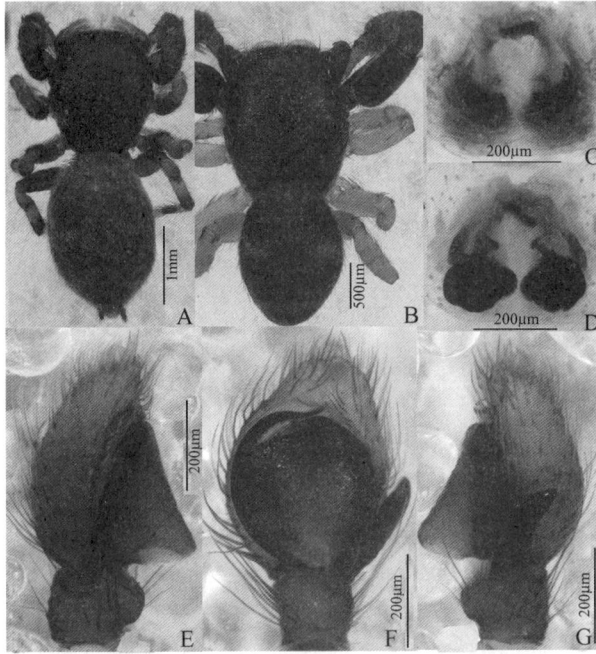

图 25-24　暗色西菱头蛛 *Sibianor pullus* Bösenberg & Strand，1906

A. 雌蛛，背面观；B. 雄蛛，背面观；C. 雌蛛外雌器，腹面观；D. 雌蛛外雌器，背面观；

E. 雄蛛左触肢器，内侧面观；F. 雄蛛左触肢器，腹面观；G. 雄蛛左触肢器，外侧面观

　　雄蛛体长约 2.80mm。背甲红褐色至暗褐色，具有金属光泽。眼域平坦，周围黑色。螯肢红褐色，前齿堤 2 齿，后齿堤 1 齿，不分叉。颚叶、下唇黄褐色。胸板红褐色。第 I 步足强大，后跗节及跗节黄色，其余各节红褐色；膝节腹面及胫节背腹面有粗且浓密的黑褐色长毛，但不成鳞片状。腹部背面暗红褐色，近中部有一对圆形黄斑，近腹末有一较宽的弧形黄斑；腹面红褐色，具少数闪光毛。触肢（见图 25-24E～G）黄色，胫节突长、宽且扁，尖端弯向触肢背面；生殖球下部有一乳状突起；插入器尖端"S"形。

　　雌蛛体长约 3.73mm。腹部背面灰褐色或灰黄色，有 2～3 对小椭圆形肌痕。2 对长方形黄斑横向排列，将腹部分成 3 段，中段有 2～3 个人字形黄斑。腹部两侧具有均匀分布的黄色斑点。外雌器（见图 25-24C、D）为一肾形凹陷，钟形兜短且宽。

　　检视标本：1♀1♂，浙江临安天目山管理局，2013-6-27，付丽娜采。

　　分布：浙江、安徽、香港、福建、广西、重庆、湖南。

25.15　翠蛛属 *Siler* Simon，1889

　　鉴别特征：小到中型蜘蛛。体常被彩色鳞片，具有金属光泽。眼域占头胸部的一半。螯肢前齿堤 2 齿，后齿堤具 1 板齿。雄蛛第 I 步足背腹面被长且密的暗褐色毛，形成典型的毛刷，有时膝节腹面也有同样的毛刷。雄蛛触肢器胫节突匙状，生殖球长卵圆形。雌蛛外雌器结构较简单，纳精囊球形；交配管一般较短。

　　模式种：*Siler cupreus* Simon，1889

分布：全世界已知 9 种。中国记录 5 种。本书记述天目山 1 种。

25.15.1 蓝翠蛛 *Siler cupreus* Simon，1889（图 25-25 和图版 25-25）

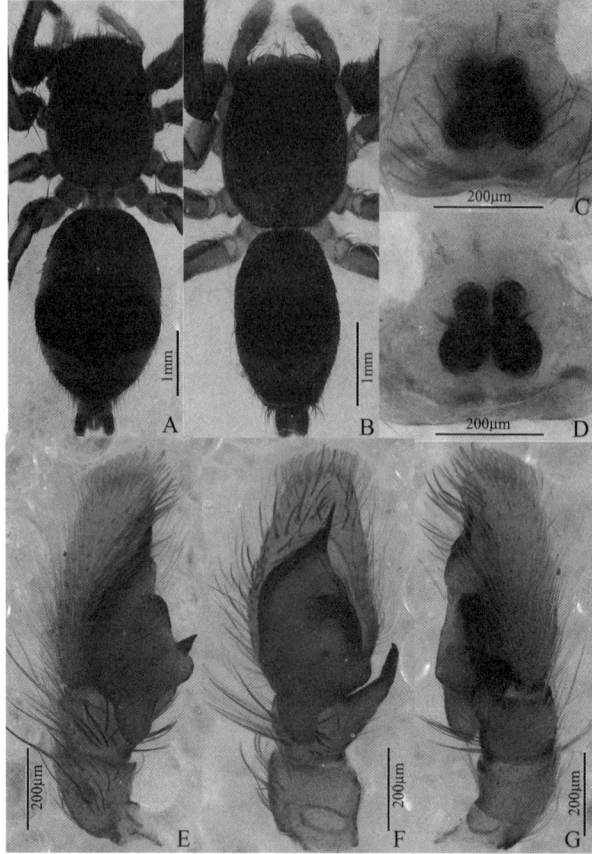

图 25-25 蓝翠蛛 *Siler cupreus* Simon，1889
A. 雌蛛，背面观；B. 雄蛛，背面观；C. 雌蛛外雌器，腹面观；D. 雌蛛外雌器，背面观；
E. 雄蛛左触肢器，内侧面观；F. 雄蛛左触肢器，腹面观；G. 雄蛛左触肢器，外侧面观

　　雌蛛体长 6.74～7.20mm。体黄褐色，头胸部的边缘被蓝白色细毛。眼域黑褐色，约占头部的 1/2；眼域长方形，宽大于长，前边等于后边。螯肢黑褐色，前齿堤 2 齿，后齿堤具 1 大板齿，顶端锯齿状。触肢跗节黄白色。第Ⅰ步足稍粗大，腿节黑褐色，腿节背面为浅色。腹部背面呈蓝绿珠光色，前、后各有一黄褐色内凹弧形斑。外雌器(见图 25-25C、D)中央有 1 对圆形的插入孔，隐约可见 1 对烧瓶状的纳精囊。

　　雄蛛体长约 4.50mm。头胸部背面沿黑色边缘有一蓝白色环带。第Ⅰ步足粗壮，灰褐色，腿节、胫节背面和腹面及膝节腹面均密被黑色长丛毛。触肢器(见图 25-25E～G)跗节黄白色，密被白毛；外侧面观胫节突宽大；生殖球基部宽，具一向后的乳突；插入器呈锥形，短且尖。

　　检视标本：1♀1♂，浙江临安清凉峰顺溪坞直源，2012-5-16，金池、高志忠采；1♀，浙江临安清凉峰天池，2012-5-22，金池、高志忠采；1♀，浙江临安天目山一里亭，2013-6-30，张付滨采；1♀，浙江临安天目山千亩田，2013-7-1，张付滨采。

　　分布：浙江、安徽、福建、江苏、四川、湖南、湖北、贵州、陕西、山西、山东、台湾。

25.16　散蛛属 *Spartaeus* Thorell，1891

鉴别特征：中至大型蜘蛛。头胸部隆起，长大于宽。后中眼相对大一些，有时微小于前侧眼和后侧眼。螯肢粗壮，前齿堤 5～6 齿，后齿堤 7～11 微齿。步足细长，具有许多长刺；雄蛛第 I 步足通常具有腿节器。触肢器的胫节具腹突和后侧突，有间突或基突；生殖球端部具顶血囊形成的膜盾片结构。雌蛛外雌器半透明，纳精囊大，球状。

模式种：*Spartaeus spinimanus*（Thorell，1878）

分布：全世界已知 14 种。中国记录 6 种。本书记述天目山 1 种。

25.16.1　普氏散蛛 *Spartaeus platnicki* Song，Chen & Gong，1991（浙江新记录种）（图 25-26 和图版 25-26）

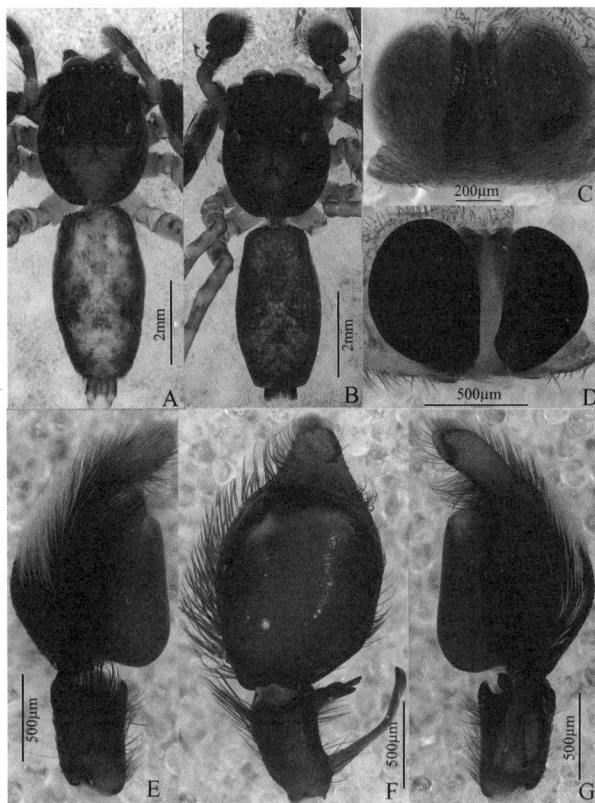

图 25-26　普氏散蛛 *Spartaeus platnicki* Song, Chen & Gong, 1991
A. 雌蛛，背面观；B. 雄蛛，背面观；C. 雌蛛外雌器，腹面观；D. 雌蛛外雌器，背面观；
E. 雄蛛左触肢器，内侧面观；F. 雄蛛左触肢器，腹面观；G. 雄蛛左触肢器，外侧面观

雌蛛体长约 8.00mm。前眼列宽于后眼列。背甲褐色，被白色及褐色毛，眼丘及其基部周围、背甲两侧黑褐色。中窝纵向，其后有大的三角形浅色斑。胸板浅褐色，边缘黑褐色，被褐色毛。额褐色，被褐色长毛。螯肢暗褐色，前齿堤 6 齿，后齿堤 7 小齿。颚叶、下唇深褐色，端部色浅且具绒毛。触肢深褐色，具浓密的白色刷状毛。步足褐色，具灰黑色轮纹，足刺长且强壮。腹部长卵形，灰黑色，中央浅褐色，斑纹不清晰；腹面灰黑色，两侧有浅色纵带。纺器灰黑色。外雌器（见图 25-26C、D）插入孔位于前部，中央有 2 条轻微弯曲的纵带；纳精囊大，近乎球形；交配管短。

　　雄蛛体长约 6.40mm。背甲颜色及斑纹同雌蛛。前齿堤 6 齿,后齿堤有 10 个齿状突。腹部卵圆形,前端稍宽,背面灰黑色,两侧为灰黑色斜纹;前端中央心脏斑大且明显,其后有 4 个山形纹;腹面灰褐色。纺器灰黑色。触肢器(见图 25-26E～G)胫节具有 4 个突起:基突长带形,其端部钩状;外侧突黑色,强烈角质化;腹突最小,角形;间突大,色浅。生殖球膨胀不明显,插入器细丝状。

　　检视标本:1♀,浙江临安天目大峡谷,2011-8-2,金池采;1♀1♂,浙江临安天目山管理局,2013-6-27,付丽娜采;3♀1♂,浙江临安天目山古道方向,2013-6-28,查珊洁采;2♂,浙江临安天目山仙人顶,2013-6-29,付丽娜采;5♀8♂,浙江临安天目山一里亭,2011-6-30,张付滨采。

　　分布:浙江、安徽、湖南、贵州、重庆。

25.17　合跳蛛属 *Synagelides* Strand,1906

　　鉴别特征:小至中型蜘蛛,外形似蚂蚁。头胸部常有纹孔状斑点。眼域长占头胸部长的一半左右。螯肢粗壮,前齿堤 2 齿,后齿堤具 1 板状齿。第 I 步足腿节膨大,膝节、胫节近等长,胫节具有 4～5 对腹刺,后跗节具有 2 对腹刺。触肢器的膝节膨大、粗壮,腿节常有钩状突起。外雌器结构复杂。

　　模式种:*Synagelides agoriformis* Strand,1906

　　分布:全世界已知 38 种。中国记录 19 种。本书记述天目山 1 种。

25.17.1　天目合跳蛛 *Synagelides tianmu* Song,1990(图 25-27 和图版 25-27)

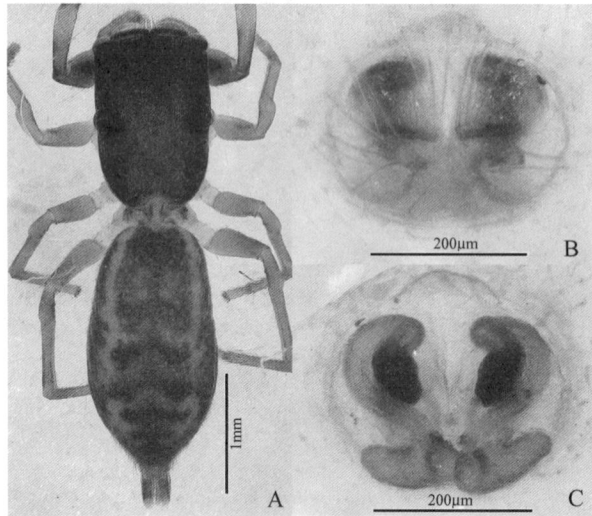

图 25-27　天目合跳蛛 *Synagelides tianmu* Song,1990

A. 雌蛛,背面观;B. 雌蛛外雌器,腹面观;C. 雌蛛外雌器,背面观

　　雌蛛体长约 4.99mm。头胸部隆起,长明显大于宽。眼域黑褐色,眼周围黑色。头胸部后部褐色且有黑褐色放射纹。颚叶、下唇褐色,胸板黄褐色。第 I 步足色较深,胫节具 4 对腹刺,后跗节具 2 对腹刺。腹部背面密布黑色斑纹,后端的斑纹呈横形;腹面黄白色,仅纺器前方一小块略显灰黑色。外雌器(见图 25-27B、C)具有 2 对横脊,略显弧形;纳精囊略呈椭圆形。

　　检视标本:1♀,浙江临安天目山千亩田,2013-7-1,张付滨采。

　　分布:浙江。

25.18　纽蛛属 *Telamonia* Thorell，1887

鉴别特征：小到中型蜘蛛。头胸部卵圆形，腹部圆柱状、细长。雄蛛触肢器的跗舟于靠近胫节突处具粗硬的毛丛；生殖球具盖状突起；插入器细长；胫节突宽大，顶部尖，常具小齿。外雌器很大，具弧形凹陷。交配孔分离，交配管呈螺旋形环绕；纳精囊强烈角质化，内具结构复杂的腔室。

模式种：*Telamonia festiva* Thorell，1887

分布：全世界已知 45 种。中国记录 5 种。本书记述天目山 1 种。

25.18.1　弗氏纽蛛 *Telamonia vlijmi* Prószynski，1984（图 25-28 和图版 25-28）

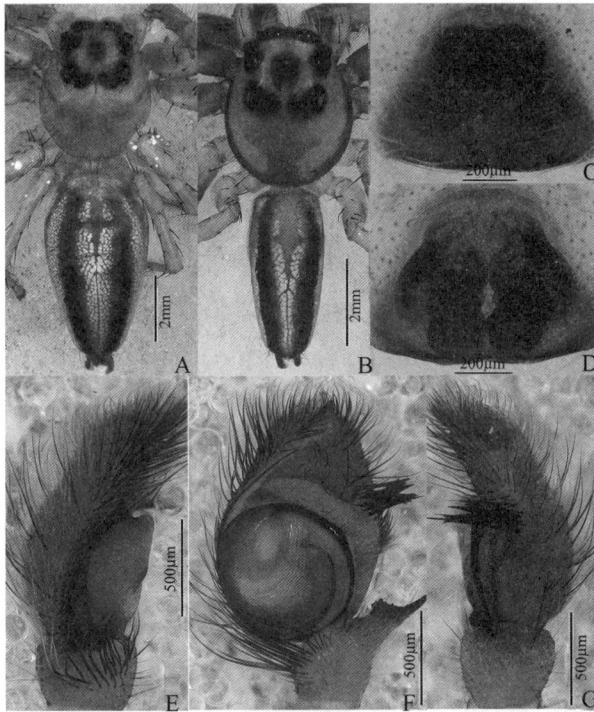

图 25-28　弗氏纽蛛 *Telamonia vlijmi* Prószynski，1984

A. 雌蛛，背面观；B. 雄蛛，背面观；C. 雌蛛外雌器，腹面观；D. 雌蛛外雌器，背面观；
E. 雄蛛左触肢器，内侧面观；F. 雄蛛左触肢器，腹面观；G. 雄蛛左触肢器，外侧面观

雌蛛体长 9.30～10.90mm。体色鲜亮，背甲橘黄色，眼域黄白色，密被白毛，中央有红褐色斑；眼周围黑褐色，被灰白色毛。胸板中部颜色较暗。螯肢前齿堤 2 齿，后齿堤 1 齿。腹部长卵圆形；背面淡黄色，2 条中央带前 1/3 为橘红色，后 2/3 为黑褐色，且仍有橘红色边缘；腹部两侧缘也有橘红色纵条纹。外雌器（见图 25-28C、D)交配管呈螺旋形缠绕，交配管长度有变异，螺旋圈数由 2 圈至 4 圈，可视为处于同种个体的不同发育阶段。

雄蛛体长 8.40～10.50mm。背甲卵圆形，眼及其边缘有较宽的黑褐色环带。胸板中部颜色较暗。腹部细长，其背面有 2 条黑褐色纵带，心脏斑明显。触肢器（见图 25-28E～G)生殖球圆形，插入器起始于顶部，生殖球上有一盖形突起与之相伴。胫节突横指向一侧，基部有一突起，其上有细齿；侧面观胫节突较宽，端部呈分叉状。

检视标本：1♀，浙江临安清凉峰顺溪村小溪旁，2012-5-15，金池、高志忠采；1♂，安徽绩溪

伏岭镇永来村,2013-6-9,查珊洁采;1♀,浙江临安天目山管理局,2013-6-27,付丽娜采;2♀,浙江临安天目山古道方向,2013-6-28,查珊洁采;1♂,浙江临安天目山一里亭,2013-6-30,张付滨采。

分布:浙江、安徽、福建、广西、湖南、贵州。

25.19　雅蛛属 *Yaginumaella* Prószynski,1979

鉴别特征:中型蜘蛛。体色浅,背甲长大于宽,黄色至橘黄色。螯肢前齿堤2或3齿,后齿堤1齿。步足粗壮,黄色,具褐色环纹。腹部呈纺锤形。雄蛛触肢胫节突粗壮,强烈角质化;跗舟有些膨大;生殖球一般膨胀;插入器简单,末端位于跗舟端部的一条浅沟内。雌蛛外雌器圆形,前部具2个角质化的盲兜;插入孔呈裂缝状,具有强烈角质化的边缘;纳精囊的形状各异,交配管长短各异。

模式种:*Yaginumaella striatipes*(Grube,1861)

分布:全世界已知44种。中国记录15种。本书记述天目山2种。

雅蛛属分种检索表

1. 插入器起源于生殖球基部 ……………………………… 梅氏雅蛛 *Yaginumaella medvedevi*
　插入器起源于生殖球内侧端部,且具有一小侧突 ………… 陇南雅蛛 *Yaginumaella longnanensis*

25.19.1　陇南雅蛛 *Yaginumaella longnanensis* Yang,Tang & Kim,1997(浙江新记录种)(**图 25-29 和图版 25-29**)

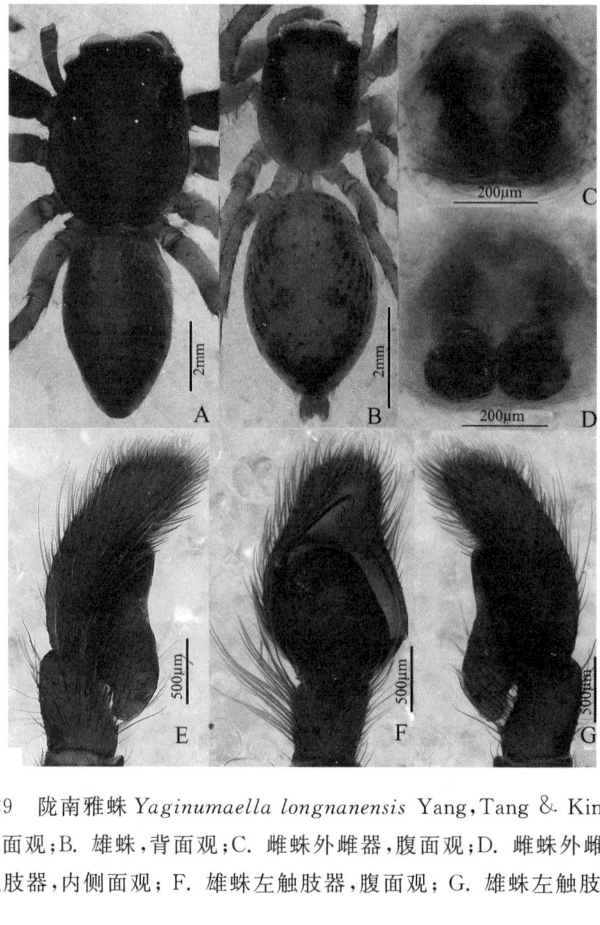

图 25-29　陇南雅蛛 *Yaginumaella longnanensis* Yang,Tang & Kim, 1997
A. 雌蛛,背面观;B. 雄蛛,背面观;C. 雌蛛外雌器,腹面观;D. 雌蛛外雌器,背面观;
E. 雄蛛左触肢器,内侧面观;F. 雄蛛左触肢器,腹面观;G. 雄蛛左触肢器,外侧面观

　　雄蛛体长约 6.10mm。头胸部黄褐色,侧纵带褐色。眼域淡褐色,被有白色毛。中窝赤褐色,细且短。螯肢红棕色,前齿堤具 1 大齿和 1 突起,后齿堤具 1 大齿。颚叶、下唇褐色,端部黄褐色,被浅褐色绒毛。胸板盾形,褐色,边缘色深,中央稍隆起,被褐色短毛。步足浅褐色至褐色,刺多,短且弱。腹部长卵形,背面灰褐色,肌痕 2 对,赤褐色,背部中央黄橙色,两侧为灰黑色纵带;腹面灰白色,有宽窄不一的灰黑色纵板。纺器褐色。胫节突粗壮,末端钩状;生殖球膨胀,后部有延伸的乳突;插入器基部另有一突起,端部依附于一浅沟内(见图 25-29E~G)。

　　雌蛛体长约 6.96mm。头胸板橘黄色,眼域褐色,第 3 眼列后左右各具一条红褐色纵带并止于头胸板后缘前方。腹部长卵圆形,背面浅黄色,有褐色斜纹斑。外雌器(见图 25-29C、D)中部两侧有 2 个深色角质化盲兜;纳精囊近乎球形,交配管宽短。

　　检视标本:1♀,浙江临安天目山一里亭,2013-6-30,张付滨采;1 ♂,浙江临安天目山千亩田,2013-7-1,张付滨采。

　　分布:浙江、重庆、甘肃。

25.19.2　梅氏雅蛛 *Yaginumaella medvedevi* Prószynski,1979(浙江新记录种)(图 25-30 和图版 25-30)

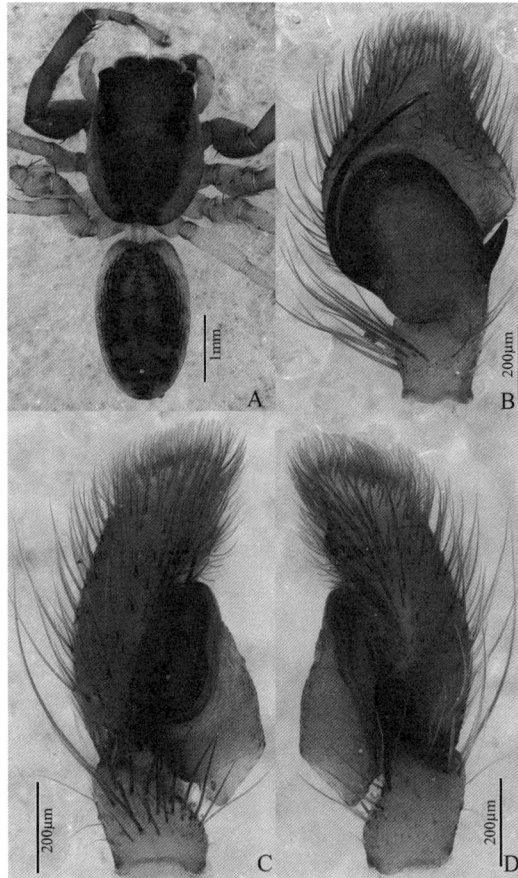

图 25-30　梅氏雅蛛 *Yaginumaella medvedevi* Prószynski,1979
A. 雄蛛,背面观;B. 雄蛛左触肢器,腹面观;C. 雄蛛左触肢器,内侧面观;D. 雄蛛左触肢器,外侧面观

　　雄蛛体长 4.91~5.37mm。头胸部高且隆起,眼域黑褐色,眼周围黑色。头胸板两侧缘纵带黄褐色,上被白色鳞毛,头胸板其余部分红褐色。螯肢红褐色,前齿堤 2 齿,后齿堤 1 齿。颚

叶、下唇褐色,胸板黄褐色。第Ⅰ步足黄褐色,腿节内外侧面被褐色纵条斑,其余步足黄色。腹背橘黄色,被黑褐色斑,腹后部沿正中线排列着3～4个山形纹;腹面灰黄色。纺器黄褐色。触肢器(见图25-30B～D)胫节突粗短;插入器长鞭状,起源于生殖球基部,端部位于跗舟的端部浅沟内;生殖球微膨胀,后端具一乳突。

检视标本:3 ♂,浙江临安天目山千亩田,2013-7-2,付丽娜采。

分布:浙江、安徽、山西、吉林。

第二章　瘿螨总科 Eriophyoidea

瘿螨是农业螨类中体型最小的类群,一般体长 $160 \sim 280 \mu m$,宽 $40 \sim 80 \mu m$,蠕虫形或梭形,体乳白色、淡黄色、淡棕色或淡红色。瘿螨只有 2 对足,又称四足螨,俗称锈螨、锈壁虱。瘿螨体躯分颚体、足体、大体和尾体四部分,颚体和足体又合称为前半体,大体和尾体合称为后半体。瘿螨一般以雌螨的形态特征作为分类特征。

瘿螨个体微小,肉眼难以发现,危害寄主植物会形成虫瘿和毛毡等症状,很长时间以来人们都把它当作一种病害。1851 年,von Siebold 首先把这类螨归并在一起成立瘿螨属 *Eriophyes*;1898 年,Nalepa 以瘿螨属 *Eriophyes* 为模式属成立瘿螨科 Eriophyidae,同时成立瘿螨总科 Eriophyoidea。

瘿螨的寄主专一性很强,大多属于单食性或寡食性类群。瘿螨直接危害寄主植物地上幼嫩的芽、花、果和叶片。大部分瘿螨自由生活于寄主植物表面,少数危害寄主植物以形成虫瘿、水疱、丛生、器官变色和卷曲等症状,如枸杞瘤瘿螨 *Aceria kuko* (Kishida)危害枸杞形成虫瘿,荔枝瘤瘿螨 *Aceria litchi* (Keifer)危害荔枝形成毛毡。瘿螨个体微小,发生量很小时对寄主植物不会造成很大的危害,但当种群数量很大时,就会影响寄主植物的光合作用,影响果实的品质,如稻掌瘿螨 *Cheiracus sulcatus* Keifer 和番茄刺皮瘿螨 *Aculops lycopersici* (Tryon)(Hong, *et al.*, 2005)对果实的危害。瘿螨除直接危害寄主植物外,还能传播植物病毒病,造成间接危害,如郁金香瘤瘿螨 *Aceria tulipae* (Keifer,1975) 可传播小麦、玉蜀黍和洋葱的病毒病,影响其经济价值。

通常瘿螨的个体发育需要经过卵、幼螨、若螨Ⅰ、若螨Ⅱ和成螨五个虫态阶段。幼螨期很短,是在卵内完成的,能看到的只有 3 个虫态和 2 个静止期。瘿螨的适宜繁殖温度为 25℃ 左右,湿度为 60% 左右。瘿螨的生活史有两种类型:一种为简单生活史,一年四季各个虫态均能发现,以成螨为主,一般分布在一年四季都温暖的地方;另一种为复合生活史,包括冬雌和原雌两种类型,当气温降低时,瘿螨以冬雌型进入枝条裂缝、虫瘿、毛毡、嫩芽等越冬场所,气温升高时瘿螨钻出越冬场所,以原雌型开始活动,有这种生活方式的瘿螨一般分布在冬夏温差较大的地方。非越冬雌螨的寿命较短,一般为 1~2 周。

瘿螨总科的分类研究起源于欧洲,后来在北美、欧洲和日本开展较好,研究学者已经基本完成了对瘿螨的种类调查,并出版了相关的专著。国内瘿螨总科的分类研究始于 20 世纪 80 年代,研究历史较短,研究人员较少,还有待做进一步的分类研究。我国大陆地区地域辽阔,横跨古北区和东洋区,生态环境多样,物种丰富,区系复杂,这样的地理位置和环境条件很适合瘿螨生活,由于在采集力度、采集时间和采集地点等方面的选择尚存在局限性,因此在我国还有大量的种类没有被发现,而且我们在系统进化方面的研究也较少。

瘿螨总科分科检索表

1. 前背毛 1~3 根,背毛 1 对或无,大体有亚背毛 1 对或无 ·················· **植羽瘿螨科 Phytoptidae**

　无前背毛,背毛 1 对或无,大体无亚背毛 ·· **2**

2. 喙小，与身体纵轴成钝角，斜下伸 ……………………………………… 瘿螨科 **Eriophyidae**

　　喙较大，与身体纵轴成直角或锐角下伸 …………………………… 羽爪瘿螨科 **Diptilomiopidae**

26　植羽瘿螨科 Phytoptidae

主要特征：体梭形或蠕虫形，背盾板有 1～5 根刚毛，通常有 1～3 根前背毛，常有亚背毛 1 对；副毛很长，大体具有模式刚毛；足具有模式刚毛；羽爪单一。

分类：全世界包括 5 个亚科：Prothricinae Amrine，1996；Novophytoptinae Roivainen，1953；Nalepellinae Roivainen，1953；Phytoptinae Murray，1877；Sierraphytoptinae Keifer，1944。中国有纳氏瘿螨亚科 Nalepellinae、植羽瘿螨亚科 Phytoptinae 和锯瘿螨亚科 Sierraphytoptinae 三个亚科。植羽瘿螨科是瘿螨总科中最小的一个科，只有 4% 的瘿螨属于植羽瘿螨科。

26.1　三毛瘿螨属 *Trisetacus*

特征：体较长，蠕虫形，背盾板有 1 根前背毛，2 根背毛；大体背腹环数相当，有亚背毛，具有模式刚毛；足具有模式刚毛；羽爪单一，副毛较长。

分布：全世界已知 56 种。中国记录 5 种，其中有 2 种分布在中国的古北区。

26.1.1　落叶松三毛瘿螨 *Trisetacus ehmanni* Keifer，1963（图 26-1）

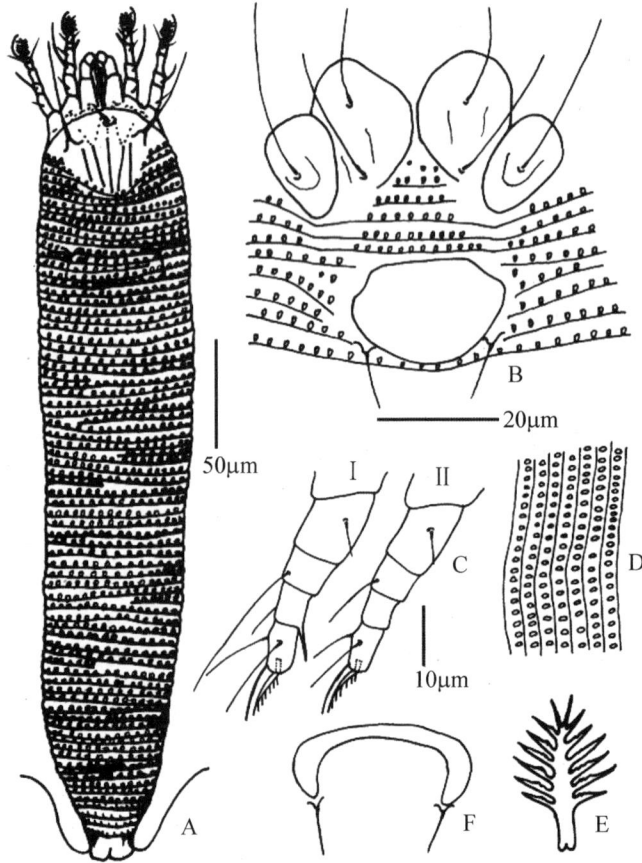

图 26-1　落叶松三毛瘿螨 *Trisetacus ehmanni* Keifer，1963

A. 雌螨，背面观；B. 足基节和雌性生殖器；C. 足 Ⅰ 和 Ⅱ；D. 侧面微瘤；E. 羽爪；F. 雄螨生殖器

雌螨：体蠕虫形，长 378μm，宽 70μm，厚 65μm，淡黄色。喙长 29μm，斜下伸。背盾板长 35μm，宽 52μm；背中线、侧中线和亚中线存在，但前端不明显；无前叶突；背瘤位于盾后缘之前，瘤距 30μm，背毛长 45μm，前指；前背毛 1 根，长 3μm，前指。足Ⅰ基节分开，基节有少量条纹，基节刚毛 3 对，刚毛Ⅰ长 20μm，Ⅱ长 23μm，Ⅲ长 30μm。足Ⅰ长 28μm，股节长 10μm，股节刚毛长 5μm；膝节长 5μm，膝节刚毛长 22μm；胫节长 5μm，胫节刚毛长 5μm，胫节刚毛着生于背端部 1/3 处；跗节长 5μm；羽爪单一，7 分支，无爪端球。足Ⅱ长 25μm，股节长 9μm，股节刚毛长 5μm；膝节长 4μm，膝节刚毛长 10μm；胫节长 4μm；跗节长 5μm；羽爪单一，7 分支，无爪端球。大体背环、腹环相当，68 环，具有椭圆形微瘤。亚背毛长 6μm，生于 12 环；侧毛长 30μm，生于 10 环；腹毛Ⅰ长 10μm，生于 17 环；腹毛Ⅱ长 10μm，生于 36 环；腹毛Ⅲ长 28μm，生于末 5 环。副毛长 10μm。雌性外生殖器长 16μm，宽 25μm；生殖毛长 10μm；生殖器盖片光滑。

雄螨：体长 310μm，宽 65μm。雄性外生殖器长 7μm，宽 23μm；生殖毛长 6μm。

寄主：日本落叶松 *Larix kaempferi* (Lamb.) Carr. (Pinaceae)。

危害情况：自由生活于叶片表面，不形成明显的危害状。

分布：浙江（天目山）、河南、陕西、吉林；美国。

27 瘿螨科 Eriophyidae

主要特征:体梭形或蠕虫形,背盾板无前背毛,背毛有或无,大体无亚背毛。

分类:瘿螨科共有 6 个亚科:Aberoptinae Keifer,1966;Nothopodinae Keifer,1956;Ashieldophyinae Mohanasundaram,1984;Cecidophyinae Keifer,1966;Eriophyinae Nalepa,1898;Phyllocoptinae Nalepa,1892。中国仅有 4 个亚科分布:伪足瘿螨亚科 Nothopodinae、生瘿螨亚科 Cecidophyinae、瘿螨亚科 Eriophyinae 和叶刺瘿螨亚科 Phyllocoptinae。瘿螨科是瘿螨总科中最大的一个科,87%以上的瘿螨种类属于该科。

瘿螨科分亚科检索表

1. 雌螨生殖器非常靠近足基节,生殖器盖片有 2 排纵肋,足基节有弯曲的线环绕着基节刚毛微瘤 ⋯⋯⋯⋯
 ⋯⋯⋯⋯⋯⋯⋯⋯⋯⋯⋯⋯⋯⋯⋯⋯⋯⋯⋯⋯⋯⋯⋯⋯⋯⋯⋯⋯⋯ 生瘿螨亚科 Cecidophyinae
 雌螨生殖器与足基节的距离正常,生殖器盖片通常有一排纵肋或者无纵肋 ⋯⋯⋯⋯⋯⋯⋯⋯⋯⋯ 2
2. 体蠕虫形,大体背腹环数大致相等 ⋯⋯⋯⋯⋯⋯⋯⋯⋯⋯⋯⋯⋯⋯ 瘿螨亚科 Eriophyinae
 体梭形,大体背环宽于腹环 ⋯⋯⋯⋯⋯⋯⋯⋯⋯⋯⋯⋯⋯⋯ 叶刺瘿螨亚科 Phyllocoptinae

生瘿螨亚科 Cecidophyinae

主要特征:体梭形或蠕虫形,雌螨生殖器非常靠近足基节,生殖器盖片有 2 排纵肋,足基节有弯曲的线环绕着基节刚毛微瘤,腹板线通常较短。

分类:生瘿螨亚科包括 2 个族:生瘿螨族 Cecidophyini Keifer,1966c 和缺节瘿螨族 Colomerini Newkirk & Keifer,1975。

27.1 开罗瘿螨属 *Kyllocarus*

特征:体扁平,背瘤和背毛缺失,背盾板前叶突存在,具有模式刚毛。足Ⅱ膝节刚毛缺失,羽爪单一。生殖器靠近足基节,有 2 排纵肋。

分布:开罗瘿螨属 *Kyllocarus* 为我国新报道的一个属,分布在浙江天目山。

27.1.1 网状开罗瘿螨 *Kyllocarus reticulatus* Wang,Wei & Yang,2012(图 27-1)

雌螨:体梭形,长 172μm,宽 75μm,厚 60μm,淡黄色。喙长 30μm,斜下伸。背盾板长 63μm,宽 69μm;有前叶突,背线完整;背毛和背瘤缺失。基节间无腹板线,基节有少量短线,基节刚毛Ⅰ长 3μm,Ⅱ长 5μm,Ⅲ长 31μm。足Ⅰ长 34μm,股节长 11μm,股节刚毛长 13μm;膝节长 5μm,膝节刚毛长 30μm;胫节长 7μm,胫节刚毛长 15μm,胫节刚毛生于背端部;跗节长 8μm;羽爪单一,6 分支,爪端球存在。足Ⅱ长 27μm,股节长 10μm,股节刚毛长 23μm;膝节长 4μm,膝节刚毛无;胫节长 4μm;跗节长 7μm;羽爪单一,6 分支,爪端球存在。大体有背环 43 环,光滑;腹环 63 环,具有圆形微瘤。侧毛长 23μm,生于 10 环;腹毛Ⅰ长 71μm,生于 22 环;腹毛Ⅱ长 11μm,生于 38 环;腹毛Ⅲ长 24μm,生于末 10 环。副毛缺失。雌性外生殖器长 24μm,宽 43μm;生殖毛长 9μm,生殖器盖片有 2 排纵肋。

雄螨:体梭形,长 140μm,宽 58μm。雄性生殖器长 5μm,宽 36μm;生殖毛长 8μm。

寄主:短尾柯 *Lithocarpus brevicaudatus* (Skan) Hayata (Fagaceae)。

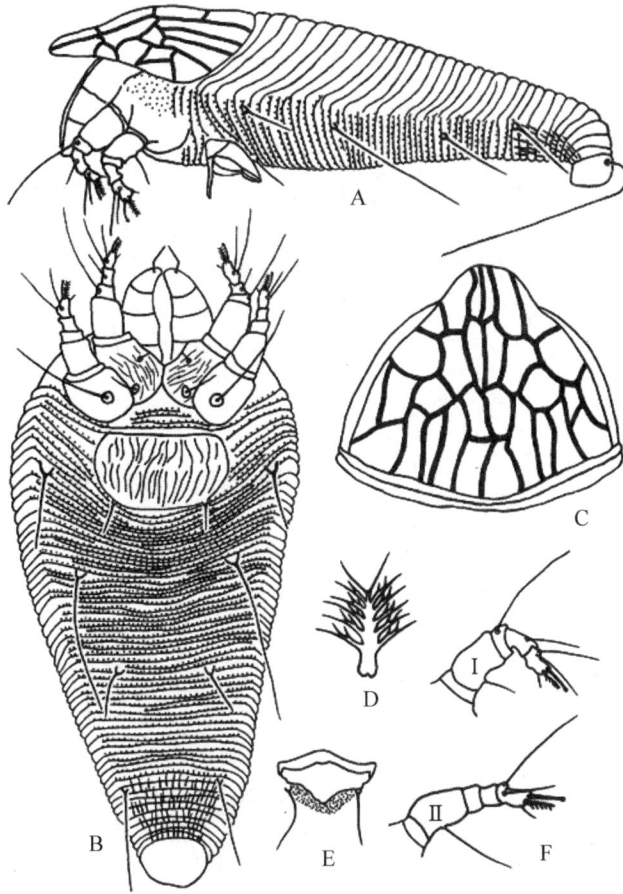

图27-1　网状开罗瘿螨 *Kyllocarus reticulatus* Wang，Wei & Yang，2012(仿 Wang，*et al.*)

A. 雌螨，侧面观；B. 雌螨，腹面观；C. 背盾板；D. 羽状爪；E. 雄螨生殖器；F. 足Ⅰ和Ⅱ

危害情况：自由生活于叶片表面，不形成明显的危害状。

分布：浙江(天目山)。

27.2　雕瘿螨属 *Glyptacus*

特征：体纺锤形，背盾板有前叶突，无背瘤和背毛，大体背面有宽的背中槽，雌螨外生殖器靠近基节，生殖器盖片上有2排纵肋。

分布：全世界已知6种，中国记录2种。

27.2.1　卫矛雕瘿螨 *Glyptacus alatus* Xie & Zhu，2010(图 27-2)

雌螨：体纺锤形，长 165μm，宽 63μm，厚 57μm，淡黄色。喙长 30μm，斜下伸。背盾板长 40μm，宽 55μm；有前叶突，背线完整；背毛和背瘤缺失。基节间有腹板线，基节有少量短线，基节刚毛Ⅰ长 5μm，Ⅱ长 8μm，Ⅲ长 25μm。足Ⅰ长 26μm，股节长 8μm，股节刚毛长 10μm；膝节长 4μm，膝节刚毛长 27μm；胫节长 5μm，胫节刚毛长 10μm，胫节刚毛生于背端部 1/2 处；跗节长 6μm；羽爪单一，5 分支，爪端球存在。足Ⅱ长 24μm，股节长 8μm，股节刚毛长 15μm；膝节长 3μm，膝节刚毛长 2μm；胫节长 4μm；跗节长 6μm；羽爪单一，5 分支，爪端球存在。大体有背环 38 环，具有圆形微瘤；腹环 53 环，具有圆形微瘤。侧毛长 10μm，生于 10 环；腹毛Ⅰ长 35μm，生于 20 环;腹毛Ⅱ长 5μm,生于 33 环;腹毛Ⅲ长 10μm,生于末 6 环。副毛缺失。雌性外生殖器长 13μm,宽 25μm;生殖毛长 9μm,生殖器盖片有纵肋 2 排。

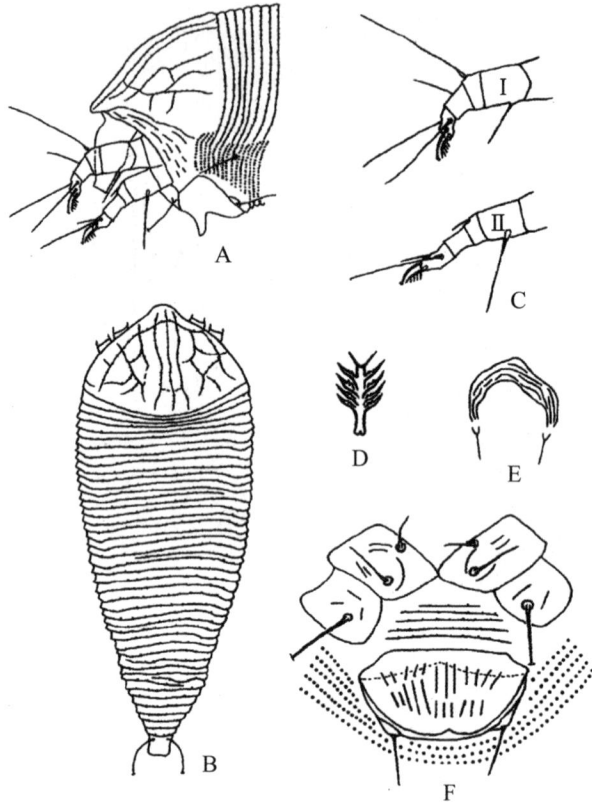

图 27-2　卫矛雕瘿螨 *Glyptacus alatus* Xie & Zhu, 2010(仿 Xie & Zhu)

A. 雌螨,侧面观;B. 雌螨,背面观;C. 足Ⅰ和Ⅱ;D. 羽状爪;

E. 雄螨生殖器;F. 雌螨足基节和生殖器盖片

雄螨:体梭形,长 125μm,宽 52μm。雄性生殖器长 5μm,宽 14μm;生殖毛长 12μm。

寄主:卫矛 *Euonymus alatus* (Thunb.) Sieb. (Celastraceae)。

危害情况:自由生活于叶片表面,不形成明显的危害状。

分布:浙江、陕西。

叶刺瘿螨亚科 Phyllocoptinae Nalepa

主要特征:体梭形,背盾板通常有一个前叶突,大体具有较宽的背环和较窄的腹环。

分类:叶刺瘿螨亚科是瘿螨科中最大的一个亚科,约 43% 的瘿螨种类属于该亚科。本亚科包括 5 个族,在中国均有分布。

27.3　副五角瘿螨属 *Calpentaconvexus*

特征:体梭形,背瘤和背毛位于背盾板后缘之前,背毛后侧指。足基节具有 3 对刚毛,足Ⅱ膝节刚毛缺失,羽爪分叉。大体有 3 条背脊,背中脊先于背侧脊消失,终止于一个宽的背槽;大体具有模式刚毛。

分布:全世界已知 1 种。中国记录 1 种。

27.3.1 甜槠副五角瘿螨 *Calpentaconvexus eyrei* Li，Wang & Wei，2007（图 27-3）

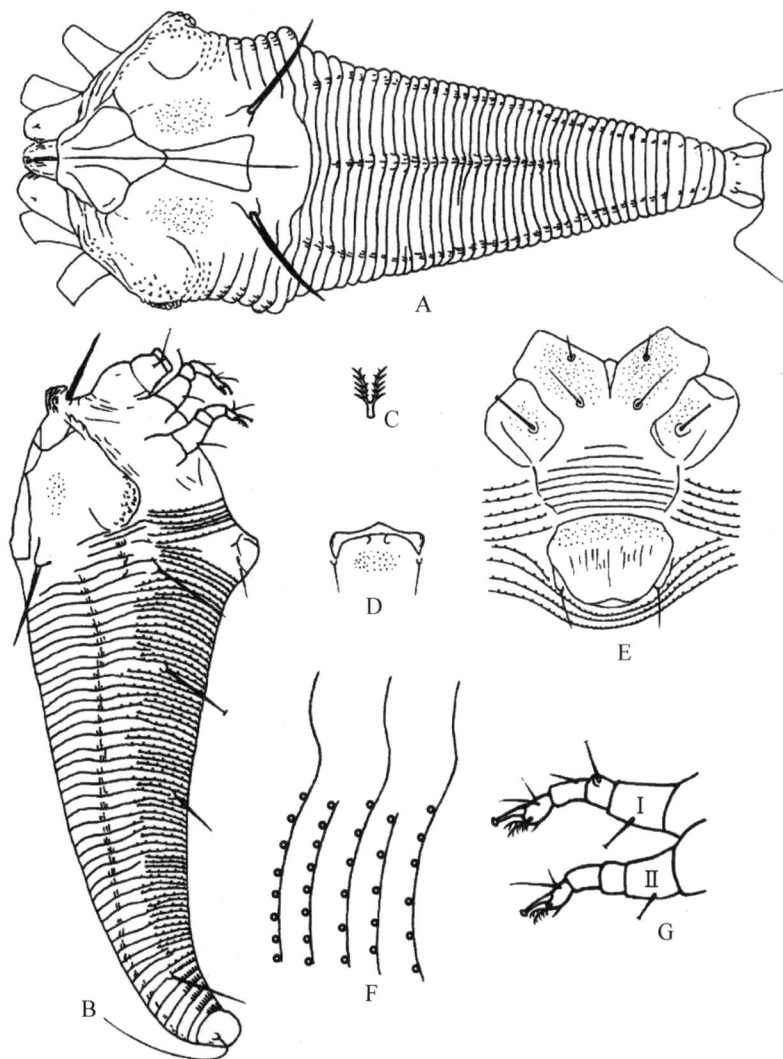

图 27-3 甜槠副五角瘿螨 *Calpentaconvexus eyrei* Li，Wang & Wei，2007（仿 Li，*et al.*）
A. 雌螨，背面观；B. 雌螨，侧面观；C. 羽状爪；D. 雄螨生殖器；
E. 雌螨足基节和生殖器盖片；F. 侧面微瘤；G. 足Ⅰ和Ⅱ

雌螨:体梭形，长 185μm，宽 74μm，厚 75μm。喙长 29μm，斜下伸。背盾板长 40μm，宽 55μm;有前叶突，背线存在;背毛和背瘤位于背盾板后缘之前，背毛斜后指。基节间有腹板线，基节有微瘤，基节刚毛Ⅰ长 5μm，Ⅱ长 12μm，Ⅲ长 25μm。足Ⅰ长 29μm，股节长 10μm，股节刚毛长 13μm;膝节 4μm，膝节刚毛长 21μm;胫节长 6μm，胫节刚毛长 5μm，胫节刚毛生于背端部 1/2 处;跗节长 6μm;羽爪单一，5 分支，爪端球存在。足Ⅱ长 27μm，股节长 9μm，股节刚毛长 14μm;膝节长 4μm，膝节刚毛缺失;胫节长 5μm;跗节长 5μm;羽爪单一，5 分支，爪端球存在。大体有背环 41 环，背脊上有线形微瘤;腹环 69 环，具有圆形微瘤。侧毛长 25μm，生于 10 环;腹毛Ⅰ长 45μm，生于 24 环;腹毛Ⅱ长 18μm，生于 42 环;腹毛Ⅲ长 24μm，生于末 6 环。副毛缺失。雌性外生殖器长 16μm，宽 20μm;生殖毛长 9μm，生殖器盖片有 12 条纵肋。

雄螨:体梭形,长137μm,宽54μm。雄性生殖器宽19μm,生殖毛长8μm。

寄主:甜槠 *Castanopsis eyrei* (Champ. *ex* Benth.) Tutch. (Fagaceae),短尾柯 *Litho-carpus brevicaudatus* (Skan) Hayata (Fagaceae)。

危害情况:自由生活于叶片表面,不形成明显的危害状。

分布:浙江(天目山)、广西。

27.4　舌型瘿螨属 *Glossilus*

特征:体梭形,背盾板后缘具较长的舌状突起,覆盖盾后缘4~5环;背瘤和背毛位于背盾板后缘之前,背毛内指。大体有3条背脊,背中脊先于背侧脊消失,终止于一个宽的背槽。足具有模式刚毛,大体具有模式刚毛。

分布:全世界已知1种。中国记录1种。

27.4.1　柳杉舌型瘿螨 *Glossilus cryptomerius* **Navia & Fletchtmann,2000**(图 27-4)

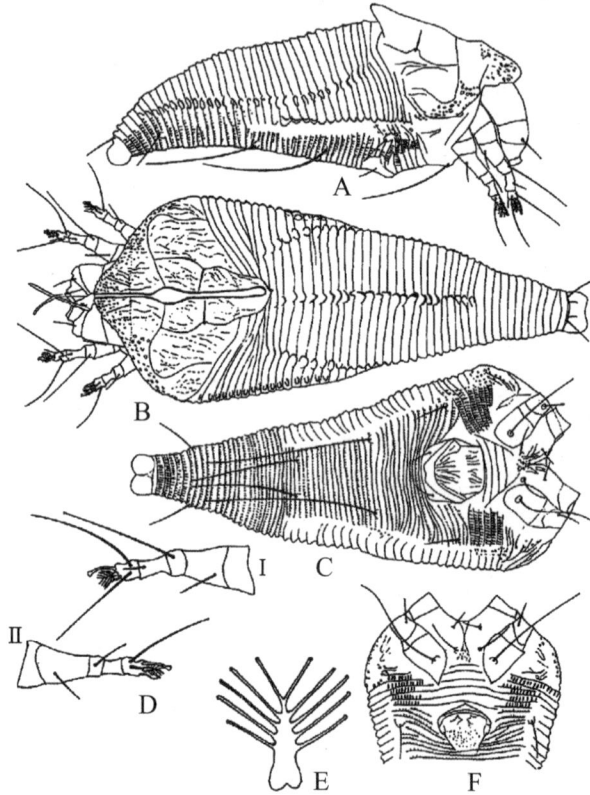

图 27-4　柳杉舌型瘿螨 *Glossilus cryptomerius* Navia & Fletchtmann, 2000(仿 Navia & Fletchtmann)
A. 雌螨,侧面观;B. 雌螨,背面观;C. 雌螨,腹面观;D. 足Ⅰ和Ⅱ;
E. 羽状爪;F. 雌螨足基节和生殖器盖片

雌螨:体梭形,长152μm,宽65μm,淡白色。喙长26μm,斜下伸。背盾板长59μm,宽61μm;有前叶突,背线存在;背毛和背瘤位于背盾板后缘之前,背毛内指,背瘤间距为16μm,背毛长7μm;背盾板后缘有较长的舌状突起。基节间有腹板线,基节Ⅰ有短线,基节Ⅱ光滑,基节刚毛Ⅰ长10μm,Ⅱ长8μm,Ⅲ长43μm。足Ⅰ长26μm,股节长9μm,股节刚毛长9μm;膝节长4μm,膝节刚毛长22μm;胫节长6μm,胫节刚毛长4μm;跗节长6μm;羽爪单一,5分支,爪端球存在。足Ⅱ长 24μm，股节长 10μm，股节刚毛长 7μm；膝节长 4μm，膝节刚毛长 6μm；胫节长 4μm；跗节长 5μm；羽爪单一，5 分支，爪端球存在。大体有背环 41 环，背脊上有线形微瘤；腹环 69 环，具有圆形微瘤。侧毛长 11μm，生于 1 环；腹毛Ⅰ长 12μm，生于 29 环；腹毛Ⅱ长 27μm，生于 42 环；腹毛Ⅲ长 47μm，生于末 6 环。副毛长 3μm。雌性外生殖器长 20μm，宽 22μm；生殖毛长 8μm，生殖器盖片有 14 条纵肋。

雄螨：体梭形，长 137μm，宽 55μm。雄性生殖器宽 15μm，生殖毛长 7μm。

寄主：日本柳杉 *Cryptomeria japonica* D. Don（Taxodiaceae），柏木 *Cupressus funebris* Endl.（Cupressaceae）。

危害情况：自由生活于叶片表面，不形成明显的危害状。

分布：浙江（天目山）；巴西。

27.5　上三脊瘿螨属 *Calepitrimerus*

特征：体梭形，背毛和背瘤位于盾后缘之前，背毛内指或前指。大体有 3 条背脊，背中脊短于背侧脊，终止于一个宽的背中槽。羽爪单一。

分布：全世界已知 62 种。中国记录 25 种，其中中国古北区分布有 9 种。

27.5.1　伊春副上瘿螨 *Calepitrimerus yichunensis* Xue，Guo & Hong，2013（图 27-5）

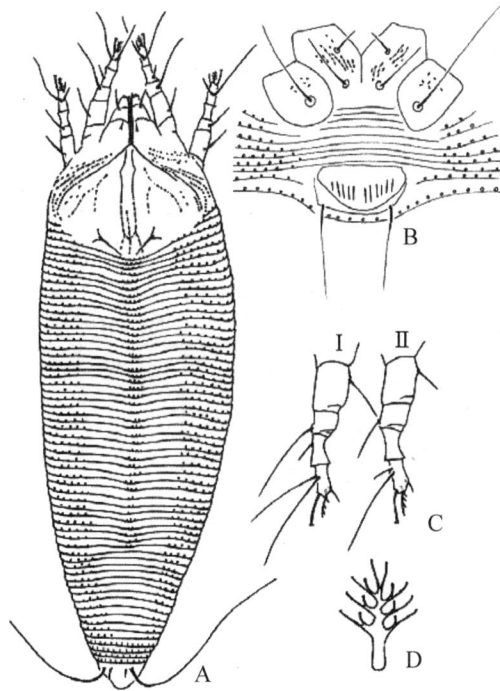

图 27-5　伊春副上瘿螨 *Calepitrimerus yichunensis* Xue, Guo & Hong, 2013
A. 雌螨，背面观；B. 雌螨足基节和生殖器盖片；C. 足Ⅰ和Ⅱ；D. 羽状爪

雌螨：体梭形，长 247μm，宽 67μm，厚 67μm，白色。喙长 18μm，斜下伸。背盾板长 46μm，宽 59μm；有前叶突，背线存在；背毛和背瘤位于背盾板后缘之前，背毛内指，背瘤间距为 23μm，背毛长 13μm。基节间有腹板线，基节有微瘤，基节刚毛Ⅰ长 7μm，Ⅱ长 16μm，Ⅲ长 48μm。足Ⅰ长 33μm，股节长 13μm，股节刚毛长 12μm；膝节长 5μm，膝节刚毛长 18μm；胫节

长 6μm,胫节刚毛长 6μm;跗节长 7μm;羽爪单一,4 分支,爪端球存在。足Ⅱ长 32μm,股节长 13μm,股节刚毛长 7μm;膝节长 5μm,膝节刚毛长 8μm;胫节长 5μm;跗节长 7μm;羽爪单一,4 分支,爪端球存在。大体有背环 65 环,有 3 个背脊;腹环 72 环,具有圆形微瘤。侧毛长 26μm,生于 14 环;腹毛Ⅰ长 36μm,生于 27 环;腹毛Ⅱ长 11μm,生于 50 环;腹毛Ⅲ长 25μm,生于末 6 环。副毛长 4μm。雌性外生殖器长 12μm,宽 23μm;生殖毛长 26μm,生殖器盖片有 10 条纵肋。

雄螨:未发现。

寄主:珍珠梅 *Sorbaria sorbifolia* (L.) A. Braun (Rosaceae)。

危害情况:自由生活于叶片表面,不形成明显的危害状。

分布:浙江(天目山)、黑龙江。

27.6 上瘿螨属 *Epitrimerus*

特征:体梭形,背瘤和背毛位于背盾板后缘之前,背毛内指。大体有 3 条背脊,背中脊和背侧脊同时消失。足具有模式刚毛,羽爪单一。大体具有模式刚毛。

分布:全世界已知 151 种。中国记录 30 种,其中中国古北区分布有 16 种。

27.6.1 龙柏上瘿螨 *Epitrimerus sabinae* Xue & Hong, 2005(图 27-6)

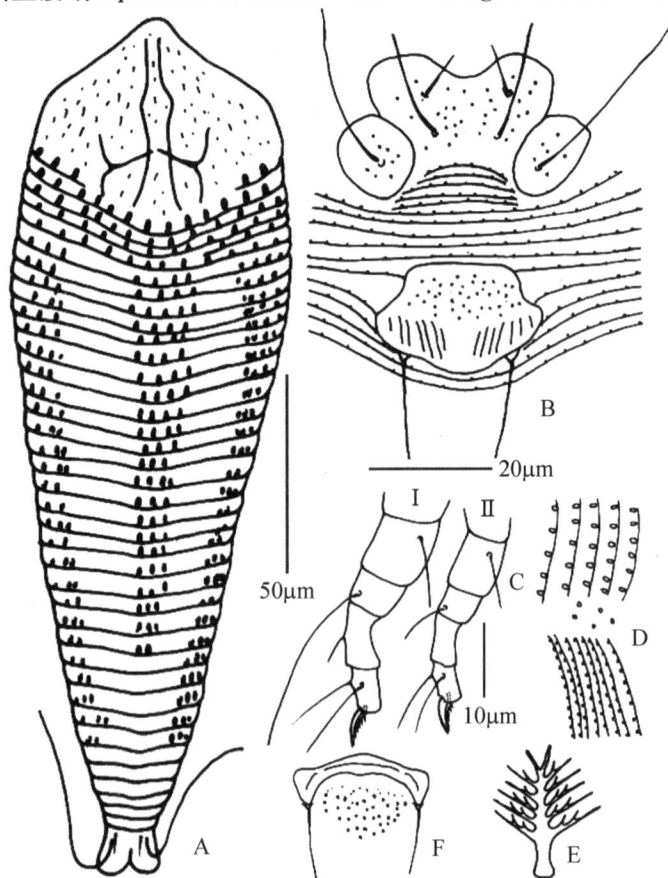

图 27-6 龙柏上瘿螨 *Epitrimerus sabinae* Xue & Hong, 2005
A. 雌螨,背面观;B. 雌螨足基节和雌性生殖器;C. 足Ⅰ和Ⅱ;D. 侧面微瘤;E. 羽爪;F. 雄螨生殖器

雌螨：体梭形，长 220μm，宽 68μm，厚 63μm，淡黄色。喙长 17μm，斜下伸。背盾板长 50μm，宽 60μm；有前叶突，背盾板密布粒点，只有侧中线；背瘤生于盾后缘之前，瘤距 21μm，背毛长 8μm，斜前指。基节间无腹板线，基节有少量粒点，基节刚毛Ⅰ长 10μm，Ⅱ长 22μm，Ⅲ长 30μm。足Ⅰ长 35μm，股节长 8μm，股节刚毛长 10μm；膝节长 4μm，膝节刚毛长 25μm；胫节长 8μm，胫节刚毛长 5μm，胫节刚毛生于背端部 1/3 处；跗节长 6μm；羽爪单一，6 分支，无爪端球。足Ⅱ长 28μm，股节长 7μm，股节刚毛长 10μm；膝节长 4μm，膝节刚毛长 6μm；胫节长 6μm；跗节长 5μm；羽爪单一，6 分支，无爪端球。大体有背环 43 环，具有椭圆形微瘤；腹环 90 环，具有圆形微瘤。侧毛长 15μm，生于 18 环；腹毛Ⅰ长 30μm，生于 37 环；腹毛Ⅱ长 25μm，生于 58 环；腹毛Ⅲ长 20μm，生于末 6 环。副毛长 4μm。雌性外生殖器长 17μm，宽 27μm；生殖毛长 20μm，生殖器盖片有纵肋 14～18 条。

雄螨：体梭形，长 190μm，宽 58μm。雄性生殖器长 5μm，宽 20μm；生殖毛长 15μm。

寄主：龙柏 *Sabina chinensis* cv. Kaizuca（Cupressaceae），圆柏 *Sabina chinensis*（L.）Antoine（Cupressaceae）。

危害情况：自由生活于叶片表面，不形成明显的危害状。

分布：浙江、山东、河南、陕西、河北、甘肃、新疆。

27.7 副纹瘿螨属 *Calvittacus*

特征：体梭形，背盾板有前叶突，前叶突无凹陷，背毛和背瘤位于背盾板后缘之前。足基节有模式刚毛，足具有模式刚毛，羽爪单一。大体有较宽的背环组成深的纵沟，且具有模式刚毛。

分布：本属全世界只有 1 种，分布在中国的古北区。

27.7.1 小叶栎副纹瘿螨 *Calvittacus chenius* Xue，Wang，Song & Hong，2009（图 27-7）

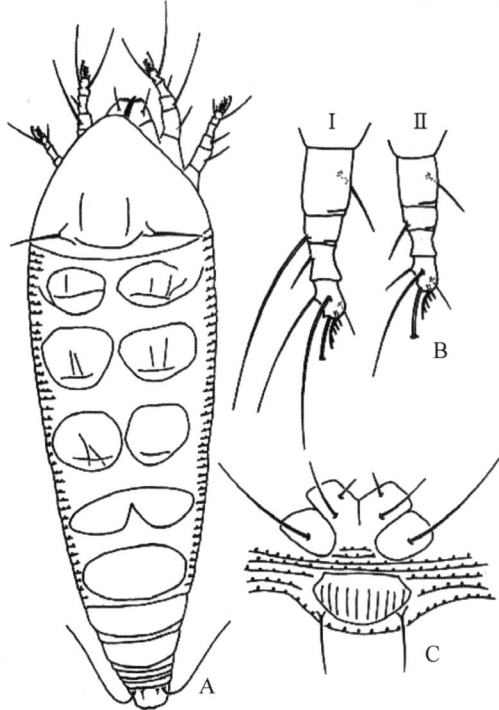

图 27-7 小叶栎副纹瘿螨 *Calvittacus chenius* Xue，Wang，Song & Hong，2009
A. 雌螨，背面观；B. 足Ⅰ和Ⅱ；C. 雌螨足基节和雌性生殖器

雌螨:体梭形,长 160μm,宽 53μm,淡黄色。喙长 23μm,斜下伸。背盾板长 37μm,宽 40μm;只有侧中线存在;背瘤盾后缘之前,瘤距 21μm,背毛长 15μm,侧指。基节间有腹板线,基节光滑,基节刚毛 3 对,刚毛Ⅰ长 6μm,Ⅱ长 16μm,Ⅲ长 33μm。足Ⅰ长 28μm,股节长 8μm,股节刚毛长 8μm;膝节长 4μm,膝节刚毛长 23μm;胫节长 5μm,胫节刚毛长 4μm,胫节刚毛生于背中部;跗节长 5μm;羽爪单一,5 分支,爪端球存在。足Ⅱ长 22μm,股节长 6μm,股节刚毛长 7μm;膝节长 3μm,膝节刚毛长 5μm;胫节长 3μm;跗节长 4μm;羽爪单一,4 分支,爪端球存在。大体有背环 11 环,前 7 环形成较大的带,具有不规则的短线;腹环 55 环,圆形微瘤生于环前。侧毛长 12μm,生于 6 环,腹毛Ⅰ长 55μm,生于 19 环;腹毛Ⅱ长 10μm,生于 32 环;腹毛Ⅲ长 14μm,生于末 6 环。副毛长 2μm。雌性外生殖器长 12μm,宽 22μm;生殖毛长 14μm,生殖器盖片有纵肋 10 条。

雄螨:体长 140μm,厚 40μm。雄性外生殖器宽 20μm,生殖毛长 25μm。

寄主:小叶栎 *Quercus chenii* (Fagaceae)。

危害情况:自由生活于叶片表面,不形成明显的危害状。

分布:浙江(天目山)、湖北。

27.8　叶刺瘿螨属 *Phyllocoptes*

特征:体梭形,背毛和背瘤位于背盾板后缘之前,有前叶突,前叶突无凹陷,须肢膝节刚毛不分叉,大体背环弓形,羽爪单一。

分布:全世界已知 165 种。中国记录 39 种,其中中国古北区分布有 19 种。

27.8.1　梨游移叶刺瘿螨 *Phyllocoptes pyrivagrans* Kadono,1985(图 27-8)

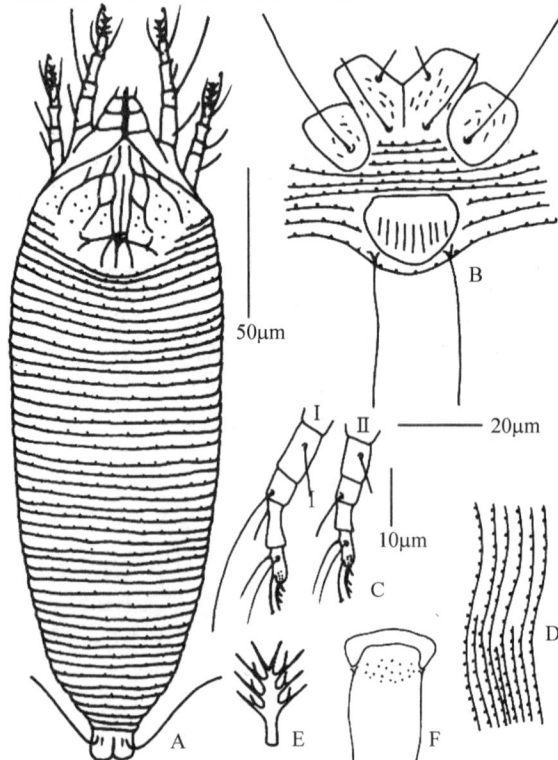

图 27-8　梨游移叶刺瘿螨 *Phyllocoptes pyrivagrans* Kadono,1985
A. 雌螨,背面观;B. 雌螨足基节和雌性生殖器;C. 足Ⅰ和Ⅱ;D. 侧面微瘤;E. 羽爪;F. 雄性生殖器

雌螨：体梭形，长 223μm，宽 71μm，厚 67μm，淡黄色。喙长 21μm，斜下伸。背盾板长 41μm，宽 51μm；背中线、侧中线和亚中线存在；背瘤位于背盾板后缘之前，瘤距为 22μm，背毛长 13μm，内指。基节间有腹板线，基节有短线，基节刚毛 3 对，刚毛Ⅰ长 7μm，Ⅱ长 22μm，Ⅲ长 45μm。足Ⅰ长 36μm，股节长 11μm，股节刚毛长 13μm；膝节长 5μm，膝节刚毛长 27μm；胫节长 9μm，胫节刚毛长 7μm，胫节刚毛生于背基部 1/3 处；跗节长 7μm；羽爪单一，4 分支，爪端球存在。足Ⅱ长 29μm，股节长 7μm，股节刚毛长 9μm；膝节长 5μm，膝节刚毛长 10μm；胫节长 6μm；跗节长 7μm；羽爪单一，4 分支，爪端球存在。大体有背环 44 环，有圆形微瘤；腹环 74 环，圆形微瘤生于环前。侧毛长 41μm，生于 12 环；腹毛Ⅰ长 53μm，生于 24 环；腹毛Ⅱ长 18μm，生于 47 环；腹毛Ⅲ长 33μm，生于末 8 环。副毛长 3μm。雌性外生殖器长 13μm，宽 24μm；生殖毛长 36μm，生殖器盖片有纵肋 10 条。

雄螨：体长 203μm，宽 65μm。雄性外生殖器长 5μm，宽 20μm；生殖毛长 21μm。

寄主：豆梨 *Pyrus calleryana* Decne.（Rosaceae）。

危害情况：自由生活于叶片表面，不形成明显的危害状。

分布：浙江（天目山）、河南（嵩县）、新疆（库尔勒）；日本。

27.9　四瘿螨属 *Tetra* Keifer

特征：体梭形，背毛和背瘤位于背盾板后缘，背毛后指，前叶突无小刺。足具有模式刚毛，羽爪单一。大体背脊较宽，且大体具有模式刚毛。

分布：全世界已知 87 种。中国记录 41 种，其中中国古北区分布有 27 种。

27.9.1　李子四瘿螨 *Tetra prunusis* Rajput，Zuo，Wang & Hong，2015（图 27-9）

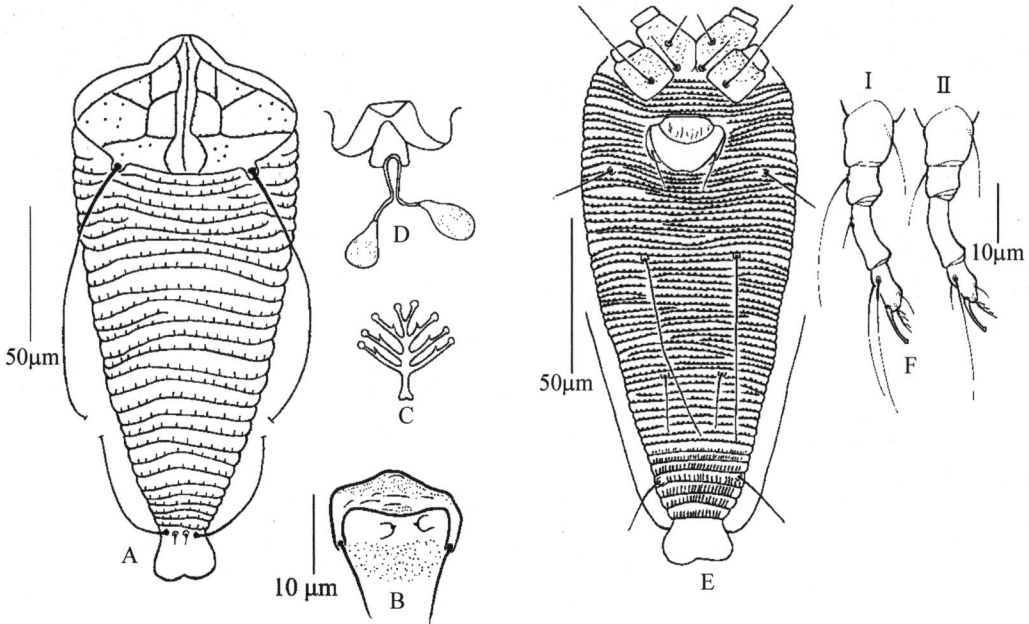

图 27-9　李子四瘿螨 *Tetra prunusis* Rajput，Zuo，Wang & Hong，2015（仿 Rajphut，*et al.*）
A. 雌螨，背面观；B. 雄性生殖器；C. 羽爪；D. 内部生殖器；E. 雌螨，腹面观；F. 足Ⅰ和Ⅱ

　　雌螨：体梭形，长183μm，宽71μm，淡黄色。喙长20μm，斜下伸。背盾板长45μm，宽58μm；背中线、侧中线和亚中线存在；背瘤位于背盾板后缘，瘤距为42μm，背毛长143μm，后指。基节间有腹板线，基节有短线，基节刚毛3对，刚毛Ⅰ长11μm，Ⅱ长14μm，Ⅲ长34μm。足Ⅰ长34μm，股节长11μm，股节刚毛长13μm；膝节长5μm，膝节刚毛长23μm；胫节长10μm，胫节刚毛长5μm，胫节刚毛生于背基部1/3处；跗节长8μm；羽爪单一，4分支，爪端球存在。足Ⅱ长32μm，股节长10μm，股节刚毛长13μm；膝节长5μm，膝节刚毛长9μm；胫节长10μm；跗节长7μm；羽爪单一，4分支，爪端球存在。大体有背环31环，有圆形微瘤；腹环64环，圆形微瘤生于环前。侧毛长20μm，生于16环；腹毛Ⅰ长59μm，生于30环；腹毛Ⅱ长19μm，生于48环；腹毛Ⅲ长21μm，生于末5环。副毛长2μm。雌性外生殖器长20μm，宽28μm；生殖毛长14μm，生殖器盖片有纵肋9条。

　　雄螨：体长175μm，宽65μm。雄性外生殖器长5μm，宽22μm；生殖毛长15μm。

　　寄主：李属 *Prunus* sp. (Rosaceae)。

　　危害情况：自由生活于叶片表面，不形成明显的危害状。

　　分布：浙江(天目山)。

27.9.2　牡荆四瘿螨 *Tetra vitexus* Rajput, Zuo, Wang & Hong, 2015(图 27-10)

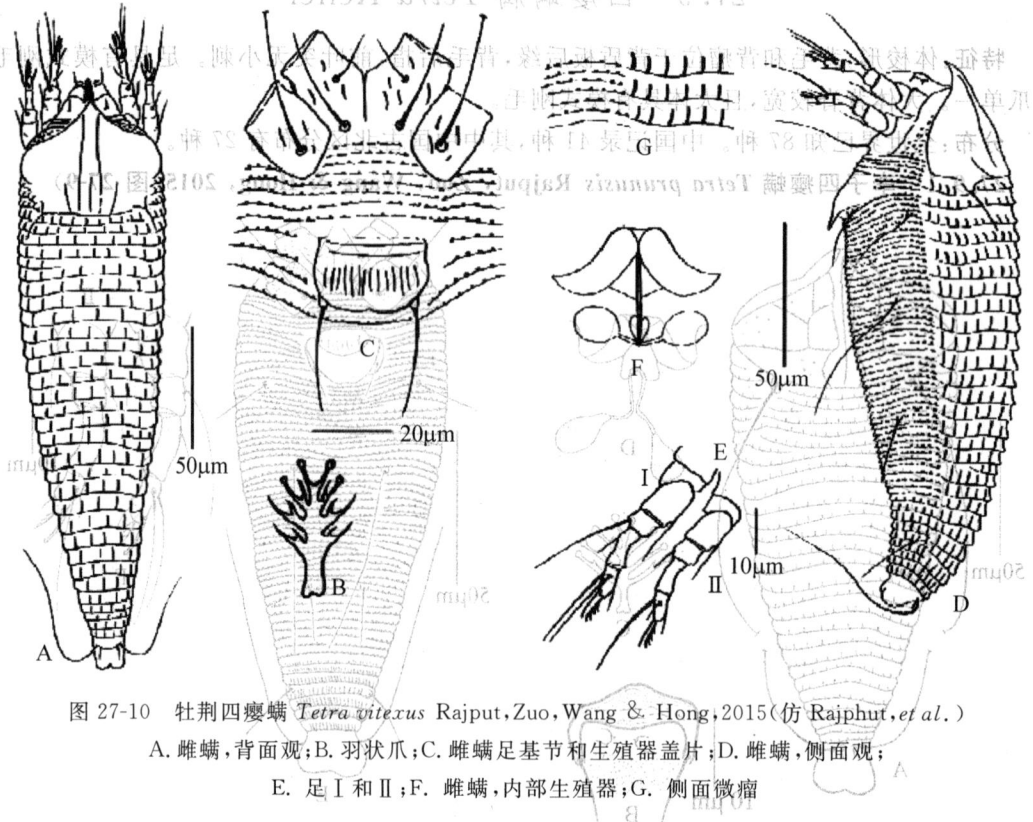

图 27-10　牡荆四瘿螨 *Tetra vitexus* Rajput, Zuo, Wang & Hong, 2015(仿 Rajphut, *et al.*)
A.雌螨，背面观；B.羽状爪；C.雌螨足基节和生殖器盖片；D.雌螨，侧面观；
E.足Ⅰ和Ⅱ；F.雌螨，内部生殖器；G.侧面微瘤

　　雌螨：体梭形，长32μm，宽61μm，厚63μm，淡黄色。喙长19μm，斜下伸。背盾板长45μm，宽55μm；背中线、侧中线和亚中线存在；背瘤位于背盾板后缘，瘤距为40μm，背毛长11μm，后指。基节间有腹板线，基节有短线，基节刚毛3对，刚毛Ⅰ长9μm，Ⅱ长20μm，Ⅲ长43μm。足Ⅰ长35μm，股节长10μm，股节刚毛长12μm；膝节长5μm，膝节刚毛长23μm；胫节长9μm，胫节刚毛长6μm，胫节刚毛生于背基部1/3处；跗节长8μm；羽爪单一，4分支，爪端球

存在。足Ⅱ长 32μm，股节长 9μm，股节刚毛长 13μm；膝节长 5μm，膝节刚毛长 6μm；胫节长 7μm；跗节长 6μm；羽爪单一，4 分支，爪端球存在。大体有背环 30 环，有圆形微瘤；腹环 60 环，圆形微瘤生于环前。侧毛长 23μm，生于 10 环；腹毛Ⅰ长 47μm，生于 2 环；腹毛Ⅱ长 18μm，生于 38 环；腹毛Ⅲ长 25μm，生于末 5 环。副毛长 3μm。雌性外生殖器长 14μm，宽 22μm；生殖毛长 19μm，生殖器盖片有纵肋 14 条。

雄螨：未发现。

寄主：牡荆 *Vitex negundo* var. *cannabifolia* (Sieb. *et* Zucc.) Hand.-Mazz. (Verbenaceae)。

危害情况：自由生活于叶片表面，不形成明显的危害状。

分布：浙江（天目山）。

27.10　刺槽瘿螨属 *Aculochetus* Amrine

特征：体梭形，背毛和背瘤位于背盾板后缘，背毛后指，前叶突无小刺。足具有模式刚毛，羽爪单一。大体背槽窄于背毛间距，且大体具有模式刚毛。

分布：全世界已知 2 种。中国记录 1 种。本书记述天目山 1 种。

27.10.1　万罗山刺槽瘿螨 *Aculochetus wanluoensis* Wang & Hong，2008（图 27-11）

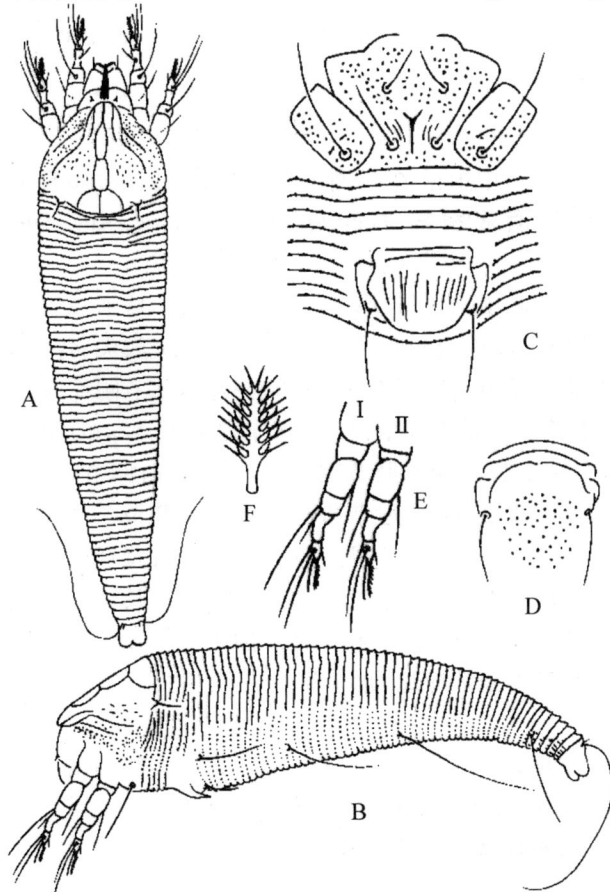

图 27-11　万罗山刺槽瘿螨 *Aculochetus wanluoensis* Wang & Hong，2008(仿 Wang & Hong)
A. 雌螨，背面观；B. 雌螨，侧面观；C. 雌螨足基节和雌性生殖器；
D. 雄性生殖器；E. 足Ⅰ和Ⅱ；F. 羽爪

雌螨:体梭形,长 193μm,宽 47μm,厚 45μm,淡黄色。喙长 22μm,斜下伸。背盾板长 39μm,宽 36μm;有前叶突;背中线和亚中线不完整,侧中线与背中线相连,背盾板具短线和粒点;背瘤生于背盾板后缘,瘤距为 27μm,背毛长 7μm,后指。基节间有腹板线,基节有短线和粒点,基节刚毛 3 对,刚毛Ⅰ长 7μm,Ⅱ长 11μm,Ⅲ长 18μm。足Ⅰ长 30μm,股节长 8μm,股节刚毛长 13μm;膝节长 4μm,膝节刚毛长 22μm;胫节长 7μm,胫节刚毛长 6μm,胫节刚毛生于中部;跗节长 5μm;羽状爪单一,8 分支,爪端球不存在。足Ⅱ长 28μm,股节长 8μm,股节刚毛长 15μm;膝节长 4μm,膝节刚毛长 9μm;胫节长 5μm;跗节长 5μm,羽状爪单一,8 分支,爪端球不存在。大体有背环 56 环,具圆形微瘤,背中槽窄于背毛间距;腹环 62 环,具圆形微瘤。侧毛长 26μm,生于 6 环,腹毛Ⅰ长 31μm,生于 19 环;腹毛Ⅱ长 48μm,生于 35 环;腹毛Ⅲ长 28μm,生于末 5 环。副毛长 3μm。雌性外生殖器长 14μm,宽 16μm,生殖毛长 13μm;生殖器盖片有纵肋 11~12 条,基部具 2 条横肋。

雄螨:体长 172μm,宽 41μm。雄性外生殖器宽 19μm,生殖毛长 11μm。

寄主:竹 *Bambusa* sp.(禾本科 Gramineae)。

危害情况:自由生活于叶片表面,不形成明显的危害状。

分布:浙江(天目山)、安徽。

27.11　顶冠瘿螨属 *Tegolophus* Keifer

特征:体梭形,背毛和背瘤位于背盾板后缘,背毛后指,有前叶突。大体背环有 3 条脊,背中脊和背侧脊同时消失,羽爪单一。

分布:全世界已知 52 种。中国记录 24 种,其中中国古北区分布有 16 种。

27.11.1　秦岭箭竹顶冠瘿螨 *Tegolophus fargesiae* Xue,Song,Amrine & Hong, 2007(图 27-12)

雌螨:体梭形,长 196μm,宽 44μm,厚 40μm,淡黄色。喙长 20μm,斜下伸。背盾板长 50μm,宽 40μm;侧中线存在,背中线和亚中线不明显;前叶突较尖;背瘤生于背盾板后缘,瘤距 30μm,背毛长 10μm,后指。基节间有腹板线,基节有粒点,基节刚毛 3 对,刚毛Ⅰ长 7μm,Ⅱ长 11μm,Ⅲ长 23μm。足Ⅰ长 26μm,股节长 8μm,股节刚毛长 12μm;膝节长 4μm,膝节刚毛长 26μm;胫节长 5μm,胫节刚毛长 12μm,胫节刚毛生于背中部;跗节长 5μm;羽爪单一,8 分支,无爪端球。足Ⅱ长 24μm,股节长 7μm,股节刚毛长 15μm;膝节长 4μm,膝节刚毛长 11μm;胫节长 5μm;跗节长 5μm;羽爪单一,8 分支,无爪端球。大体有背环 57 环,有圆形微瘤;腹环 64 环,圆形微瘤生于环前。侧毛长 30μm,生于 10 环;腹毛Ⅰ长 40μm,生于 22 环;腹毛Ⅱ长 50μm,生于 39 环;腹毛Ⅲ长 26μm,生于末 5 环。副毛长 6μm。雌性外生殖器长 15μm,宽 20μm;生殖毛长 19μm,生殖器盖片有纵肋 14 条。

雄螨:未发现。

寄主:秦岭箭竹 *Fargesia qinglingensis* Yi et J. X.(禾本科 Gramineae)。

危害情况:自由生活于叶片表面,不形成明显的危害状。

分布:浙江(天目山)、安徽、陕西。

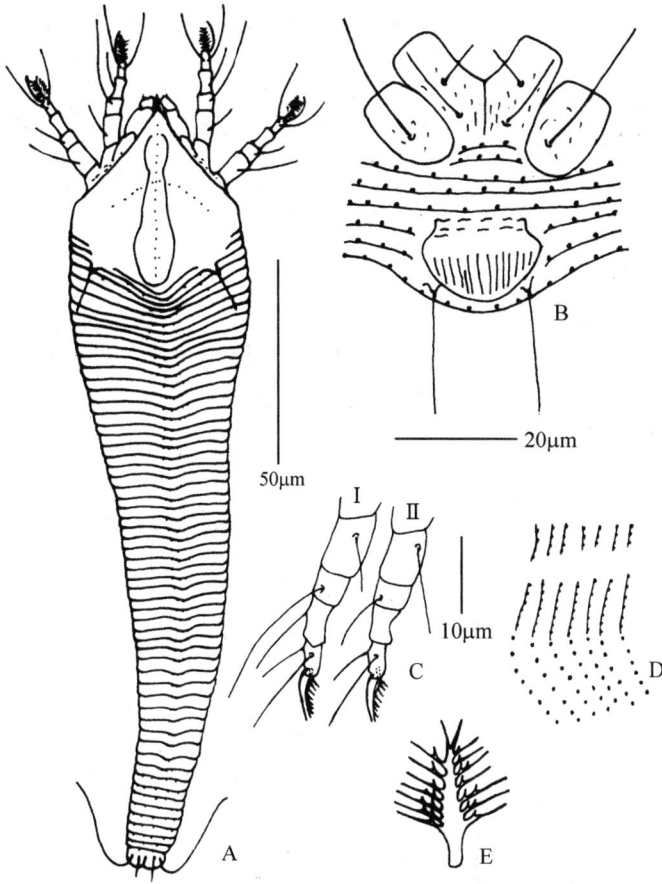

图 27-12 秦岭箭竹顶冠瘿螨 *Tegolophus fargesiae* Xue，Song，Amrine & Hong，2007
A. 雌螨，背面观；B. 雌螨足基节和雌性生殖器；C. 足Ⅰ和Ⅱ；D. 侧面微瘤；E. 羽爪

27.12 畸瘿螨属 *Abacarus* Keifer

特征：体梭形，背毛和背瘤位于背盾板后缘，背毛后指，有前叶突，大体背环有 3 条脊，背中脊短于背侧脊，背中脊终止于一个宽的背中槽，羽爪单一。

分布：全世界已知 50 种。中国记录 27 种，其中中国古北区分布有 2 种。

27.12.1 黄瑞木畸瘿螨 *Abacarus adinandrae* Wei，Li & Chen，2004（图 27-13）

雌螨：体纺锤形，长 137μm，宽 55μm，厚 49μm。喙长 25μm，斜下伸。背盾板长 49μm，宽 50μm；有前叶突；背中线缺失，侧中线和亚中线完整；背瘤生于背盾板后缘侧角，瘤距为 38μm，背毛长 6μm，后指。基节间有腹板线，基节有短线和粒点，基节刚毛 3 对，刚毛Ⅰ长 5μm，Ⅱ长 13μm，Ⅲ长 15μm。足Ⅰ长 23μm，股节长 8μm，股节刚毛长 16μm；膝节长 3μm，膝节刚毛长 23μm；胫节长 5μm，胫节刚毛长 5μm，胫节刚毛生于中部；跗节长 6μm；羽爪单一，8 分支，爪端球不存在。足Ⅱ长 22μm，股节长 7μm，股节刚毛长 16μm；膝节长 3μm，膝节刚毛长 7μm；胫节长 5μm；跗节长 5μm；羽爪单一，8 分支，爪端球不存在。大体有背环 36 环，光滑；腹环 39 环，光滑。侧毛长 18μm，生于 8 环；腹毛Ⅰ长 20μm，生于 15 环；腹毛Ⅱ长 8μm，生于 28 环；腹毛Ⅲ长 16μm，生于末 6 环。副毛长 3μm。雌性外生殖器长 12μm，宽 21μm；生殖毛长 10μm，生殖器盖片有纵肋 10～12 条。

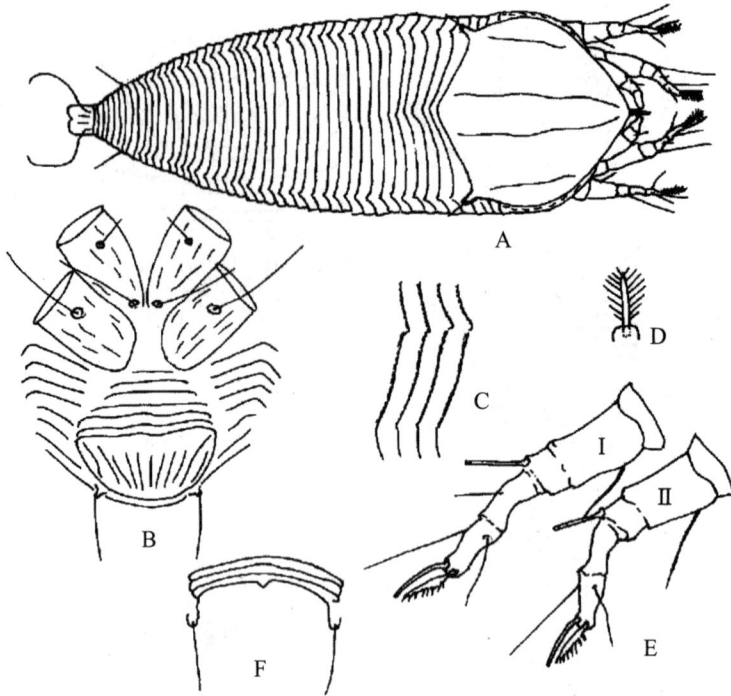

图 27-13　黄瑞木畸瘿螨 *Abacarus adinandrae* Wei, Li & Chen, 2004(仿 Wei, *et al.*)
A. 雌螨,背面观;B. 雌螨足基节和雌性生殖器;C. 侧面微瘤;D. 羽状爪;
E. 足Ⅰ和Ⅱ;F. 雄性生殖器

雄螨:体长 115μm,宽 46μm。雄性外生殖器宽 14μm,生殖毛长 10μm。

寄主:亮叶黄瑞木 *Adinandra nitida* Merr. et Li (Theaceae)。

危害情况:自由生活于叶片表面,不形成明显的危害状。

分布:浙江(天目山)、广西。

27.12.2　心叶稷畸瘿螨 *Abacarus panici* Chen, Wei & Qin, 2004(图 27-14)

雌螨:体纺锤形,长 175μm,宽 48μm,厚 44μm。喙长 31μm,斜下伸。背盾板长 37μm,宽 40μm;有前叶突;背线存在;背瘤生于背盾板后缘之前,瘤距为 32μm,背毛长 8μm,后指。基节间有腹板线,基节有短线和粒点,基节刚毛 3 对,刚毛Ⅰ长 7μm,Ⅱ长 16μm,Ⅲ长 17μm。足Ⅰ长 23μm,股节长 8μm,股节刚毛长 7μm;膝节长 3μm,膝节刚毛长 21μm;胫节长 4μm,胫节刚毛长 6μm,胫节刚毛生于中部;跗节长 8μm;羽爪单一,8 分支,爪端球不存在。足Ⅱ长 20μm,股节长 7μm,股节刚毛长 7μm;膝节长 3μm,膝节刚毛长 14μm;胫节长 4μm;跗节长 5μm;羽爪单一,8 分支,爪端球不存在。大体有背环 35 环,背脊上具有线状微瘤;腹环 43 环,有圆形微瘤。侧毛长 28μm,生于 9 环;腹毛Ⅰ长 40μm,生于 19 环;腹毛Ⅱ长 11μm,生于 32 环;腹毛Ⅲ长 21μm,生于末 6 环。副毛长 3μm。雌性外生殖器长 12μm,宽 19μm;生殖毛长 20μm,生殖器盖片有纵肋 7～9 条。

雄螨:未发现。

寄主:心叶稷 *Panicum notatum* Retz. (Gramineae)。

危害情况:自由生活于叶片表面,不形成明显的危害状。

分布:浙江(天目山)、广西。

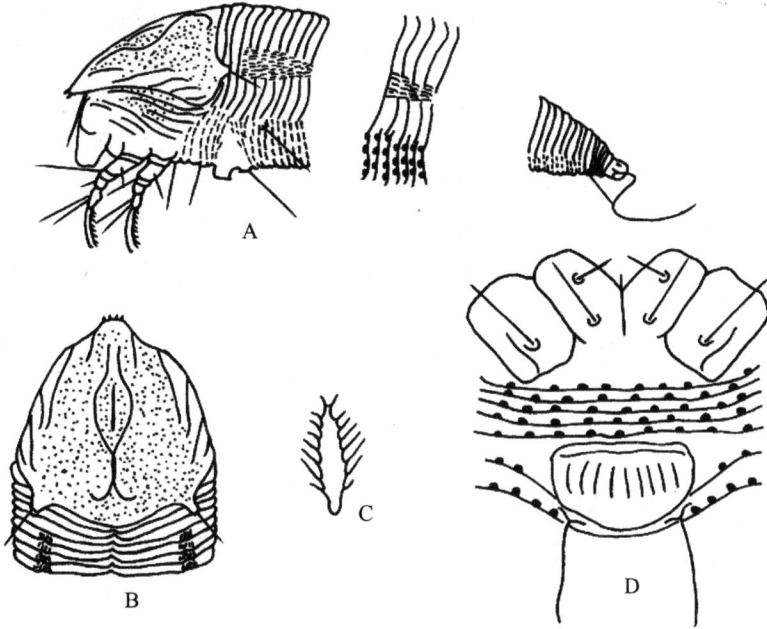

图 27-14　心叶稷畸瘿螨 *Abacarus panici* Chen, Wei & Qin, 2004(仿 Chen, *et al.*)

A. 雌螨, 侧面观; B. 雌螨背盾板; C. 羽状爪; D. 雌螨足基节和雌性生殖器

27.12.3　武夷畸瘿螨 *Abacarus wuyiensis* Kuang & Zhuo, 1987(图 27-15)

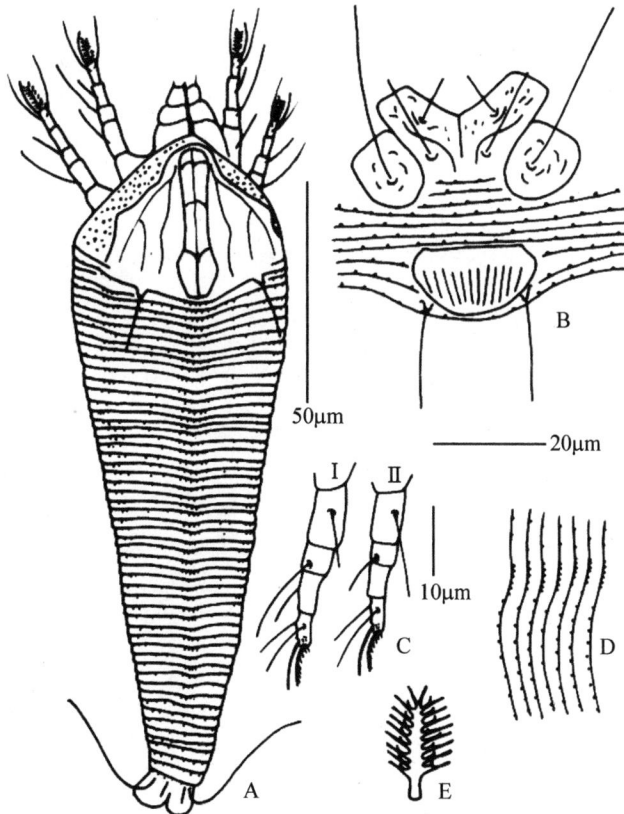

图 27-15　武夷畸瘿螨 *Abacarus wuyiensis* Kuang & Zhuo, 1987

A. 雌螨, 背面观; B. 雌螨足基节和雌性生殖器; C. 足 I 和 II; D. 侧面微瘤; E. 羽爪

雌螨:体梭形,长 186μm,宽 49μm,厚 48μm,淡黄色。喙长 17μm,斜下伸。背盾板长 42μm,宽 47μm;背中线和侧中线有五处相连,组成 8 个小室,亚中线存在;背瘤生于背盾板后缘,瘤距为 30μm,背毛长 12μm,后指。基节间有腹板线,基节有短线,基节刚毛 3 对,刚毛Ⅰ长 11μm,Ⅱ长 20μm,Ⅲ长 41μm。足Ⅰ长 31μm,股节长 10μm,股节刚毛长 12μm;膝节长 5μm,膝节刚毛长 18μm;胫节长 6μm,胫节刚毛长 7μm,胫节刚毛生于背中部;跗节长 6μm;羽爪单一,9 支,爪端球无。足Ⅱ长 28μm,股节长 8μm,股节刚毛长 20μm;膝节长 4μm,膝节刚毛长 7μm;胫节长 6μm;跗节长 6μm;羽爪单一,9 分支,爪端球无。大体有背环 54 环,具锥形微瘤滑;腹环 62 环,圆形微瘤生于环前。侧毛长 40μm,生于 9 环;腹毛Ⅰ长 58μm,生于 20 环;腹毛Ⅱ长 56μm,生于 36 环;腹毛Ⅲ长 32μm,生于末 5 环。副毛长 5μm。雌性外生殖器长 13μm,宽 22μm;生殖毛长 21μm,生殖器盖片有 12 条纵肋。

雄螨:未发现。

寄主:箭竹 *Fargesia spathacea* Franch.(Gramineae)。

危害情况:自由生活于叶片表面,不形成明显的危害状。

分布:浙江(天目山)、河南、陕西、福建、广西、江苏。

28 羽爪瘿螨科 Diptilomiopidae Keifer

主要特征：喙大，直角下伸，体梭形或蠕虫形，羽爪单一或分叉。

分类：本科包括羽爪瘿螨亚科 Diptilomiopinae 和大嘴瘿螨亚科 Rhyncaphytoptinae 两个亚科。羽爪瘿螨科约占瘿螨总科的 9%。

羽爪瘿螨科分亚科检索表

1. 羽爪分叉 ·· 羽爪瘿螨亚科 **Diptilomiopinae**

   羽爪单一 ·· 大嘴瘿螨亚科 **Rhyncaphytoptinae**

羽爪瘿螨亚科 Diptilomiopinae Keifer

主要特征：喙大，直角下伸。体梭形或蠕虫形，羽爪分叉。

分类：本亚科包括 35 属，中国有 17 属。

28.1 双羽爪瘿螨属 *Diptacus* Keifer

特征：体梭形。喙大，直角下伸。背毛和背瘤存在。足基节有 3 对刚毛，羽爪分叉。

分布：全世界已知 47 种。中国记录 33 种。

28.1.1 天目双羽爪瘿螨 *Diptacus tianmuensis* Rajput，Han，Xue & Hong, 2014（图 28-1）

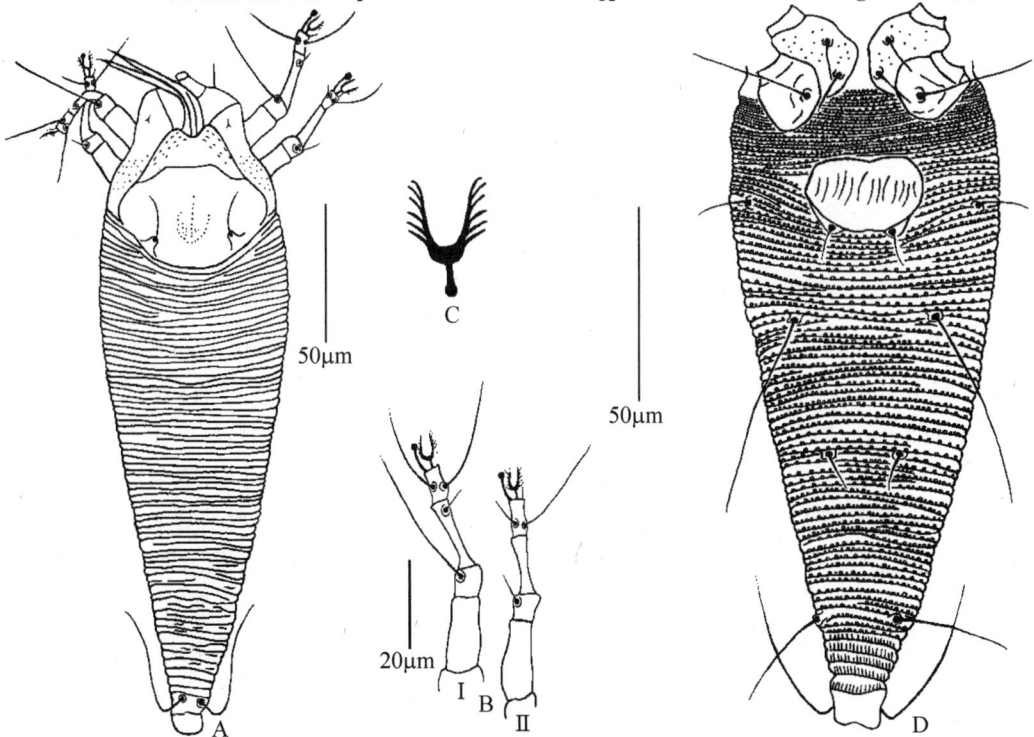

图 28-1 天目双羽爪瘿螨 *Diptacus tianmuensis* Rajput，Han，Xue & Hong, 2014

A. 雌螨，背面观；B. 足 I 和 II；C. 羽爪；D. 雌螨，腹面观

　　雌螨:体梭形,长 242μm,宽 73μm,淡黄色。喙长 35μm,直角下伸。背盾板长 44μm,宽 58μm;侧中线存在,背中线和亚中线不明显;前叶突较尖;背瘤生于近盾后缘,瘤距为 29μm,背毛长 17μm,上指。基节间无腹板线,基节有粒点,基节刚毛 3 对,刚毛Ⅰ长 12μm,Ⅱ长 13μm,Ⅲ长 34μm。足Ⅰ长 48μm,股节长 16μm,股节刚毛长 16μm;膝节长 6μm,膝节刚毛长 36μm;胫节长 18μm,胫节刚毛 7μm,胫节刚毛生于背基部;跗节长 8μm;羽爪分叉,每侧 6 支,有爪端球。足Ⅱ长 43μm,股节长 16μm;膝节长 5μm,膝节刚毛长 8μm;胫节长 14μm;跗节长 8μm;羽爪分叉,每侧 6 支,有爪端球。大体有背环 70 环,光滑;腹环 94 环,圆形微瘤生于环前。侧毛长 16μm,生于 29 环;腹毛Ⅰ长 58μm,生于 43 环;腹毛Ⅱ长 12μm,生于 62 环;腹毛Ⅲ长 31μm,生于末 8 环。副毛长 1μm。雌性外生殖器长 23μm,宽 32μm;生殖毛长 10μm,生殖器盖片有纵肋 14 条。

　　雄螨:未发现。

　　寄主:李属 *Prunus* sp.(Rosaceae)。

　　危害情况:自由生活于叶片表面,不形成明显的危害状。

　　分布:浙江(天目山)。

28.1.2　商州双羽爪瘿螨 *Diptacus shangzhous* Xie,2013(图 28-2)

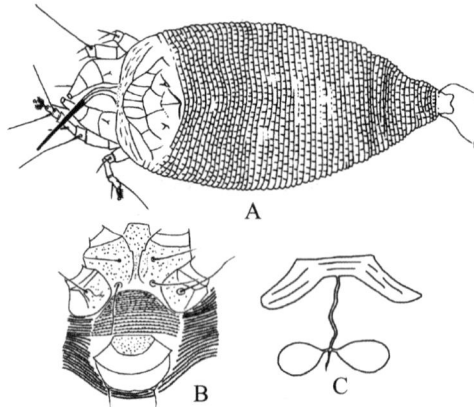

图 28-2　商州双羽爪瘿螨 *Diptacus shangzhous* Xie,2013(仿 Xie)
A. 雌螨,背面观;B. 雌螨足基节和生殖器盖片;C. 雌螨内部生殖器

　　雌螨:体梭形,长 220μm,宽 100μm,厚 100μm,淡黄色。喙长 60μm,直角下伸。背盾板长 44μm,宽 75μm;背中线、侧中线和亚中线存在;前叶突存在;背瘤生于近盾后缘之前,瘤距为 25μm,背毛长 3μm,内指。基节间有腹板线,基节有粒点,基节刚毛 3 对,刚毛Ⅰ长 18μm,Ⅱ长 21μm,Ⅲ长 40μm。足Ⅰ长 49μm,股节长 15μm,股节刚毛无;膝节长 6μm,膝节刚毛长 47μm;胫节长 13μm,胫节刚毛长 10μm,胫节刚毛生于背基部;跗节长 10μm;羽爪分叉,每侧 5 支,有爪端球。足Ⅱ长 46μm,股节长 15μm;膝节长 6μm,膝节刚毛长 15μm;胫节长 10μm;跗节长 10μm;羽爪分叉,每侧 5 支,有爪端球。大体有背环 59 环,具短线状微瘤;腹环 100 环,圆形微瘤生于环前。侧毛长 38μm,生于 21 环;腹毛Ⅰ长 80μm,生于 39 环;腹毛Ⅱ长 34μm,生于 60 环;腹毛Ⅲ长 50μm,生于末 12 环。副毛长 8μm。雌性外生殖器长 25μm,宽 32μm;生殖毛长 8μm,生殖器盖片基部具有微瘤。

　　雄螨:体长 193μm,宽 88μm。雄性外生殖器长 7μm,宽 24μm;生殖毛长 8μm。

　　寄主:樱桃 *Cerasus pseudocerasus* (Lindl.) G. Don (Rosaceae)。

危害情况:自由生活于叶片表面,不形成明显的危害状。

分布:浙江(天目山)、陕西。

大嘴瘿螨亚科 Rhyncaphytoptinae Roivainen

主要特征:体梭形或蠕虫形。喙大,直角下伸。羽爪单一。

分类:本亚科包括 18 属,中国有 13 属。

28.2　大嘴瘿螨属 *Rhyncaphytoptus* Keifer

特征:体梭形,有背盾板。足基节有 3 对刚毛。大体背环较宽,羽爪单一。

分类:本属有 80 种,是大嘴瘿螨亚科最大的一个属,中国有 34 种。

28.2.1　长喙大嘴瘿螨 *Rhyncaphytoptus longipalpis* Xue & Hong,2005(图 28-3)

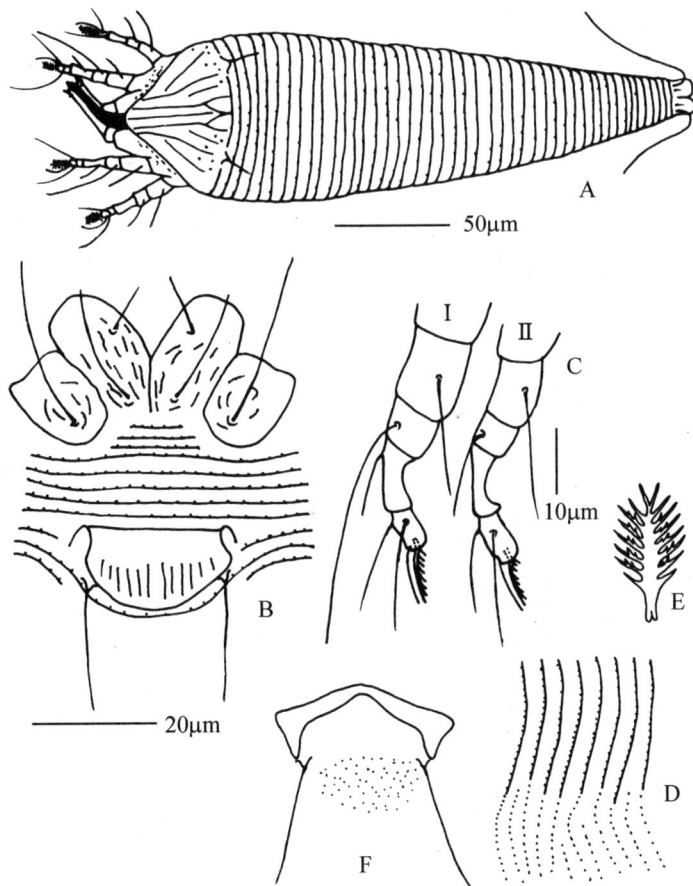

图 28-3　长喙大嘴瘿螨 *Rhyncaphytoptus longipalpis* Xue & Hong, 2005
A. 雌螨,背面观;B. 雌螨足基节和雌性生殖器;C. 足Ⅰ和Ⅱ;D. 侧面微瘤;
E. 羽爪;F. 雄性生殖器

雌螨:体梭形,长 205μm,宽 65μm,厚 55μm,淡黄色。喙长 25μm,直角下伸,须肢末节呈鞘状,包住喙。背盾板长 41μm,宽 45μm;背中线、侧中线和亚中线俱在,背中线和侧中线在末端连在一起；有较宽的前叶突；背瘤位于背盾板后缘，瘤距为 35μm，背毛长 10μm，后指；背盾板后缘有粒点。基节间有腹板线，基节有短线，基节刚毛 3 对，刚毛Ⅰ长 10μm，Ⅱ长 20μm，Ⅲ长 30μm。足Ⅰ长 32μm，股节长 10μm，股节刚毛长 15μm；膝节长 5μm，膝节刚毛长 30μm；胫节长 7μm，胫节刚毛长 9μm，胫节刚毛生于背基部 1/3 处，跗节长 5μm；羽爪单一，8 分支，无爪端球。足Ⅱ长 30μm，股节长 8μm，股节刚毛长 18μm；膝节长 5μm，膝节刚毛长 12μm；胫节长 8μm；跗节长 5μm；羽爪单一，8 分支，无爪端球。大体有背环 49 环，有不甚明显的槽，具有微小粒状微瘤；腹环 72 环，具有粒状微瘤。侧毛长 30μm，生于 15 环；腹毛Ⅰ长 50μm，生于 28 环；腹毛Ⅱ长 35μm，生于 49 环；腹毛Ⅲ长 30μm，生于末 5 环。副毛长 4μm。雌性外生殖器长 10μm，宽 25μm；生殖毛长 20μm，生殖器盖片上有纵肋 12 条。

雄螨：体长 190μm，宽 55μm。雄性外生殖器长 7μm，宽 18μm；生殖毛长 15μm。

寄主：竹子 Bambusa sp. Retz corr. Schreber (Gramineae)。

危害情况：自由生活于叶片表面，不形成明显的危害状。

分布：浙江(天目山)、河南、陕西。

28.3 海博瘿螨属 Hyborhinus Mohanasundaram

主要特征：体梭形。背盾板具有前叶突，背瘤和背毛存在，背毛前指。羽爪单一，基节刚毛Ⅰ缺失。大体具有模式刚毛。

分布：全世界已知 2 种。中国记录 1 种。

28.3.1 海博瘿螨 Hyborhinus linderae Wang，Wei & Yang，2010（图 28-4）

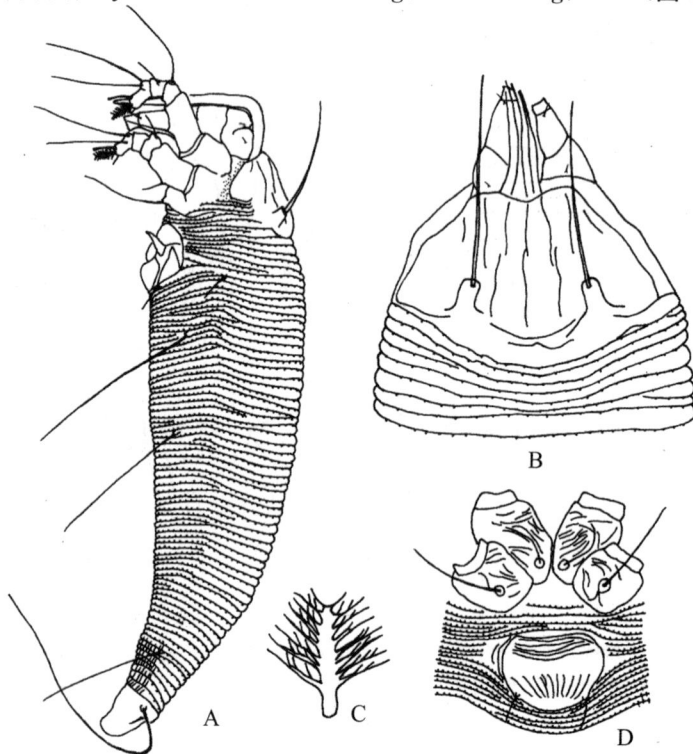

图 28-4 海博瘿螨 Hyborhinus linderae Wang，Wei & Yang，2010（仿 Wang, et al.）
A. 雌螨，背面观；B. 背盾板；C. 羽爪；D. 雌螨足基节和雌性生殖器

雌螨:体梭形,长 175μm,宽 53μm,厚 53μm,淡黄色。喙长 42μm,直角下伸。背盾板长 25μm,宽 50μm;背中线、侧中线和亚中线俱在;前叶突缺失;背瘤位于背盾板后缘之前,瘤距为 19μm,背毛长 45μm,前指。基节间有腹板线,基节有短线,基节刚毛 2 对,刚毛Ⅰ长缺失,Ⅱ长 21μm,Ⅲ长 27μm。足Ⅰ长 39μm,股节长 16μm,股节刚毛长 18μm;膝节长 7μm,膝节刚毛长 42μm;胫节长 6μm,胫节刚毛长 9μm,胫节刚毛生于背基部;跗节长 8μm;羽爪单一,8 分支,有爪端球。足Ⅱ长 32μm,股节长 13μm,股节刚毛长 7μm;膝节长 4μm,膝节刚毛长 12μm;胫节长 5μm;跗节长 8μm;羽爪单一,8 分支,有爪端球。大体有背环 70 环,具有圆形微瘤;腹环 88 环,具有圆形微瘤。侧毛长 8μm,生于 18 环;腹毛Ⅰ长 51μm,生于 27 环;腹毛Ⅱ长 33μm,生于 45 环;腹毛Ⅲ长 31μm,生于末 9 环。副毛长 8μm。雌性外生殖器长 22μm,宽 22μm;生殖毛长 8μm,生殖器盖片有纵肋 12 条。

雄螨:未发现。

寄主:山橿 *Lindera reflexa* (Lauraceae)。

危害情况:自由生活于叶片表面,不形成明显的危害状。

分布:浙江(天目山)。

28.4　短沟瘿螨属 *Brevulacus* Manson

特征:体梭形。大体背环宽于腹环,背盾板前叶突有凹陷,羽爪单一。

分布:全世界已知 3 种。中国记录 2 种。

28.4.1　吉林短沟瘿螨 *Brevulacus jilinensis* Xue, Song & Hong, 2009（图 28-5）

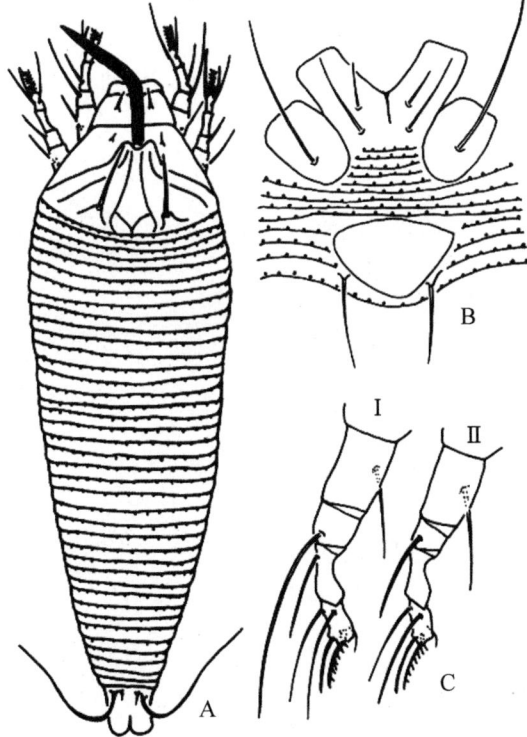

图 28-5　吉林短沟瘿螨 *Brevulacus jilinensis* Xue, Song & Hong, 2009

A. 雌螨,背面观;B. 雌螨足基节和雌性生殖器;C. 足Ⅰ和Ⅱ

　　雌螨:体梭形,长 295μm,宽 83μm,厚 95μm,淡黄色。喙长 62μm,直角下伸。背盾板长 40μm,宽 60μm;背中线、侧中线和亚中线俱在;前叶突有凹陷;背瘤位于背盾板后缘之前,瘤距为 26μm,背毛长 28μm,前指。基节间有腹板线,基节光滑,基节刚毛 3 对,刚毛 I 长 11μm,II 长 26μm,III 长 48μm。足 I 长 43μm,股节长 13μm,股节刚毛长 17μm;膝节长 7μm,膝节刚毛长 31μm;胫节长 12μm,胫节刚毛长 13μm,胫节刚毛生于背基部 1/3 处;跗节长 7μm;羽爪单一,8 分支,无爪端球。足 II 长 37μm,股节长 12μm,股节刚毛长 16μm;膝节长 5μm,膝节刚毛长 13μm;胫节长 9μm;跗节长 7μm;羽爪单一,8 分支,无爪端球。大体有背环 40 环,具有圆形微瘤;腹环 81 环,具有圆形微瘤。侧毛长 15μm,生于 12 环;腹毛 I 长 58μm,生于 32 环;腹毛 II 长 38μm,生于 46 环;腹毛 III 长 30μm,生于末 6 环。副毛长 3μm。雌性外生殖器长 23μm,宽 30μm;生殖毛长 28μm,生殖器盖片光滑。

　　雄螨:未发现。

　　寄主:短柄栎 *Quercus glandulifera* var. *brevipetiolata* (Fagaceae)。

　　危害情况:自由生活于叶片表面,不形成明显的危害状。

　　分布:浙江(天目山)、吉林。

参考文献

陈樟福,张贞华,1991. 浙江动物志:蜘蛛类. 杭州:浙江科学技术出版社.

胡金林,2001. 青藏高原蜘蛛. 郑州:河南科学技术出版社.

宋大祥,1987. 中国农区蜘蛛. 北京:农业出版社.

宋大祥,朱明生,1997. 中国动物志 无脊椎动物 第八卷 蛛形纲 蜘蛛目 蟹蛛科 逍遥蛛科. 北京:科学出版社.

宋大祥,朱明生,陈军,1999. The Spiders of China. 石家庄:河北科学技术出版社.

宋大祥,朱明生,陈军,2001. 河北动物志:蜘蛛志. 石家庄:河北科学技术出版社.

宋大祥,朱明生,张锋,2004. 中国动物志 无脊椎动物 第三十九卷 蛛形纲 蜘蛛目 平腹蛛科. 北京:科学出版社.

朱明生,张保石,2011. 河南动物志 蛛形纲:蜘蛛志. 北京:科学出版社.

Chen H M, Zhang J X, Song D X, 2003. A newly recorded species of the family Philodromidae from China (Arachnida:Araneae). Acta Arachnol. Sin. , 12:91-93.

Chen J, Song D X, 1999. On some species of the genus Arctosa from China (Araneae:Lycosidae). Acta Zootaxon. Sin. , 24:138-143.

Chen J W, Wei S G, Qin A Z, 2004. A new genus and four new species of eriophyid mites (Acari:Diptilomiopidae) from Guangxi Province of China. Systematic & Applied Acarology, 9:69-75.

Chen W H, Zhao J Z, 1996. A new species of theridiid spider from Hubei, China (Araneae:Theridiidae). Acta Zootaxon. Sin. , 21:35-38.

Chen X E, Gao J C, 1990. The Sichuan Farmland Spiders in China. Chengdu:Sichuan Sci. Tech. Publ. House.

Chen Z F, Zhang Z H, 1991. Fauna of Zhejiang:Araneida. Hangzhou:Zhejiang Science and Technology Publishing House.

Deeleman-Reinhold C L, 2001. Forest spiders of South East Asia:with a revision of the sac and ground spiders (Araneae:Clubionidae, Corinnidae, Liocranidae, Gnaphosidae, Prodidomidae and Trochanterriidae). Leiden:Brill.

Dippenaar-Schoeman A S, Jocqué R, 1997. African Spiders:An Identification Manual. Pretoria:Plant Protection Res. Inst. Handbook, no. 9.

Locket G H, Millidge A F, 1953. British Spiders. Des Moines:Ray Society.

Logunov D V, 1999. Redefinition of the genera Marpissa C. L. Koch, 1846 and Mendoza Peckham & Peckham, 1894 in the scope of the Holarctic fauna (Araneae, Salticidae). Rev. Arachnol. , 13:25-60.

Hong X Y, Wang D S, Zhang Z Q, 2006. Distribution and damages of recent invasive eriophyoid mites (Acari:Eriophyoidea) in Mainland China. International Journal of Acarology, 32(3):227-240.

Hu D S, Zhang F, 2012. A new species of the genus Steatoda (Araneae, Theridiidae) from China. Sichuan Journal of Zoology, 31: 1-3.

Hu J L, 1984. The Chinese Spiders Collected from the Fields and the Forests. Tianjin: Tianjin Press of Science and Techniques.

Hu J L, 2001. Spiders in Qinghai-Tibet Plateau of China. Zhengzhou: Henan Science and Technology Publishing House.

Hu J L, Li A H, 1987a. The spiders collected from the fields and the forests of Xizang Autonomous Region, China. (I). Agricultural Insects, Spiders, Plant Diseases and Weeds of Xizang, 1: 315-392.

Hu J L, Li A H, 1987b. The spiders collected from the fields and the forests of Xizang Autonomous Region, China. (Ⅱ). Agricultural Insects, Spiders, Plant Diseases and Weeds of Xizang, 2: 247-353.

Hu J L, Wang Z Y, Wang Z G, 1991. Notes on nine species of spiders from natural conservation of Baotianman in Henan Province, China (Arachnoidea: Araneida). Henan Sci., 9: 37-52.

Hu J L, Wu W G, 1989. Spiders from Agricultural Regions of Xinjiang Uygur Autonomous Reign, China (Arachnida: Araneae). Jinan: Shandong University Publishing House.

Kadono F, 1985. Three species of eriophyid mites injurious to fruit trees in Japan (Acarina: Eriophyidae). Applied Entomology and Zoology, 20(4): 458-464.

Keifer H H, 1963. Eriophyoid Studies B-10. Hawaii: California Department of Agriculture.

Keifer H H, 1975. Eriophyidae//Mites injurious to economic plants. Jeppson L R, Keiferand H H, Baker E W. Berkeley: University of California Press.

Kim J P, Gwon S P, 2001. A revisional study of the spider family Thomisidae Sundevall, 1833 (Arachnida: Araneae) from Korea. Korean Arachnol., 17: 13-78.

Koçak A Ö, Kemal M, 2008. New synonyms and replacement names in the genus group taxa of Araneida. Cent. Ent. Stud., Misc. Pap. :139-140.

Koch C L, 1834. Arachniden//Herrich-Schäffer G A W. Heft: Deutschlands Insekten.

Kuang H Y, Zhuo W X, 1987. Two new species and a new record of the genus Abacarus from China (Acariformes: Eriophyoidea). Acta Zootaxonomica Sinica, 12(4): 380-382.

Li D W, Wang G Q, Wei S G, 2007. A new genus and three new species of Phyllocoptinae (Acari: Eriophyidae) from South China. Zootaxa, 1587: 53-59.

Li J Q, Zhao Z M, Hou J J, 2001. Advances in the studies of spiders in rice field. Acta Arachn. Sin., 10 (2): 58-63.

Navia D, Flechtmann C H W, 2010. A new genus and two new species of eriophyoid mites from coniferous in Brazil. International Journal of Acarology, 26(3): 265-270.

Rajput S, Han X, Xue X F, et al, 2014. A new genus and three new species of Diptilomiopidae from Zhejiang Province, China. Systematic & Applied Acarology, 19(2): 223-235.

Rajput S, Zuo Y, Wang Z, et al, 2015. Five new species of the genus Tetra Keifer (Acari: Eriophyidae: Phyllocoptinae) from China. Systematic & Applied Acarology, 20(2):

203-219.

Ramirez M J, 2014. The morphology and phylogeny of dionychan spiders (Araneae: Araneomorphae). Bulletin of the American Museum of Natural History, 390: 1-374.

Wang G Q, Wei S G, Yang D, 2010. Description of a new species of Asetacus from South China and a redescription of Rhyncaphytoptus acer (Acari: Diptilomiopidae: Rhyncaphytoptinae). Annales Zoologici, 60(4): 627-632.

Wang G Q, Wei S G, Yang D, 2012. A new genus, two new species and a new record of subfamily Cecidophyinae (Acari: Eriophyidae) from China. ZooKeys, 180: 9-18.

Wang Z, Hong X Y, 2008. Four new eriophyoid mite species in the tribe Anthocoptini (Acari: Eriophyidae: Phyllocoptinae) from China. Zootaxa, 1893: 38-48.

Wei S G, Li Z L, Chen J W, 2004. Four new species of Phyllocoptinae (Acari: Eriophyidae) from China. Entomotaxonomia, 26(1): 75-80.

Xie M C, 2013. Two new species of the genus Diptacus Keifer (Eriophyoidea: Diptilomiopidae: Diptilomiopinae) from Shaanxi Province, China. Acta Zootaxonomica Sinica, 38 (1): 64-69.

Xie M C, Zhu M S, 2010. A new species of the genus Glyptacus Keifer (Acari: Eriophyoidea: Eriophyidae) from Chin. Entomotaxonomia, 32(3): 236-240.

Xue X F, Guo J F, Hong X Y, 2013. Eriophyoid mites from Northeast China (Acari: Eriophyoidea). Zootaxa, 3689 (1): 1-123.

Xue X F, Hong X Y, 2005. A new genus and eight new species of Phyllocoptini (Acari: Eriophyidae: Phyllocoptinae) from China. Zootaxa, 1039: 1-17.

Xue X F, Song Z W, Amrine Jr J W, et al, 2007. Eriophyoid mites on coniferous plants in China with descriptions of a new genus and five new species (Acari: Eriophyoidea). International Journal of Acarology, 33(4): 333-345.

Xue X F, Song Z W, Hong X Y, 2009. One new genus and five new species of Rhyncaphytoptinae from China (Acari: Eriophyoidea: Diptilomiopidae). Zootaxa, 1992: 1-19.

Xue X F, Wang Z, Song Z W, et al, 2009. Eriophyoid mites on Fagaceae with descriptions of seven new genera and eleven new species (Acari: Eriophyoidea). Zootaxa, 2253: 1-95. :

中文名索引

拉丁文名索引

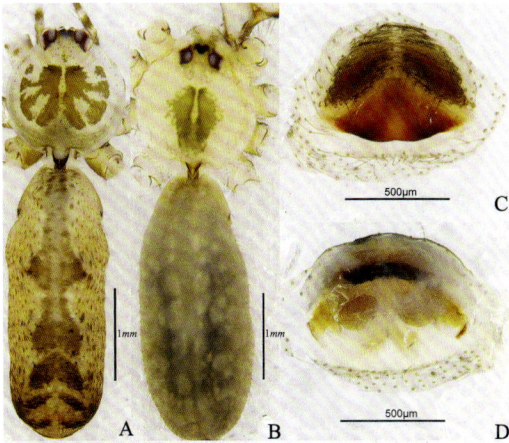

图版 1-1　西奇幽灵蛛 *Pholcus zichyi*

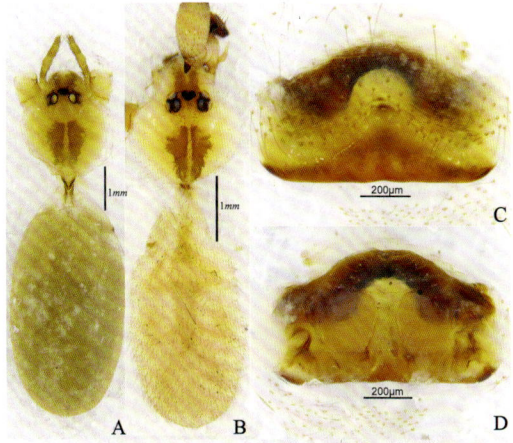

图版 1-2　曼氏幽灵蛛 *Pholcus manueli*

图版 1-3　星斑幽灵蛛 *Pholcus spilis*

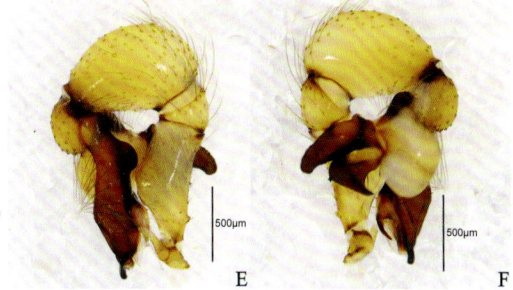

图版 2-1　华南壁钱蛛 *Uroctea compactilis*

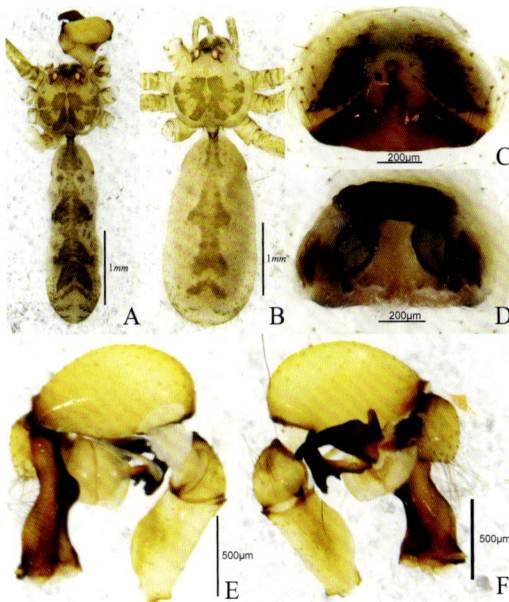

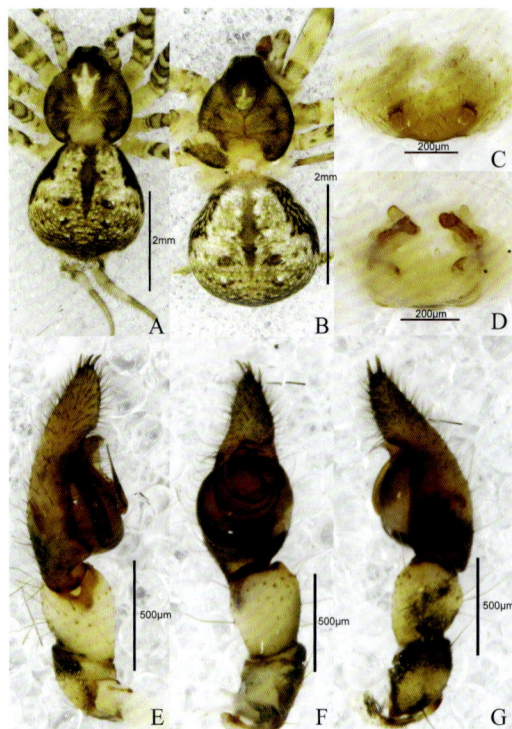

图版 3-1　白斑长纺蛛 *Hersilia albomaculata*

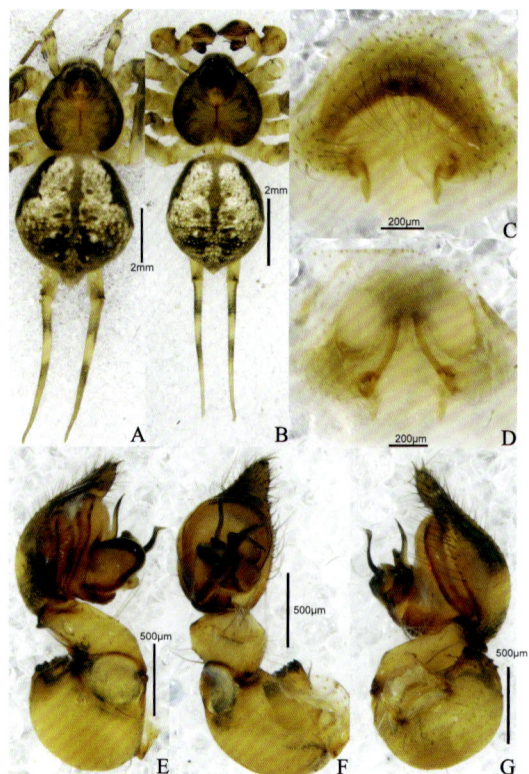

图版 3-2　亚洲长纺蛛 *Hersilia asiatica*

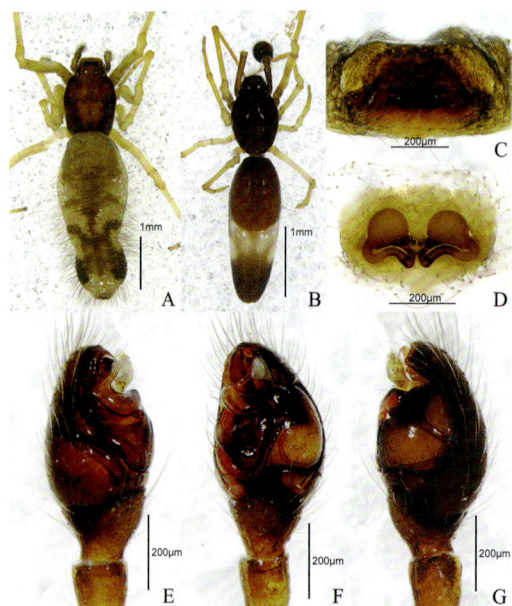

图版 4-1　圆筒银斑蛛 *Argyrodes cylindratus*

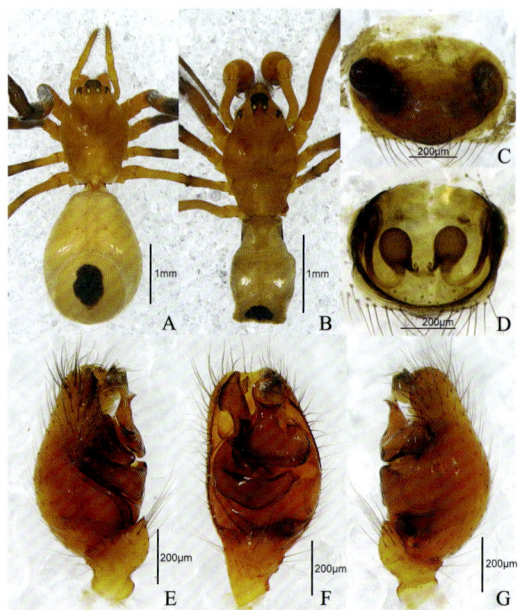

图版 4-2　拟红银斑蛛 *Argyrodes miltosus*

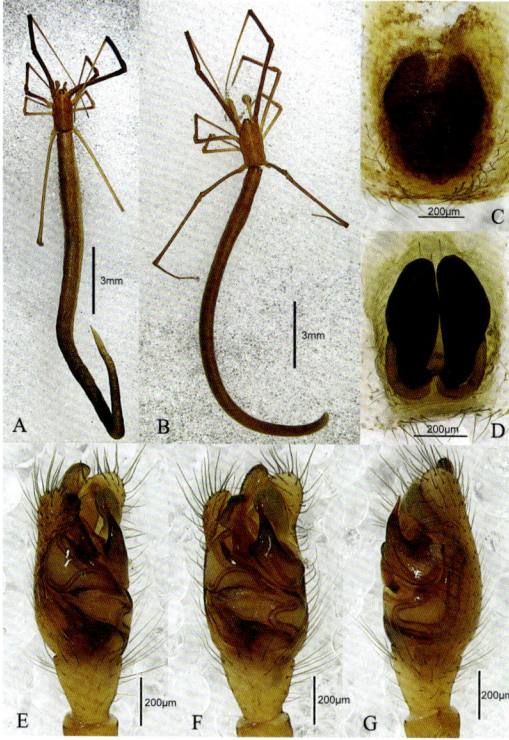

图版 4-3　蚓腹阿里蛛 *Ariamnes cylindrogaster*

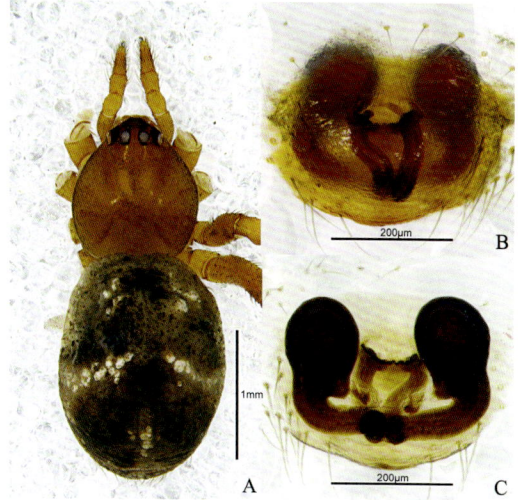

图版 4-4　钟巢铃铛蛛 *Campanicola campanulata*

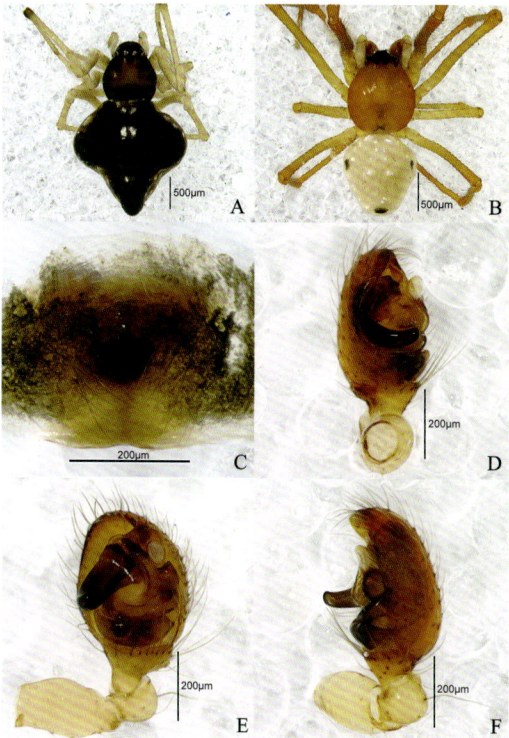

图版 4-5　扁腹丽蛛 *Chrysso lativentris*

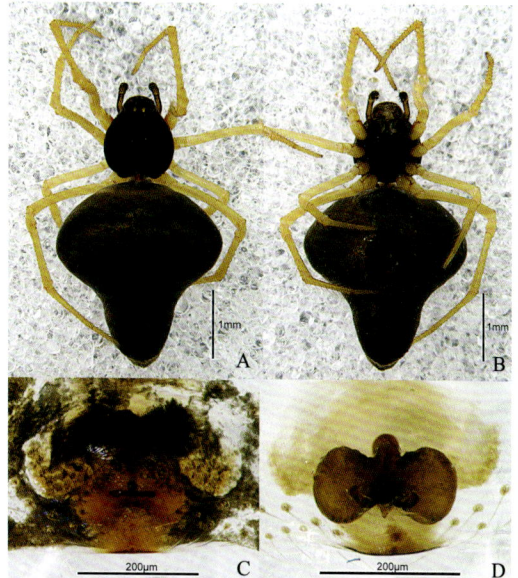

图版 4-6　黑丽蛛 *Chrysso nigra*

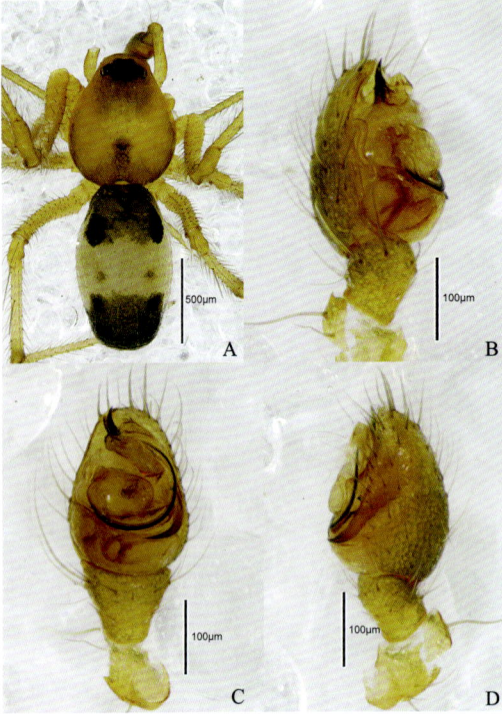

图版 4-7　八斑丽蛛 *Chrysso octomaculata*

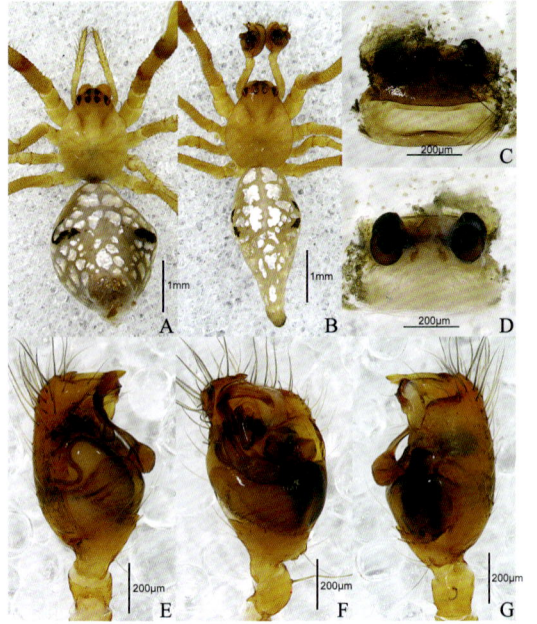

图版 4-8　星斑丽蛛 *Chrysso scintillans*

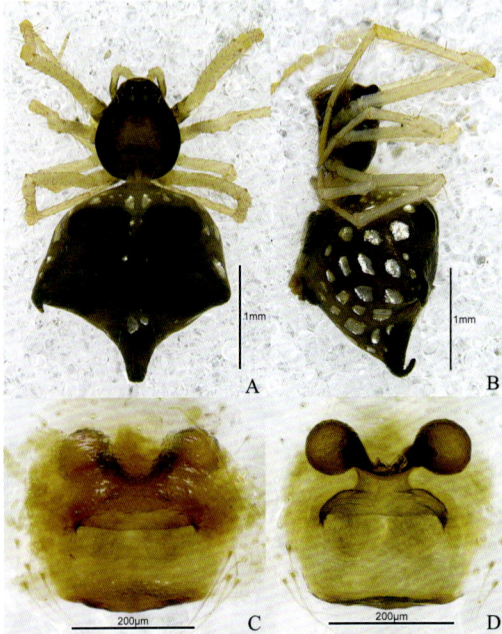

图版 4-9　三棘丽蛛 *Chrysso trispinula*

图版 4-10　中华圆腹蛛 *Dipoena sinica*

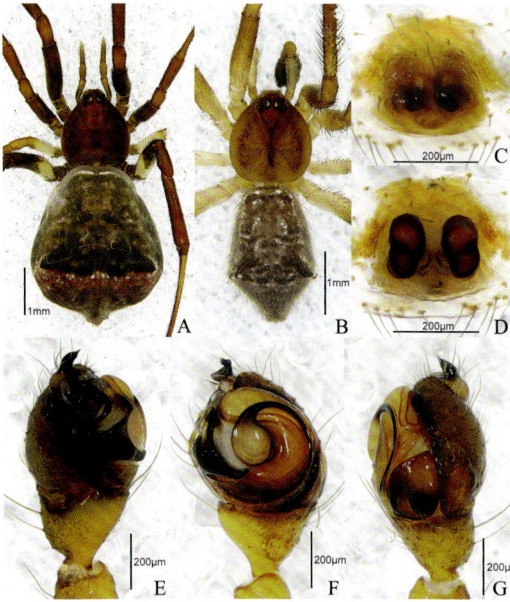

图版 4-11　云斑丘腹蛛 *Episinus nubilus*

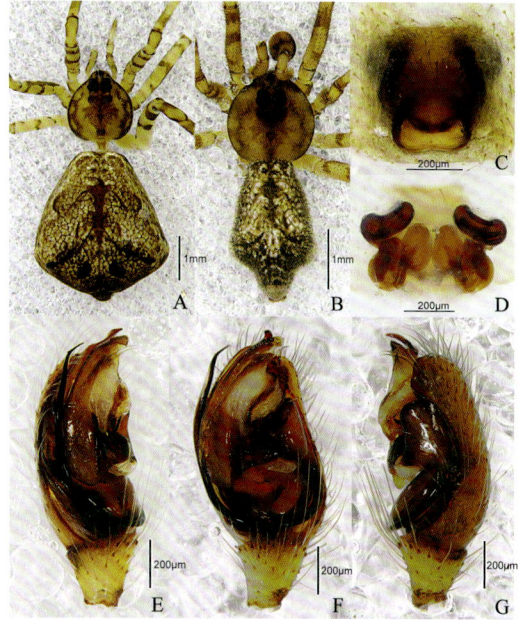

图版 4-12　秀山丘腹蛛 *Episinus xiushanicus*

图版 4-13　亚洲拟肥腹蛛 *Parasteatoda asiatica*

图版 4-14　日本拟肥腹蛛 *Parasteatoda japonica*

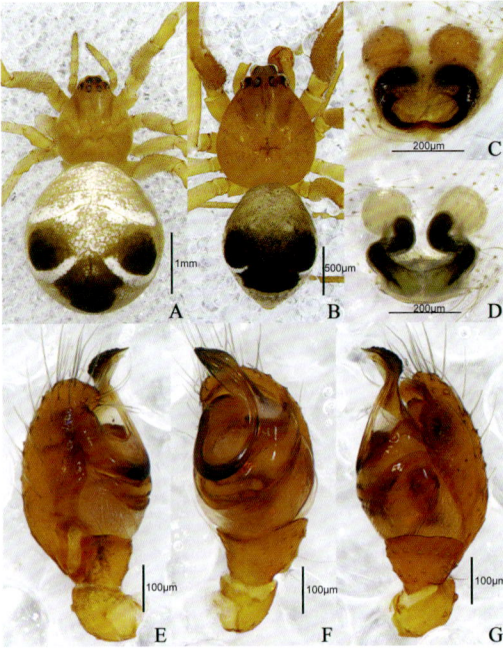

图版 4-15　佐贺拟肥腹蛛 *Parasteatoda kompirensis*

图版 4-16　宋氏拟肥腹蛛 *Parasteatoda songi*

图版 4-17　温室拟肥腹蛛 *Parasteatoda tepidariorum*

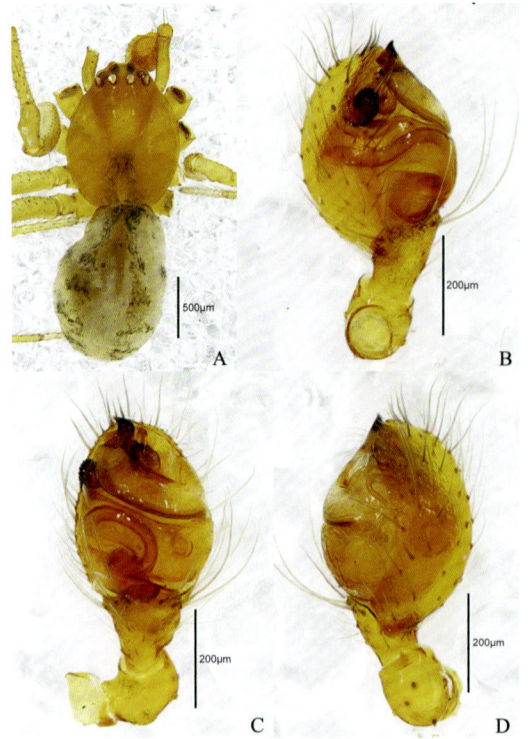

图版 4-18　狡菲娄蛛 *Phylloneta sisyphia*

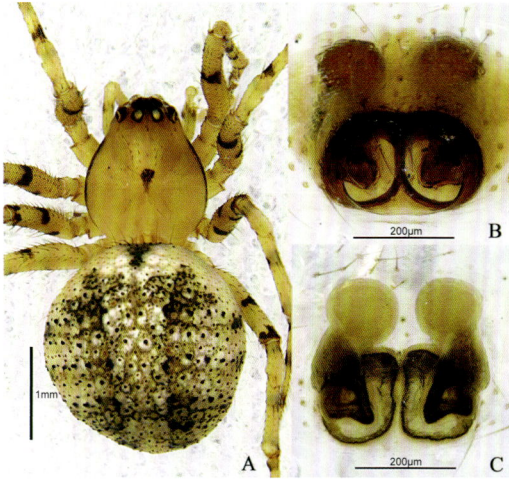

图版 4-19　莫尼普拉蛛 *Platnickina mneon*

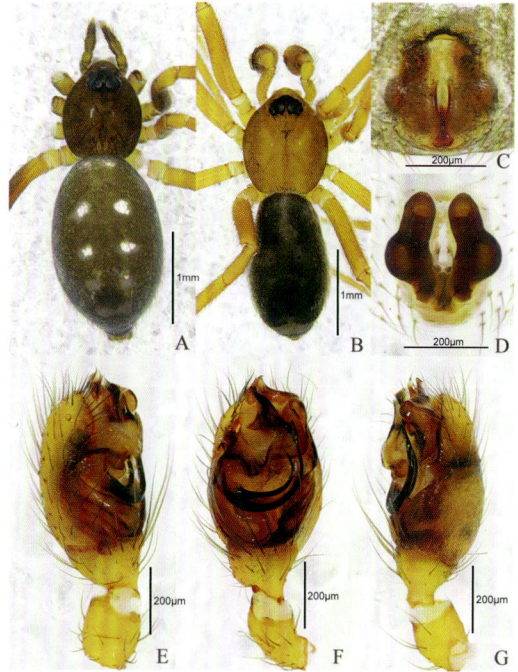

图版 4-20　日斯坦蛛 *Stemmops nipponicus*

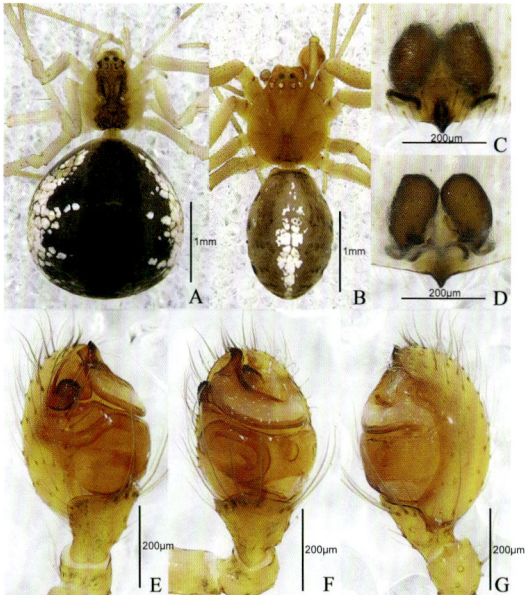

图版 4-21　四斑高汤蛛 *Takayus quadrimaculatus*

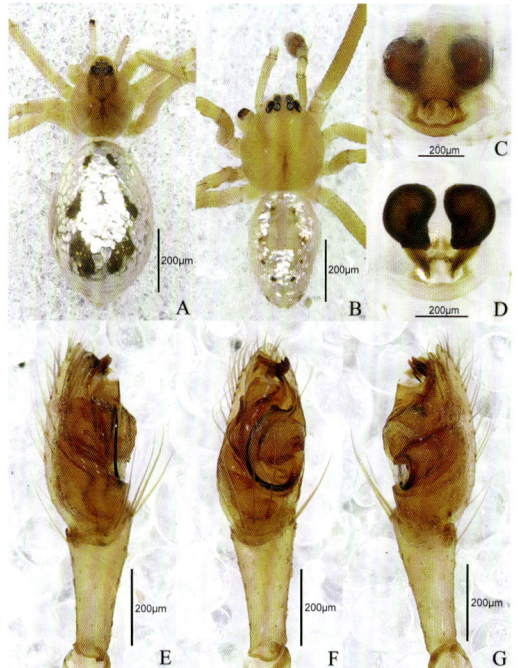

图版 4-22　圆尾银板蛛 *Thwaitesia glabicauda*

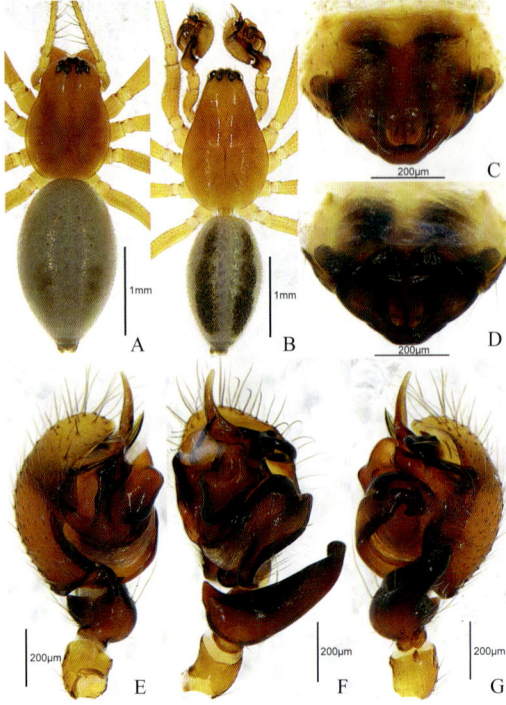

图版 5-1　膨大吻额蛛 *Aprifrontalia afflata*

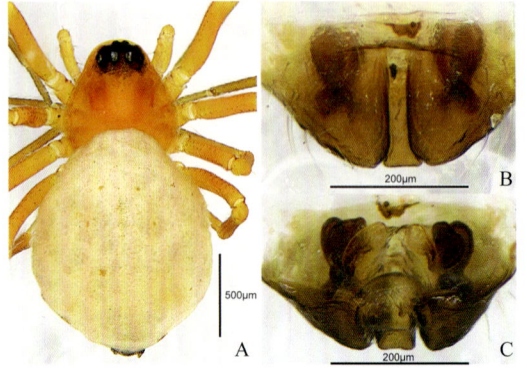

图版 5-2　钩状巨突蛛 *Diplocephaloides uncatus*

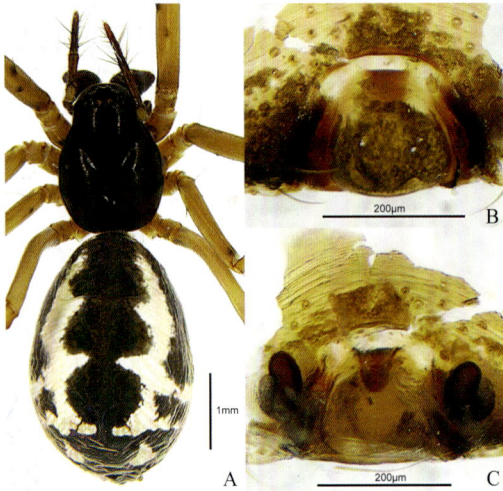

图版 5-3　朱氏盾蛛 *Frontinella zhui*

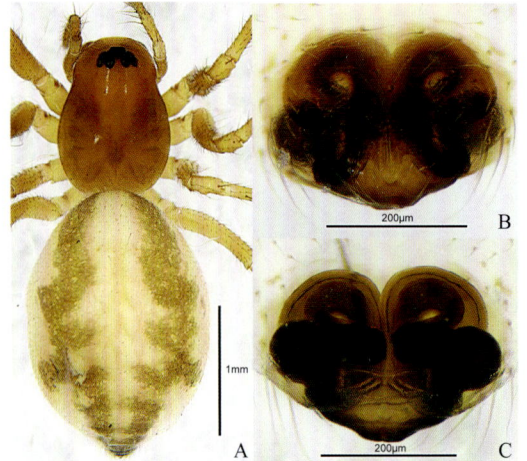

图版 5-4　驼背额角蛛 *Gnathonarium gibberum*

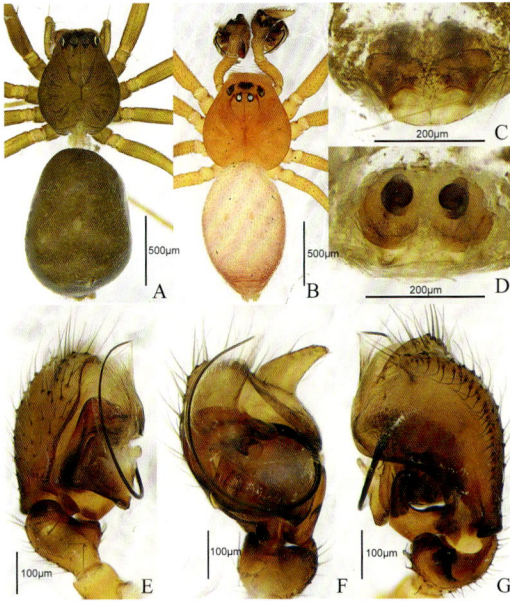

图版 5-5　橙色疣舟蛛 *Nematogmus sanguinolentus*

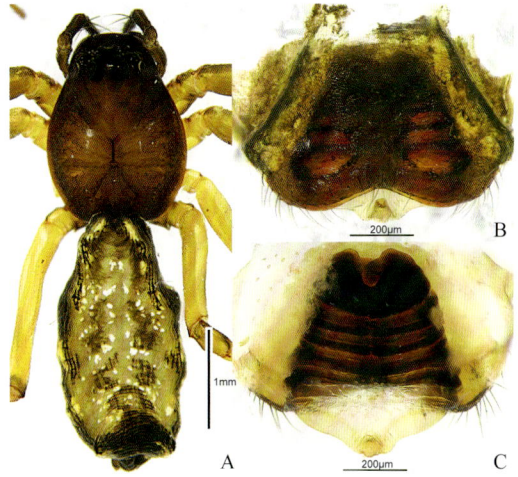

图版 5-6　卡氏盖蛛 *Neriene cavaleriei*

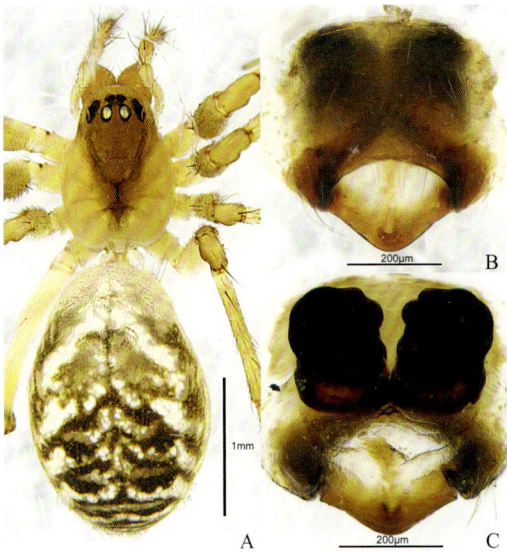

图版 5-7　日本盖蛛 *Neriene japonica*

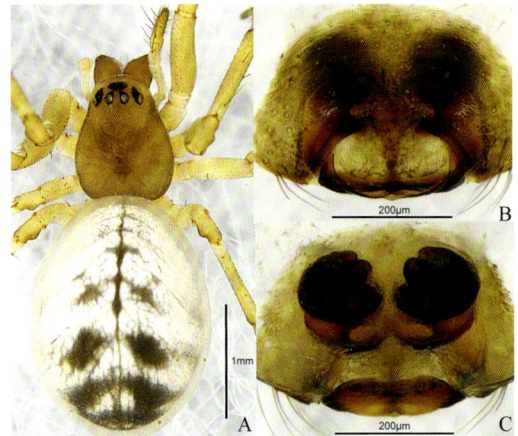

图版 5-8　六盘盖蛛 *Neriene liupanensis*

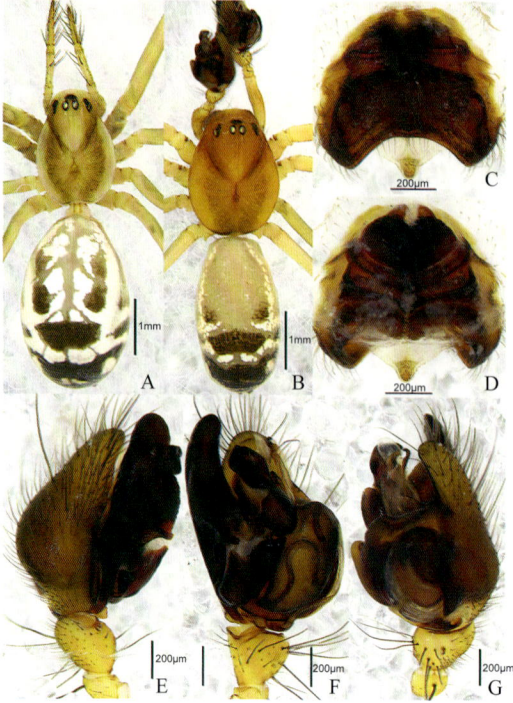

图版 5-9　长肢盖蛛 *Neriene longipedella*

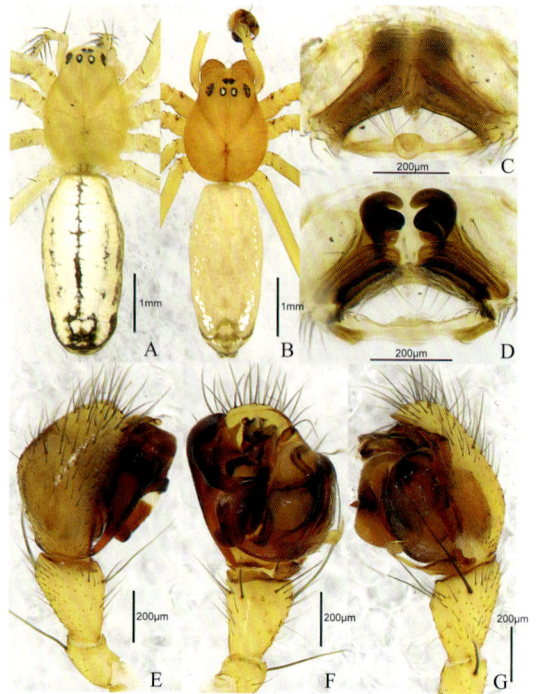

图版 5-10　华丽盖蛛 *Neriene nitens*

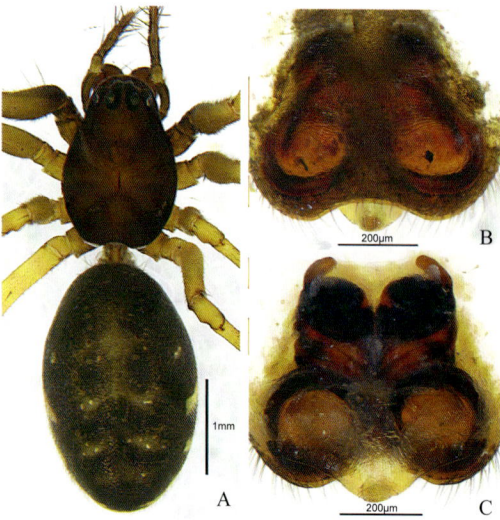

图版 5-11　大井盖蛛 *Neriene odedicata*

图版 5-12　河南华皿蛛 *Sinolinyphia henanensis*

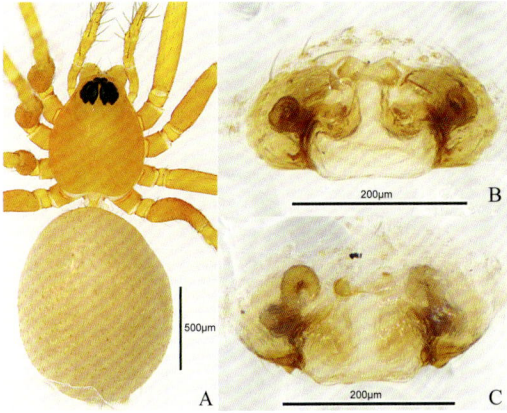

图版 5-13　红色斑皿蛛 *Syedra oii*

图版 6-1　西里银鳞蛛 *Leucauge celebesiana*

图版 6-2　方格银鳞蛛 *Leucauge tessellata*

图版 6-3　江崎肖蛸 *Tetragnatha esakii*

图版 6-4　锥腹肖蛸 Tetragnatha maxillosa

图版 6-5　前齿肖蛸 Tetragnatha praedonia

图版 7-1　棒络新妇 Nephila clavata

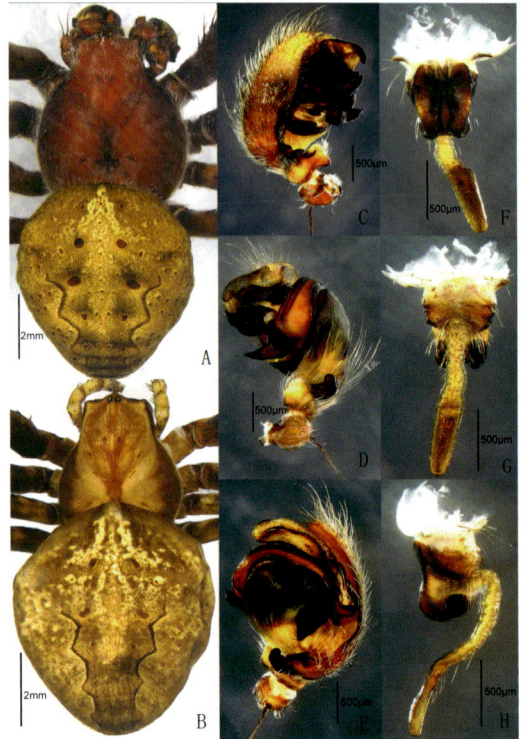

图版 8-1　大腹园蛛 Araneus ventricosus

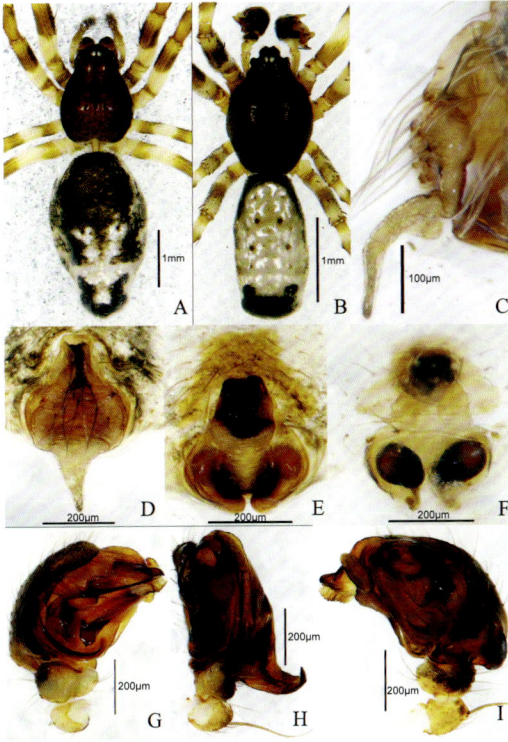

图版 8-2　银背艾蛛 *Cyclosa argenteoalba*

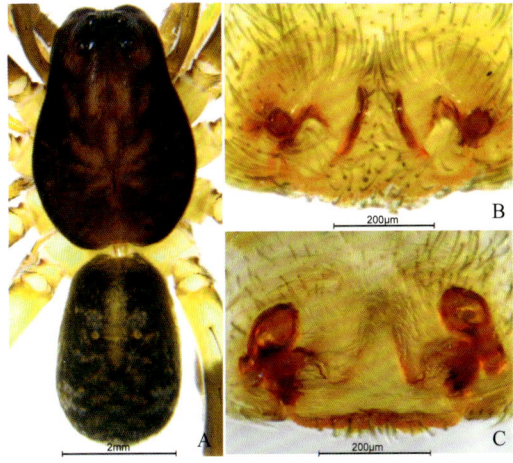

图版 9-1　江西熊蛛 *Arctosa kiangsiensis*

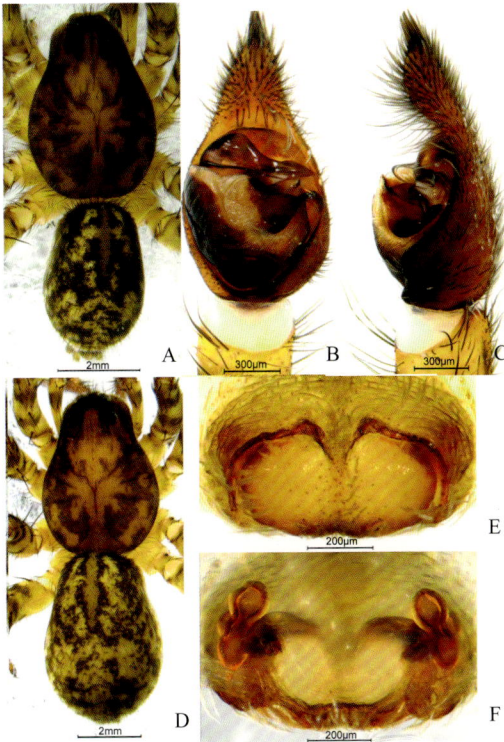

图版 9-2　片熊蛛 *Arctosa laminata*

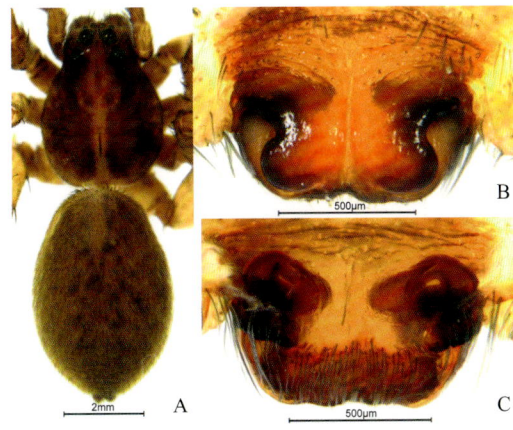

图版 9-3　宁波熊蛛 *Arctosa ningboensis*

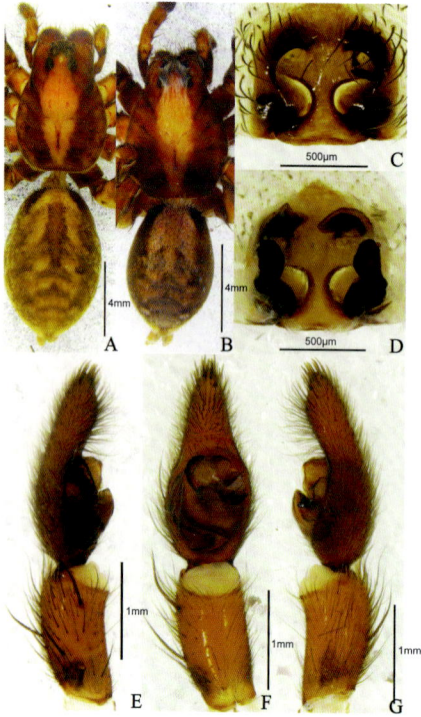

图版 9-4　黑腹狼蛛 *Lycosa coelestis*

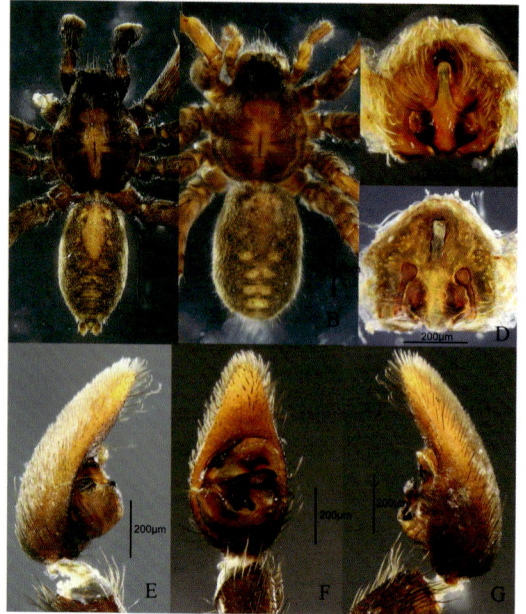

图版 9-5　星豹蛛 *Pardosa astrigera*

图版 9-6　沟渠豹蛛 *Pardosa laura*

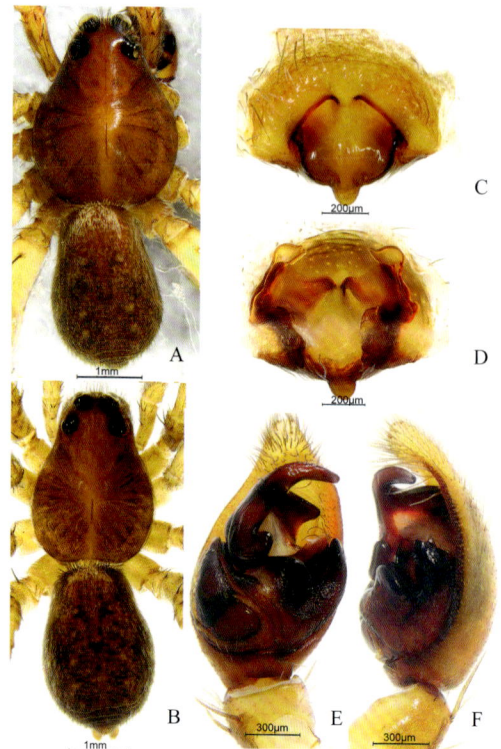

图版 9-7　武夷豹蛛 *Pardosa wuyiensis*

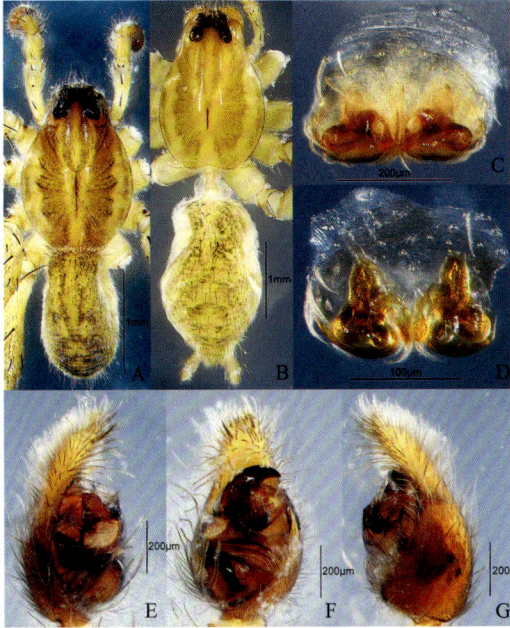

图版 9-8　类小水狼蛛 *Piratula piratoides*

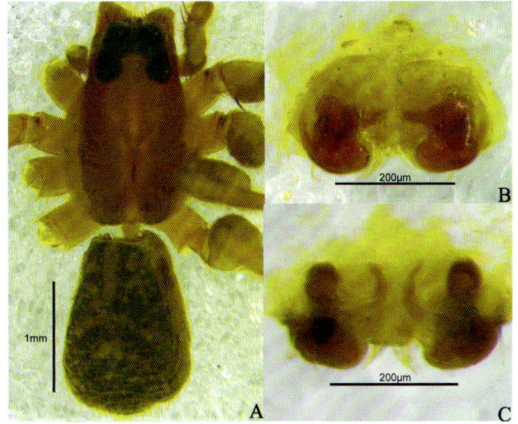

图版 9-9　前凹小水狼蛛 *Piratula procurvus*

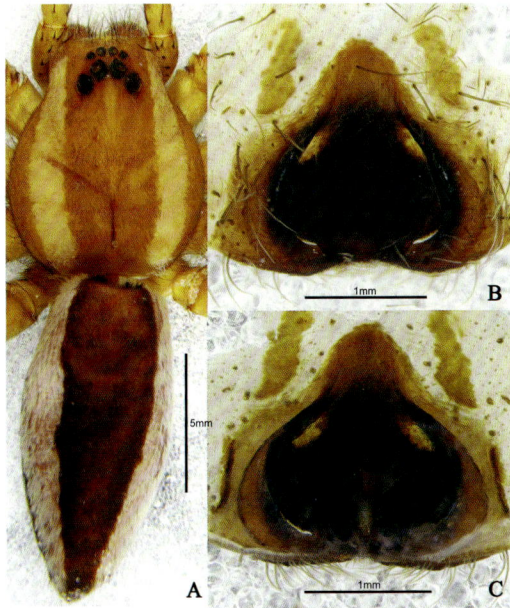

图版 10-1　梨形狡蛛 *Dolomedes chinesus*

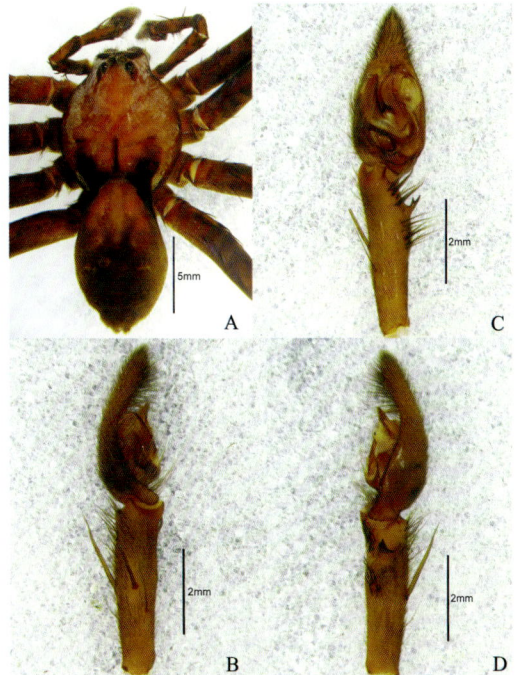

图版 10-2　黑斑狡蛛 *Dolomedes nigrimaculatus*

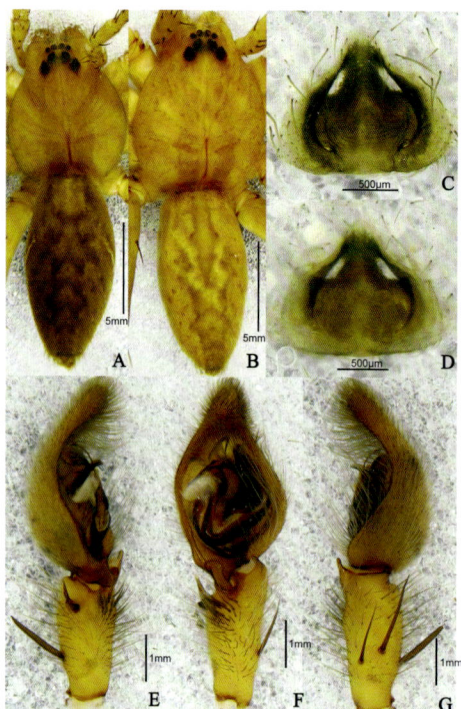

图版 10-3　赤条狡蛛 *Dolomedes saganus*

图版 10-4　锚盗蛛 *Pisaura ancora*

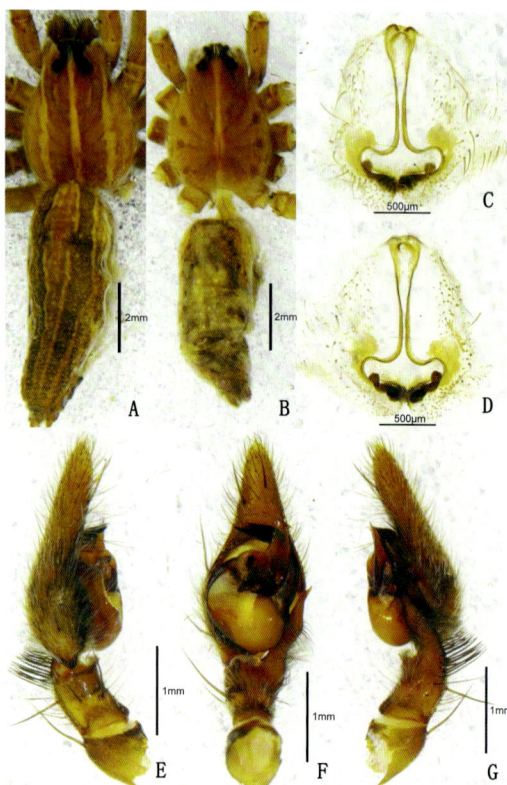

图版 10-5　驼盗蛛 *Pisaura lama*

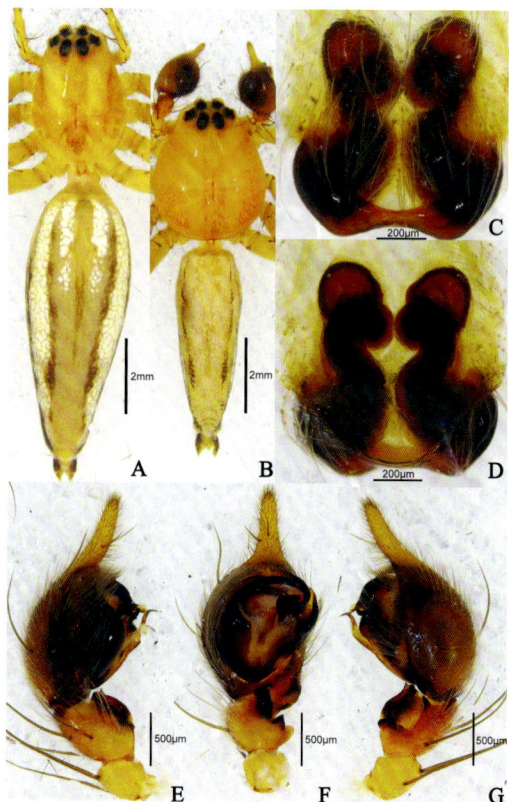

图版 11-1　双鸭猫蛛 *Oxyopes bianatinus*

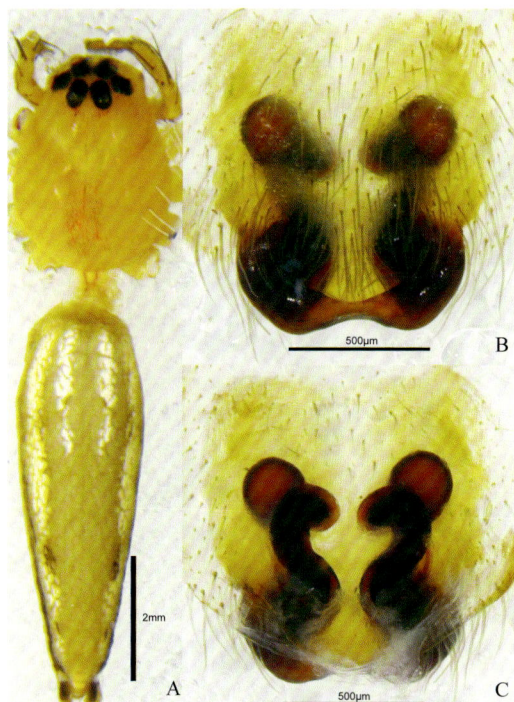

图版 11-2　霍氏猫蛛 *Oxyopes hotingchiehi*

图版 11-3　斜纹猫蛛 *Oxyopes sertatus*

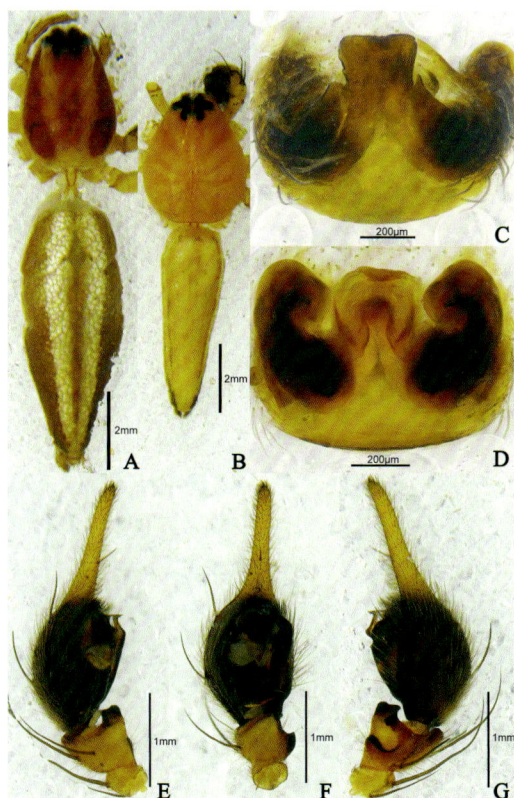

图版 11-4　条纹猫蛛 *Oxyopes striagatus*

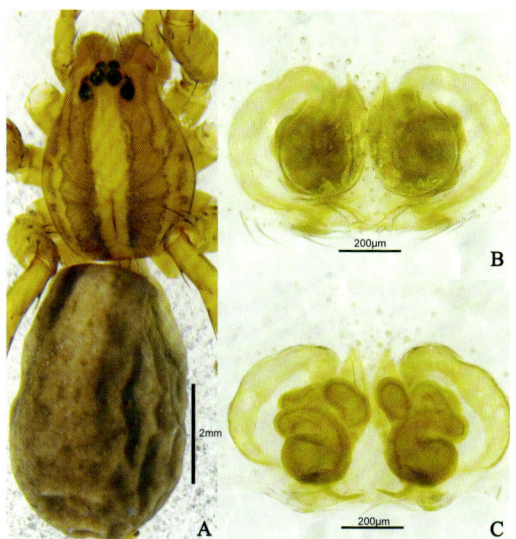

图版 12-1　近似阿纳蛛 *Anahita jinsi*

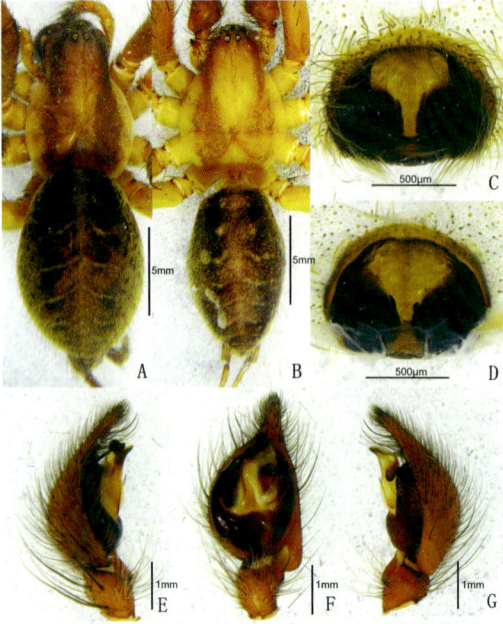

图版 13-1　森林漏斗蛛 *Agelena silvatica*

图版 13-2　卡氏长隙蛛 *Longicoelotes karschi*

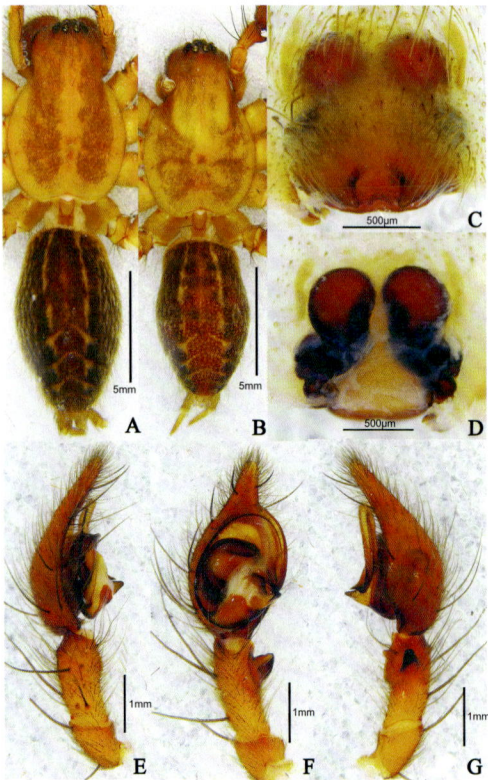

图版 13-3　刺近隅蛛 *Aterigena aculeata*

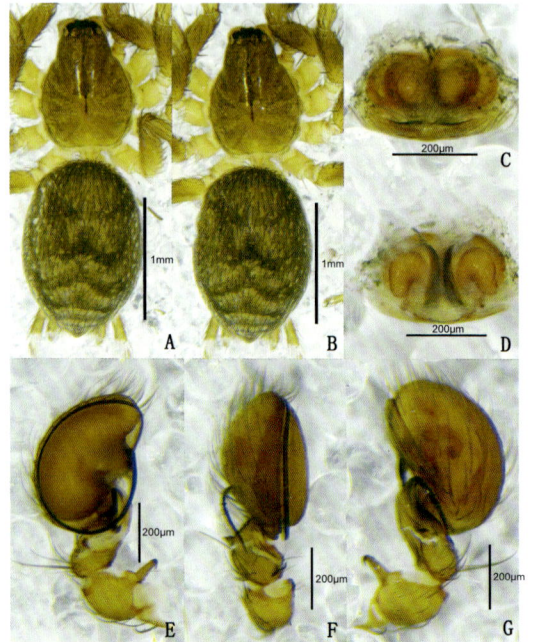

图版 14-1　栓栅蛛 *Hahnia corticicola*

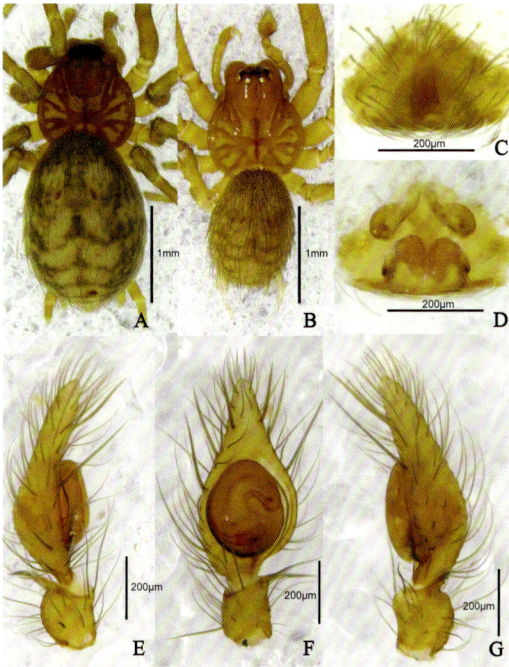

图版 14-2　济州新安蛛 *Neoantistea quelpartensis*

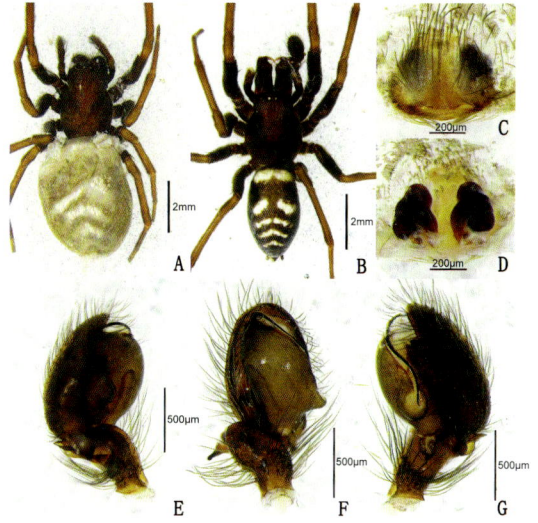

图版 15-1　白斑隐蛛 *Nurscia albofasciata*

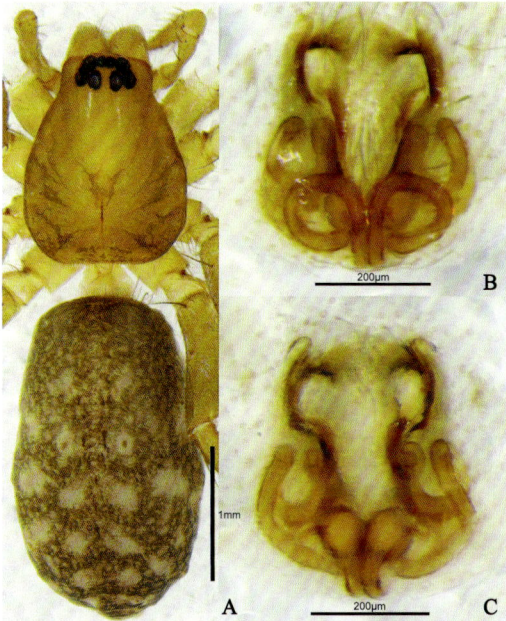

图版 16-1　山田野蛛 *Agroeca montana*

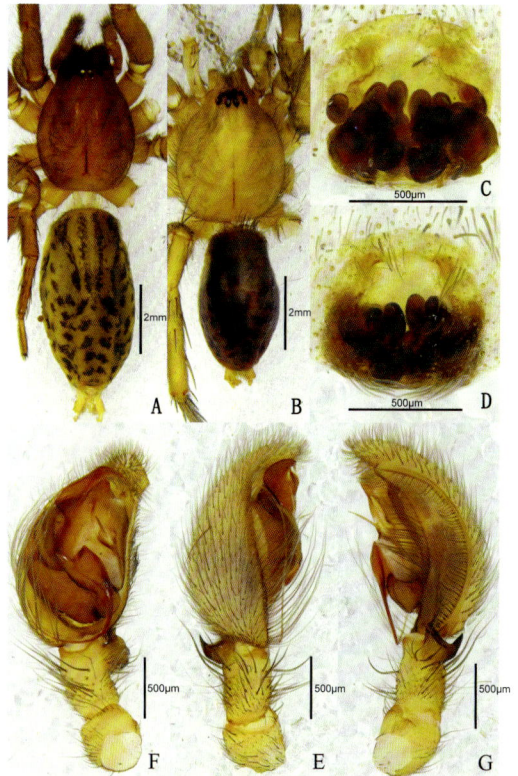

图版 17-1　草栖毛丛蛛 *Prochora praticola*

图版 18-1　白马管巢蛛 Clubiona baimaensis

图版 18-2　褶管巢蛛 Clubiona corrugata

图版 18-3　双凹管巢蛛 Clubiona duoconcava

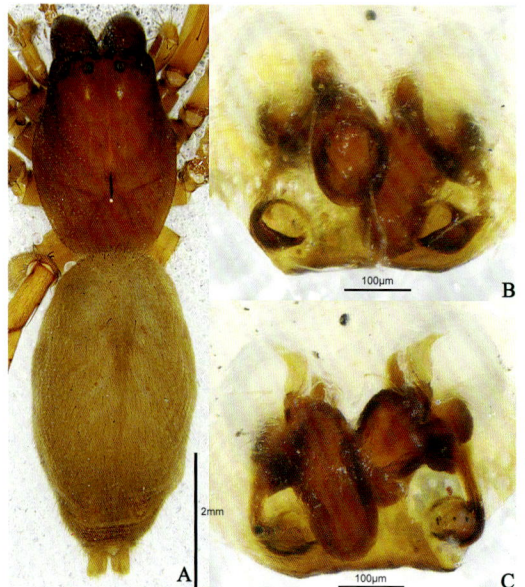

图版 18-4　异囊管巢蛛 Clubiona heterosaca

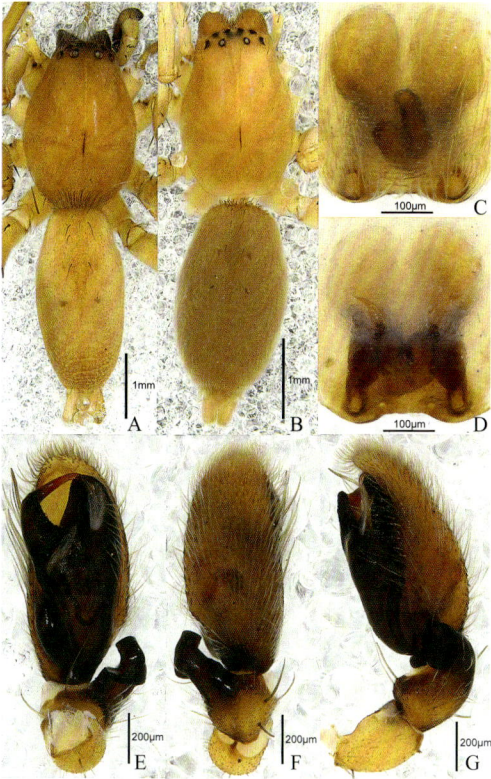

图版 18-5　欧德沙管巢蛛 *Clubiona odesanensis*

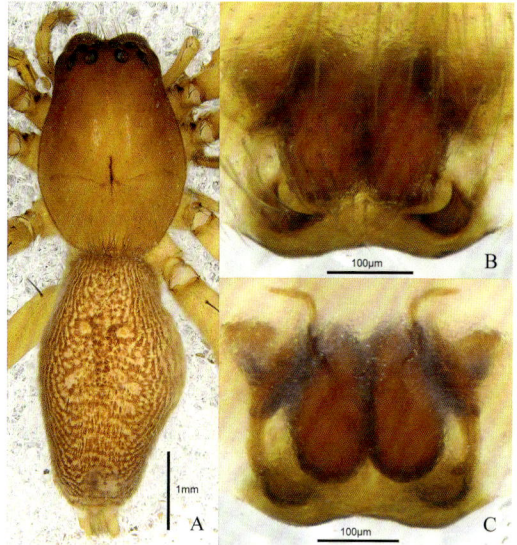

图版 18-6　通道管巢蛛 *Clubiona tongdaoensis*

图版 18-7　八木氏管巢蛛 *Clubiona yaginumai*

图版 19-1　灿烂刺足蛛 *Phrurolithus splendidus*

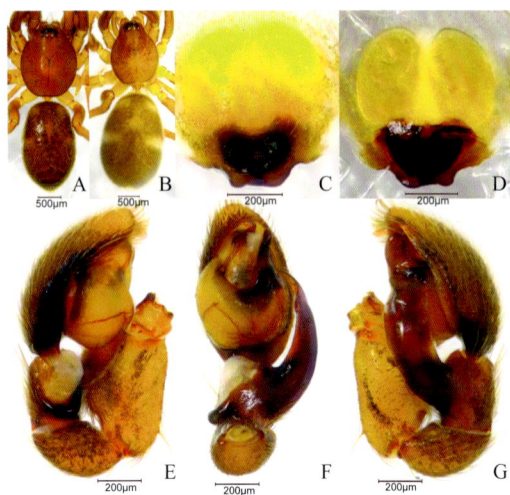

图版 19-2　快乐刺足蛛 *Phrurolithus festivus*

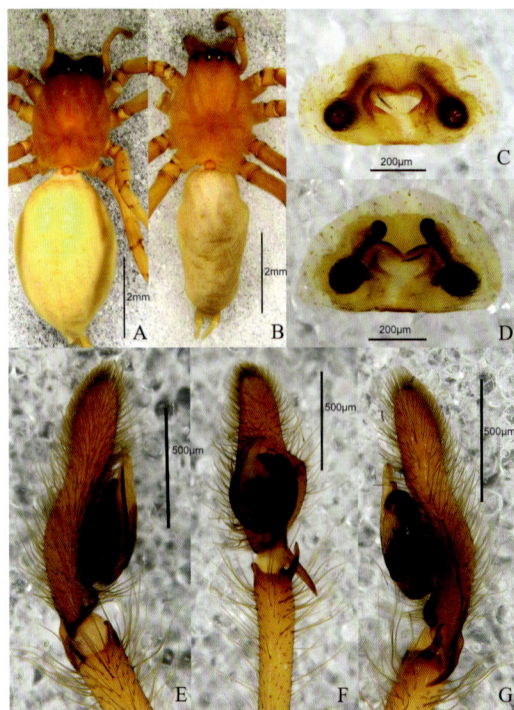

图版 20-1　皮熊红螯蛛 *Cheiracanthium pichoni*

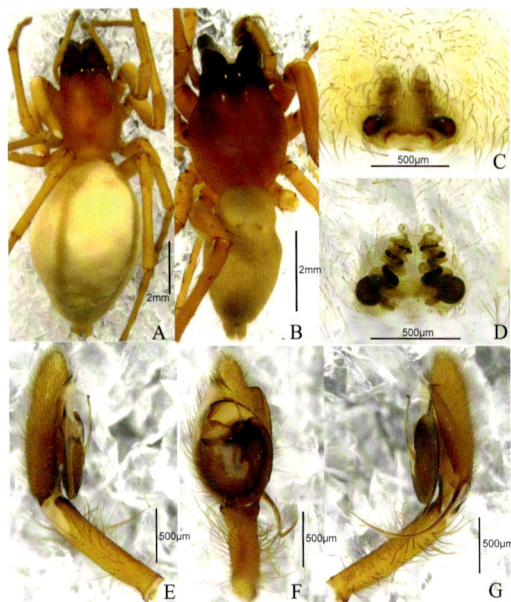

图版 20-2　浙江红螯蛛 *Cheiracanthium zhejiangense*

图版 21-1　三门近狂蛛 *Drassyllus sanmenensis*

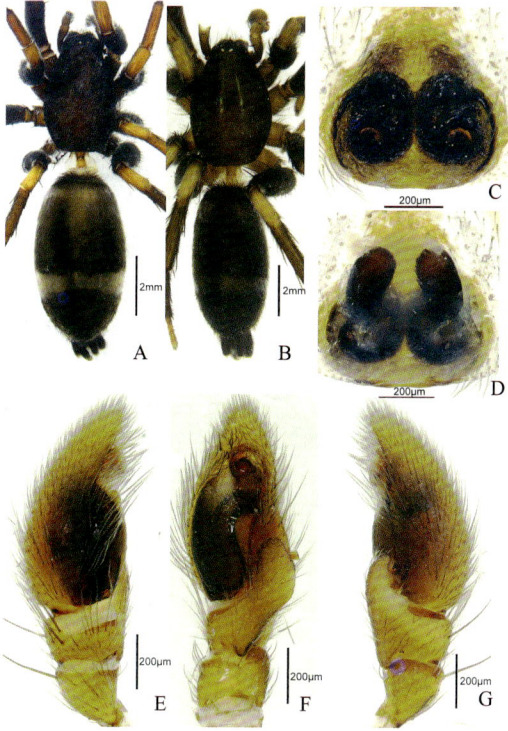

图版 21-2　安之辅希托蛛 *Hitobia yasunosukei*

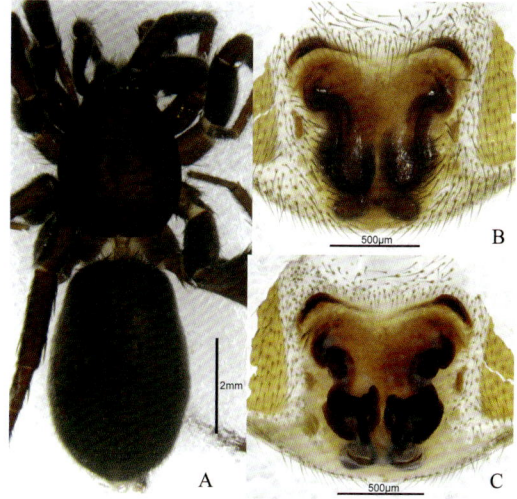

图版 21-3　三门狂蛛 *Zelotes sanmen*

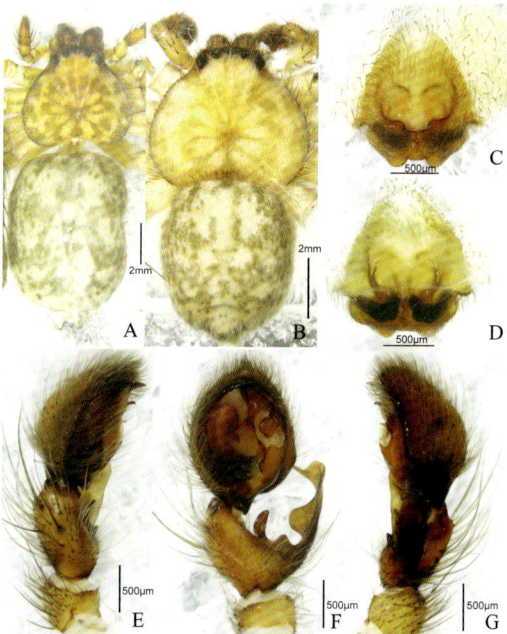

图版 22-1　袋拟扁蛛 *Selenops bursarius*

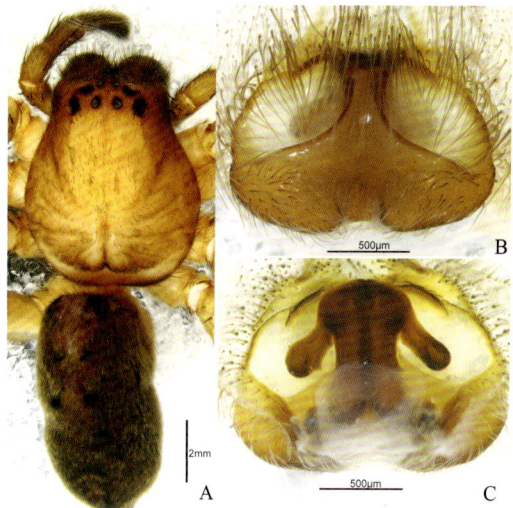

图版 23-1　弓形中遁蛛 *Sinopoda fornicata*

图版 23-2　钳中遁蛛 *Sinopoda forcipata*

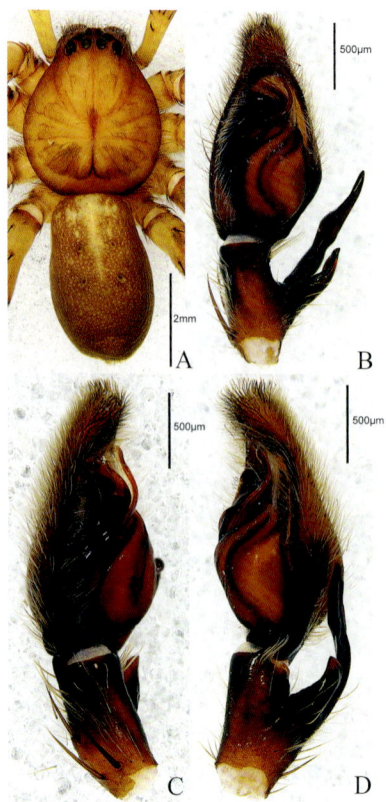

图版 23-3　彭氏中遁蛛 *Sinopoda pengi*

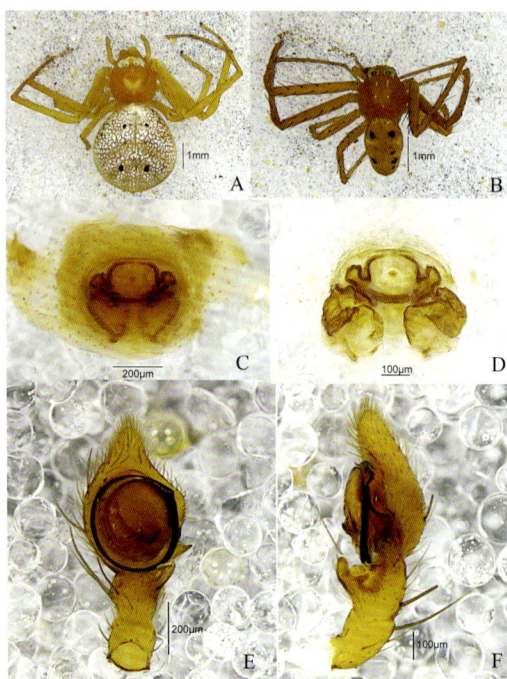

图版 24-1　陷狩蛛 *Diaea subdola*

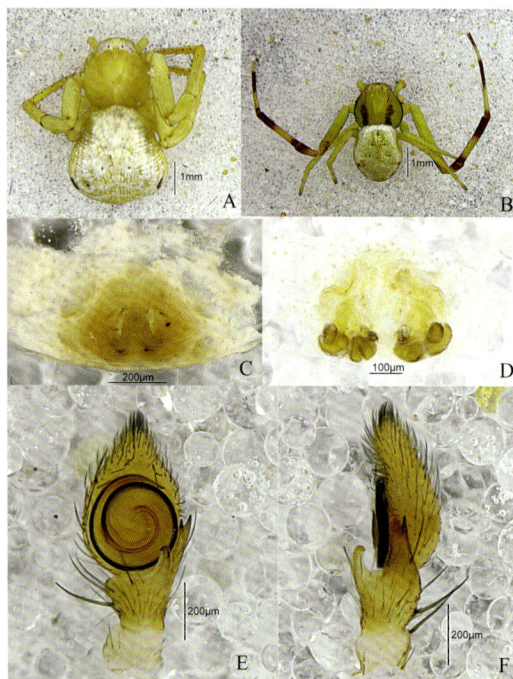

图版 24-2　三突艾奇蛛 *Ebrechtella tricuspidata*

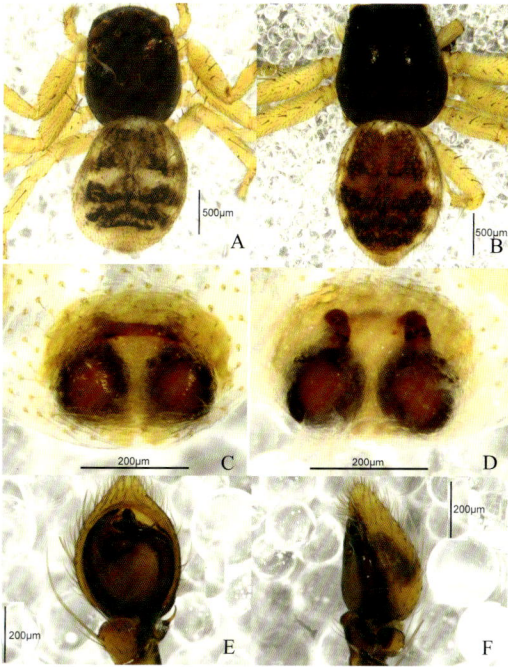

图版 24-3　邱氏微蟹蛛 *Lysiteles qiuae*

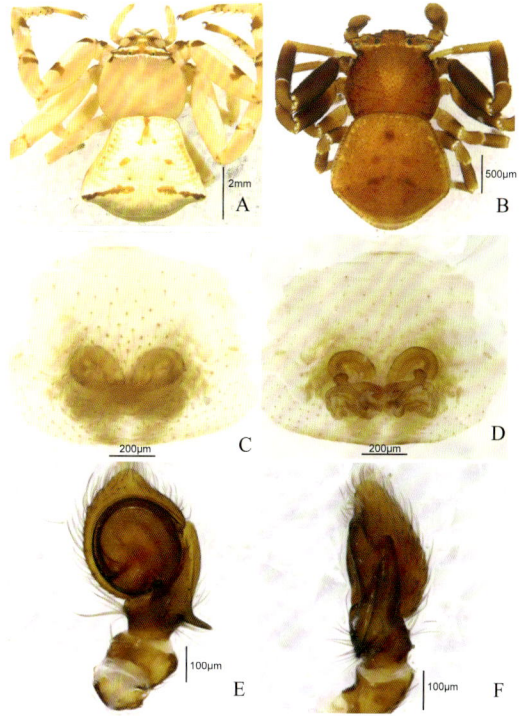

图版 24-4　角红蟹蛛 *Thomisus labefactus*

图版 24-5　胡氏蟹蛛 *Thomisus hui*

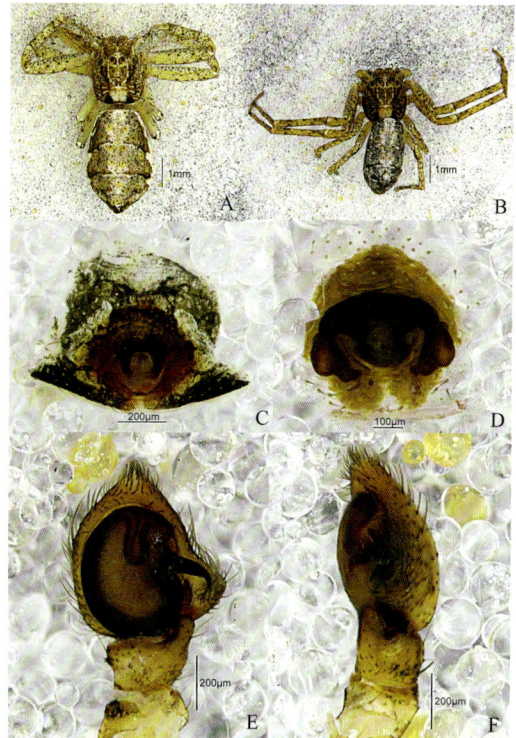

图版 24-6　东方峭腹蛛 *Tmarus orientalis*

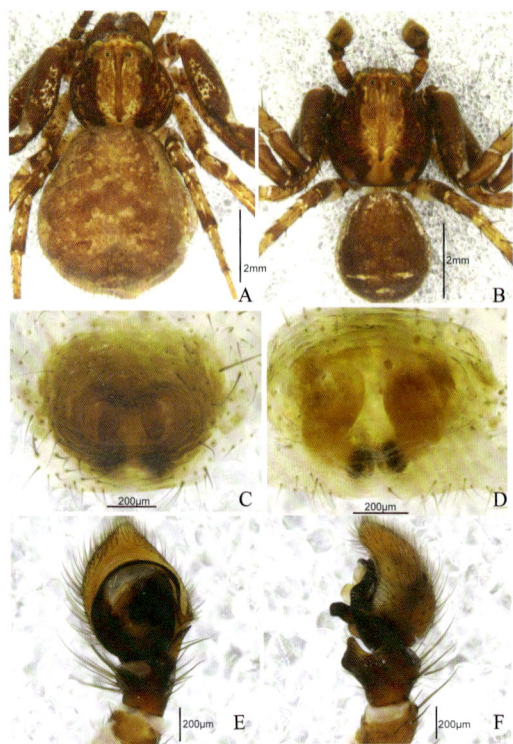

图版 24-7　嵯峨花蟹蛛 *Xysticus saganus*

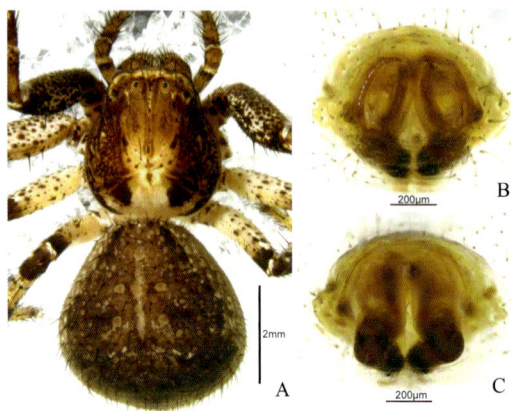

图版 24-8　朱氏花蟹蛛 *Xysticus chui*

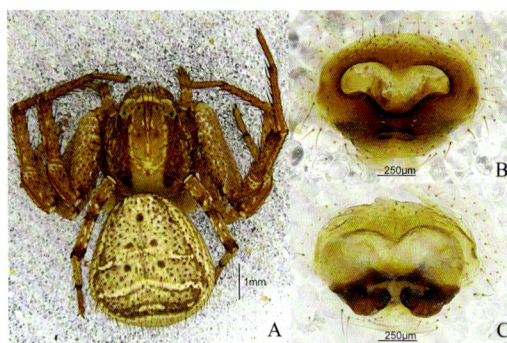

图版 24-9　波纹花蟹蛛 *Xysticus croceus*

图版 24-10　鞍形花蟹蛛 *Xysticus ephippiatus*

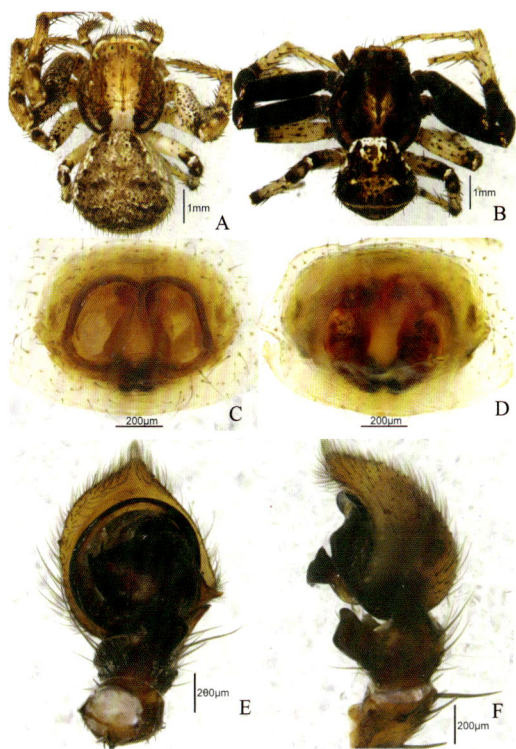

图版 24-11　千岛花蟹蛛 *Xysticus kurilensis*

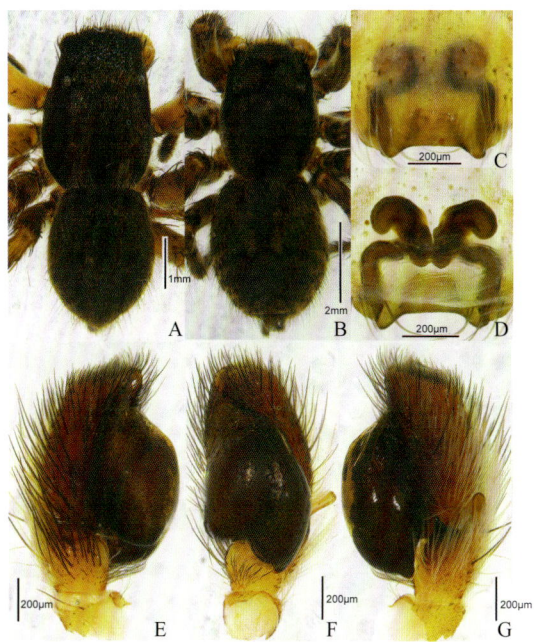

图版 25-1　丽亚蛛 *Asianellus festivus*

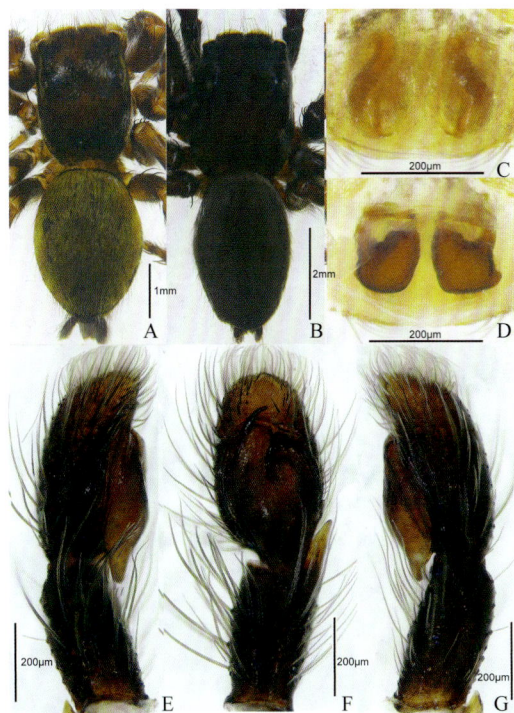

图版 25-2　黑猫跳蛛 *Carrhotus xanthogramma*

图版 25-3　前斑蛛 *Euophrys frontalis*

图版 25-4　白斑猎蛛 *Evarcha albaria*

图版 25-5　鳃蛤莫蛛 *Harmochirus brachiatus*

图版 25-6　长腹门蛛 *Mendoza elongata*

图版 25-7　美丽蚁蛛 *Myrmarachne formicaria*

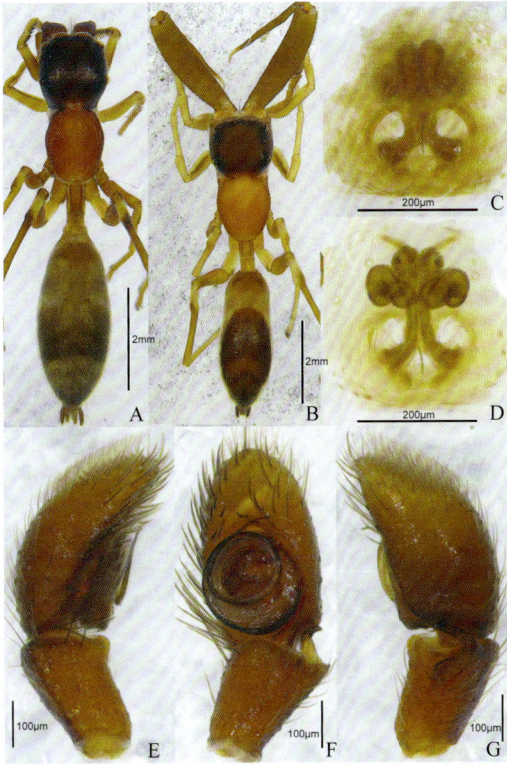

图版 25-8　吉蚁蛛 *Myrmarachne gisti*

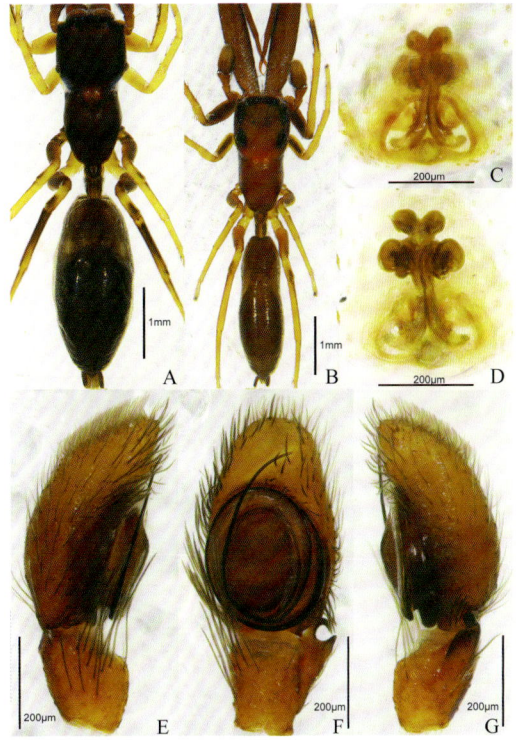

图版 25-9　无刺蚁蛛 *Myrmarachne innermichelis*

图版 25-10　异金蝉蛛 *Phintella abnormis*

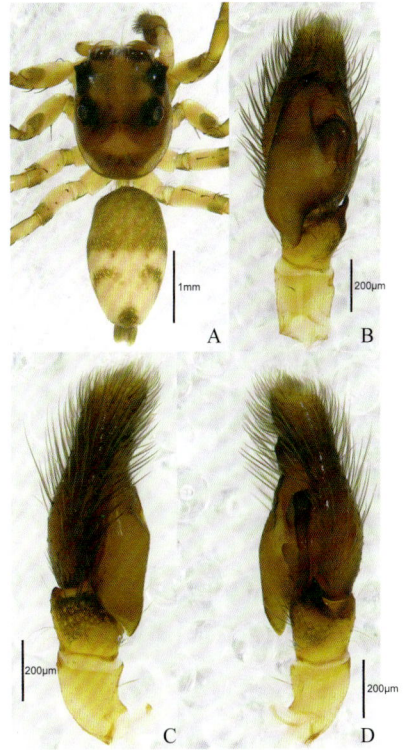

图版 25-11　双带金蝉蛛 *Phintella aequipeiformis*

图版 25-12　花腹金蝉蛛 *Phintella bifurcilinea*

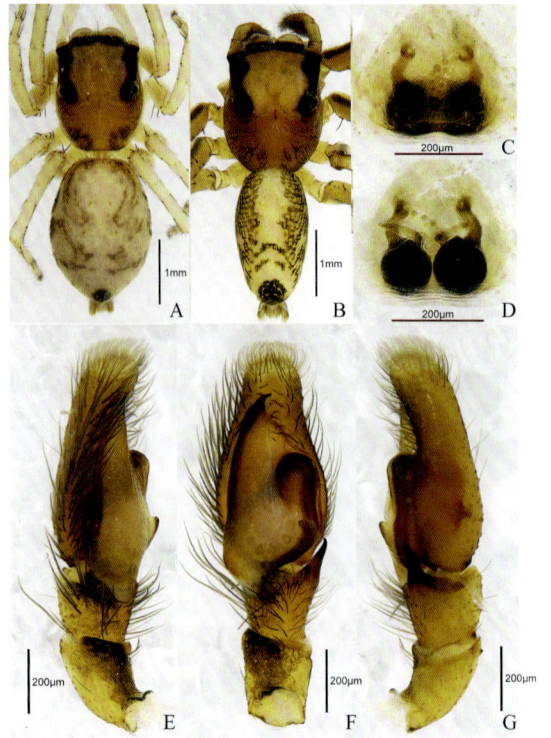

图版 25-13　卡氏金蝉蛛 *Phintella cavaleriei*

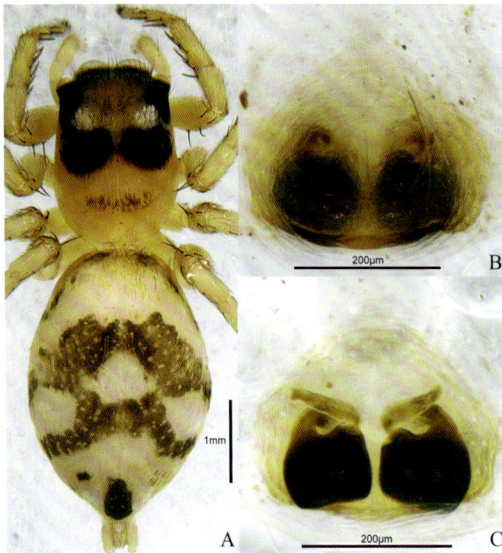

图版 25-14　利氏金蝉蛛 *Phintella linea*

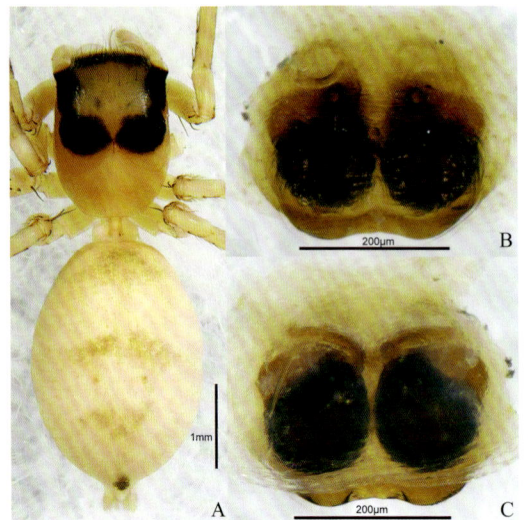

图版 25-15　波氏金蝉蛛 *Phintella popovi*

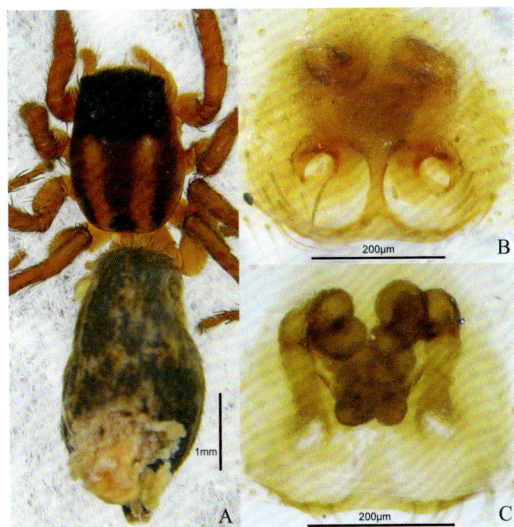

图版 25-16　带绯蛛 *Phlegra fasciata*

图版 25-17　盘触拟蝇虎 *Plexippoides discifer*

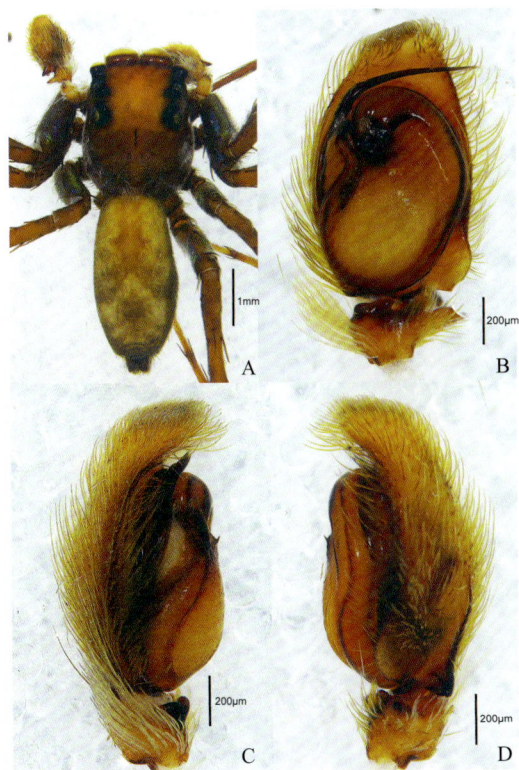

图版 25-18　毛边孔蛛 *Portia fimbriata*

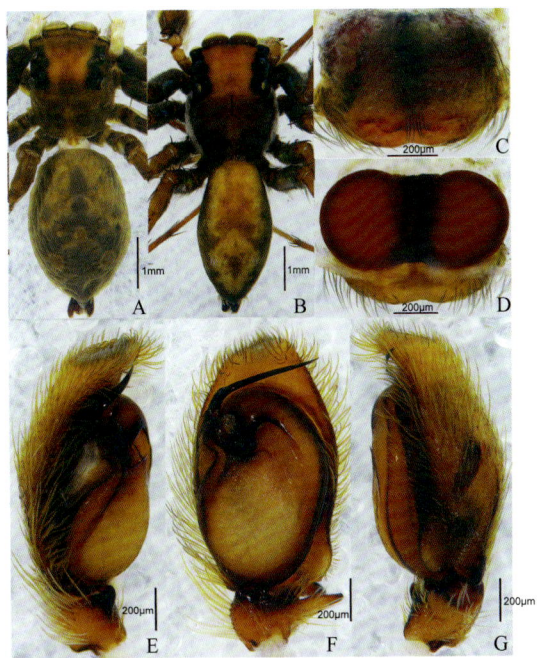

图版 25-19　昆孔蛛 *Portia quei*

图版 25-20　毛垛兜跳蛛 *Ptocasius strupifer*

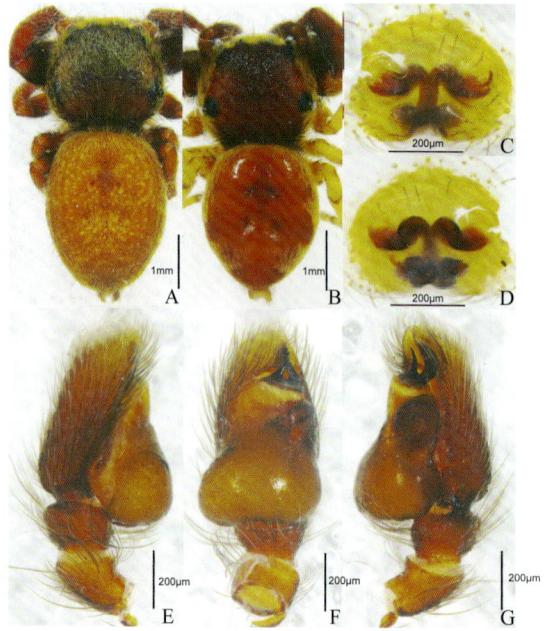

图版 25-21　暗宽胸蝇虎 *Rhene atrata*

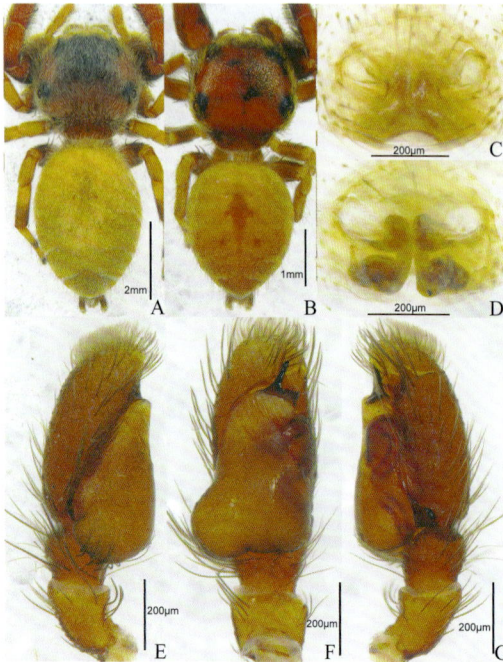

图版 25-22　黄宽胸蝇虎 *Rhene flavigera*

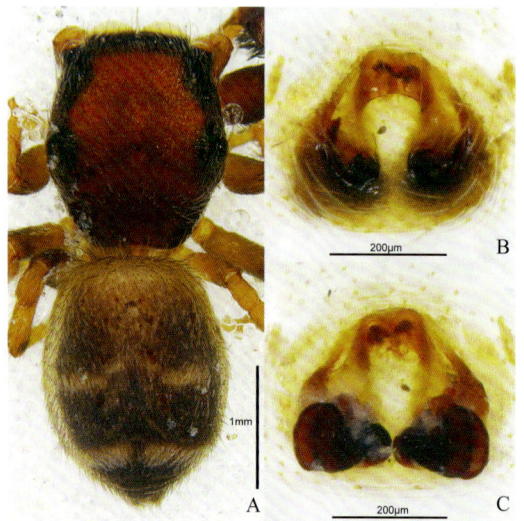

图版 25-23　斜纹西菱头蛛 *Sibianor aurocinctus*

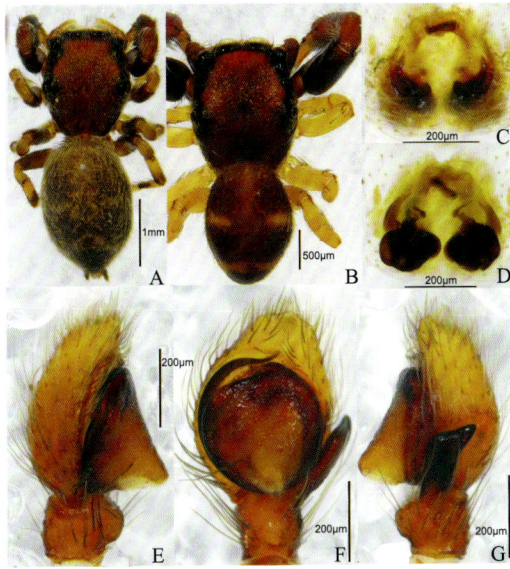

图版 25-24　暗色西菱头蛛 *Sibianor pullus*

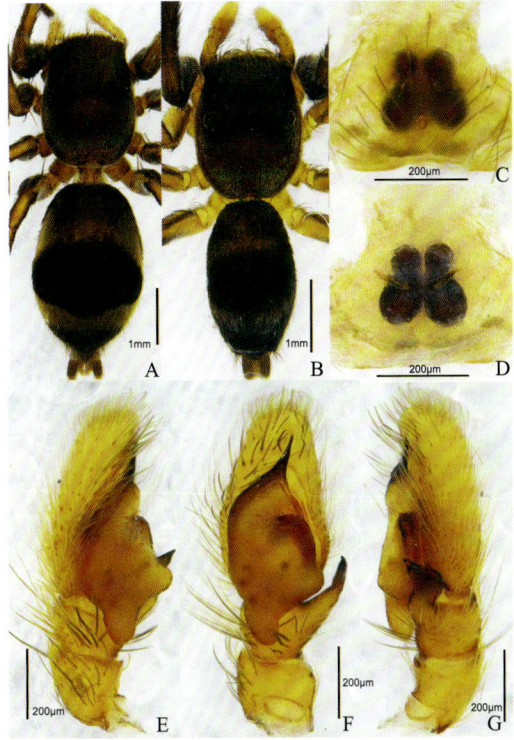

图版 25-25　蓝翠蛛 *Siler cupreus*

图版 25-26　普氏散蛛 *Spartaeus platnicki*

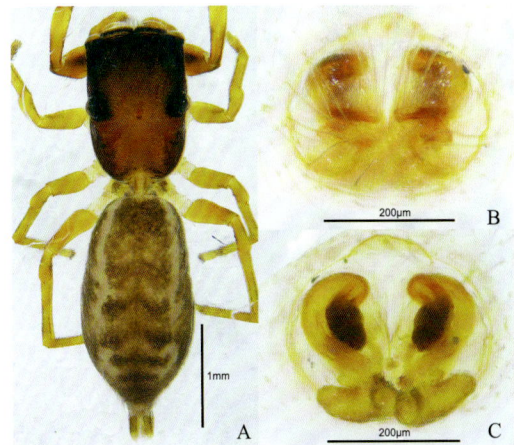

图版 25-27　天目合跳蛛 *Synagelides tianmu*

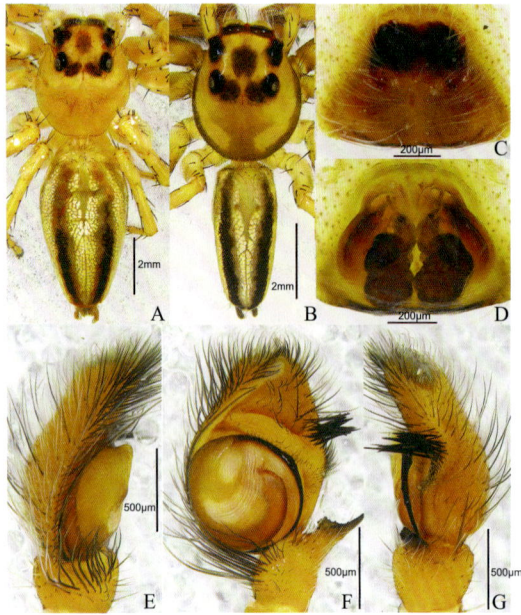

图版 25-28　弗氏纽蛛 *Telamonia vlijmi*

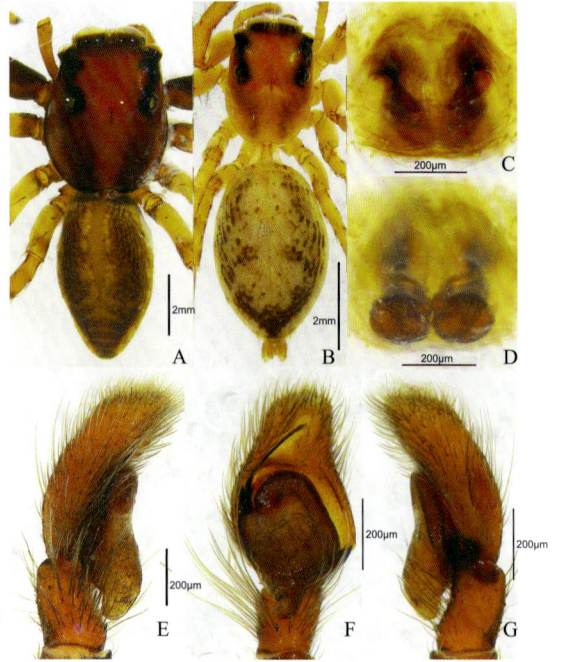

图版 25-29　陇南雅蛛 *Yaginumaella longnanensis*

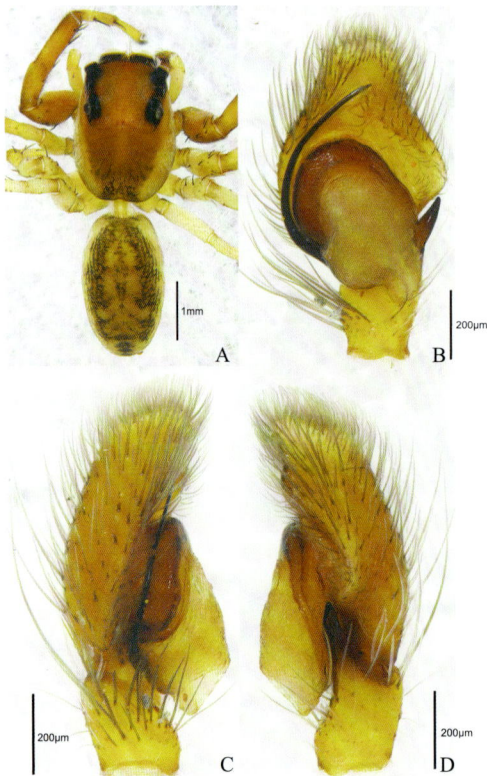

图版 25-30　梅氏雅蛛 *Yaginumaella medvedevi*